Bernhard Bundschuh

**LASEROPTISCHE
3D-KONTURERFASSUNG**

Fortschritte der Robotik

Herausgegeben von Walter Ameling und Manfred Weck

Band 1
Hermann Henrichfreise
Aktive Schwingungsdämpfung an einem elastischen Knickarmroboter

Band 2
Winfried Rehr (Hrsg.)
Automatisierung mit Industrierobotern

Band 3
Peter Rojek
Bahnführung eines Industrieroboters mit Multiprozessoren

Band 4
Jürgen Olomski
Bahnplanung und Bahnführung von Industrierobotern

Band 5
George Holling
Fehlerabschätzung von Robotersystemen

Band 6
Nikolaus Schneider
Kantenhervorhebung und Kantenverfolgung in der industriellen Bildverarbeitung

Band 7
Ralph Föhr
Photogrammetrische Erfassung räumlicher Informationen aus Videobildern

Band 8
Bernhard Bundschuh
Laseroptische 3D-Konturerfassung

Vieweg

Fortschritte der Robotik 8

Bernhard Bundschuh

LASEROPTISCHE
3D-KONTURERFASSUNG

Modellierung und systemtheoretische Beschreibung
eines Sensorsystems

vieweg

Die Deutsche Bibliothek – CIP-Einheitsaufnahme

Bundschuh, Bernhard:
Laseroptische 3D-Konturerfassung: Modellierung und
systemtheoretische Beschreibung eines Sonsorsystems /
Bernhard Bundschuh. – Braunschweig: Vieweg, 1991
  (Fortschritte der Robotik; Bd. 8)
  Zugl.: Aachen, Techn. Hochsch., Diss.
  ISBN 3-528-06427-7
NE: GT

Fortschritte der Robotik

Exposés oder Manuskripte zu dieser Reihe werden zur Beratung erbeten an:
Prof. Dr.-Ing. Walter Ameling, Rogowski-Institut für Elektrotechnik der RWTH Aachen, Schinkelstr. 2, D-5100 Aachen
oder
Prof. Dr.-Ing. Manfred Weck, Laboratorium für Werkzeugmaschinen und Betriebslehre der RWTH Aachen, Steinbachstr. 53, D-5100 Aachen oder an den
Verlag Vieweg, Postfach 58 29, D-6200 Wiesbaden.

D82 (Diss. T.H. Aachen)

Der Verlag Vieweg ist ein Unternehmen der Verlagsgruppe Bertelsmann International.

Alle Rechte vorbehalten
© Friedr. Vieweg & Sohn Verlagsgesellschaft mbH, Braunschweig 1991

Das Werk einschließlich aller seiner Teile ist urheberrechtlich geschützt. Jede Verwertung außerhalb der engen Grenzen des Urheberrechtsgesetzes ist ohne Zustimmung des Verlages unzulässig und strafbar. Das gilt insbesondere für Vervielfältigungen, Übersetzungen, Mikroverfilmungen und die Einspeicherung und Verarbeitung in elektronischen Systemen.

Umschlaggestaltung: Wolfgang Nieger, Wiesbaden
Druck und buchbinderische Verarbeitung: Lengericher Handelsdruckerei, Lengerich
Gedruckt auf säurefreiem Papier
Printed in Germany

ISBN 3-528-06427-7

Vorwort

Die vorliegende Arbeit entstand während meiner Tätigkeit als Wissenschaftlicher Mitarbeiter am Institut für Nachrichtenverarbeitung der Universität–Gesamthochschule––Siegen.

Herrn Prof. Dr.–Ing. R. Schwarte gebührt mein besonderer Dank für die Anregung zu dieser Arbeit und für die Unterstützung bei ihrer Durchführung.

Ebenso möchte ich mich an dieser Stelle bei Herrn Prof. Dr.–Ing. G. Ries für seine zahlreichen wertvollen Hinweise und für die Übernahme des Korreferates bedanken.

Mein Dank gilt weiterhin Herrn Prof. Dr. sc. techn. K. Hinrichs für die Übernahme des Vorsitzes der Prüfungskomission.

Meinen Kollegen I. Aller, V. Baumgarten, R. Dänel, W. Graf, K. Hartmann, F. Heuten, F. Klaus, R. Klein, J. Klicker, D. Ley, A. Li, O. Loffeld, L. Shi, L. Tran Duc, D. Wang, Q. You bin ich für die vielen fachlichen Gespräche sehr dankbar.

Mein besonderer Dank gilt auch den Herren W. Twelsiek und R. Wurmbach für ihre Unterstützung bei der Durchführung der Messungen. Bei Frau M. Pufahl möchte ich mich für ihre Hilfe bei den Schreibarbeiten bedanken.

Bedanken möchte ich mich auch bei den Studentischen Hilfskräften E. Benfer, H. Fischer und A. Grebe für ihre Mühe bei der Durchführung der Messungen und ihre Hilfe bei der Anfertigung und Beschriftung der Zeichnungen.

Nicht vergessen möchte ich auch, den zahlreichen Studien– und Diplomarbeitern zu danken, deren Arbeiten ich mitbetreut habe, und die durch ihr Engagement und ihre Ergebnisse viele Teilaspekte zu meiner Arbeit beigetragen und mir sehr viel Einzelarbeit abgenommen haben.

Meiner Frau Iris danke ich für die Unterstützung bei den Korrekturen und ganz besonders für das mir entgegengebrachte Verständnis.

Inhaltsverzeichnis

    Einleitung   1

1. Das Sensorsystem für die 3D–Konturerfassung   5
    1.1 Aufgaben des Sensorrechners   5
    1.2 Beschreibung der Scaneinheit   6
        1.2.1   x/y–Scanner   6
        1.2.2 θ/φ–Scanner   7
    1.3 Beschreibung des Abstandssensors   8
        1.3.1   Funktionsweise des Abstandssensors   9
        1.3.2   Baugruppen des Abstandssensors   10
            1.3.2.1   Zentrale Takteinheit   10
            1.3.2.2   Lasersender   10
            1.3.2.3   Photoempfänger   11
            1.3.2.4   Constant Fraction Trigger   11
            1.3.2.5   Zeitquantisierung   12
            1.3.2.6   Zeitdehnschaltung   13
            1.3.2.7   Faseroptik   14
            1.3.2.8   Spiegeloptik   15

2. Das Simulationsmodell des Sensorsystems   18
    2.1 Motivation für das Simulationsmodell   18
    2.2 Modellierung der zu vermessenden Kontur   19
        2.2.1   Form der Kontur   19
        2.2.2   Grauwert eines Konturpunktes   20
            2.2.2.1   Orientierung der Tangentialebene in einem Konturpunkt   20
            2.2.2.2   Richtcharakteristik der Streuung des einfallenden Lichts   21
            2.2.2.3   Absorption des Lichts   22
    2.3 Modellierung der elektronischen Komponenten   22
        2.3.1   Modellierung des Lasersenders   23
        2.3.2   Modellierung des Photoempfängers   24
        2.3.3   Modellierung der Zeitmeßelektronik   25

2.4		Modellierung der Glasfaseroptik	29
	2.4.1	Dämpfung der Glasfasern	29
	2.4.2	Dispersion der Glasfasern	30
	2.4.3	Erzeugung des Referenzsignals	33
	2.4.4	Geregeltes optisches Dämpfungsglied	34
	2.4.5	Kohärenz des Laserlichts in der Glasfaser	35
	2.4.6	Abstrahlung am Faserende	35
	2.4.7	Leistungsverteilung über dem Faserquerschnitt	38
	2.4.8	Strahldichte	39
	2.4.9	Einkopplung in die Empfangsfaser	40
2.5		Modellierung der Spiegeloptik	40
	2.5.1	Modellierung der idealen Sammellinse	41
	2.5.2	Modellierung der bikonvexen Linse	42
	2.5.3	Modellierung des Spiegels	45
2.6		Durchrechnung der Spiegeloptik	46
	2.6.1	Optische Leistungsdichte auf der Zielebene	47
	2.6.2	Empfangsleistung als Funktion der Meßentfernung	54
2.7		Ebenes Simulationsmodell	62
2.8		Simulation weiterer Linsensysteme	63

3. Systemtheoretische Beschreibung der 3D–Konturerfassung nach dem Laserpulslaufzeitverfahren — 67

3.1		Lichtflecke als Abtastapertur	67
3.2		Synthese des Empfangssignals	69
3.3		Gewinnung der Konturinformation aus dem Empfangssignal	71
	3.3.1	Grauwertbild als Ergebnis der Konturvermessung	72
	3.3.2	Gemessene Referenzlaufzeit	75
	3.3.3	Gemessene Ziellaufzeit	76
	3.3.4	Entfernungsbild als Ergebnis der Konturvermessung	80
3.4		Fehlerbehandlung	81
	3.4.1	Deterministische Fehler	82
	3.4.2	Statistische Fehler	82

3.5	Simulationsbeispiele		84
	3.5.1	Simulation der Vermessung ebener Konturen	84
	3.5.2	Simulation der Vermessung räumlicher Konturen	92
3.6	Meßbeispiel		94
3.7	Systemtheoretische Beschreibung weiterer Sensorsysteme		101
	3.7.1	Abstandssensor mit Schwerpunktlaufzeitbestimmung	101
	3.7.2	Abstandssensor nach dem Phasenvergleichsverfahren	104

4. Die Konturrestauration — 109

4.1	Das inverse Problem			109
4.2	Das Adaptive Least Squares Verfahren			111
	4.2.1	Die Glättungsfunktion		113
	4.2.2	Die Gewichtungsfunktion		117
4.3	Räumlich und zeitlich lineare Beschreibung der Konturvermessung			120
	4.3.1	Interpolation und Extrapolation von Konturpunkten		120
	4.3.2	Aufstellung der Gleichungssysteme		123
		4.3.2.1	Gleichungssystem für die Grauwerte	123
		4.3.2.2	Gleichungssystem für die Zielentfernungen	124
	4.3.3	Iterative Lösung über Teilgleichungssysteme		125
		4.3.3.1	Serielles Verfahren	128
		4.3.3.2	Paralleles Verfahren	130
4.4	Zeitlich lineare, räumlich nichtlineare Beschreibung der Konturvermessung			131
	4.4.1	Langsam veränderliche Meßentfernung		132
	4.4.2	Schnell veränderliche Meßentfernung		133
4.5	Allgemeine Beschreibung der Konturvermessung			135
4.6	Simulationsbeispiele			138
	4.6.1	Qualitätskriterien zur Beurteilung der Restaurationsergebnisse		138
	4.6.2	Erzeugung der Testkonturen		140
		4.6.2.1	Erzeugung der ebenen Testkonturen	140
		4.6.2.2	Erzeugung der räumlichen Testkonturen	141
	4.6.3	Entstehung der gestörten Meßdaten		142

	4.6.4			Monte–Carlo–Simulation der Restauration ebener Konturen	142
		4.6.4.1		Einfluß des Normierungsfaktors der Gewichtungsfunktion	143
		4.6.4.2		Einfluß der Ausdehnung der Gewichtungsfunktion	148
		4.6.4.3		Extrapolation von Konturpunkten	151
		4.6.4.4		Interpolation von Konturpunkten	156
	4.6.5			Restauration ebener Konturen bei unterschiedlicher Modellierung des Meßvorgangs	158
	4.6.6			Monte–Carlo–Simulation der Restauration räumlicher Konturen	166
		4.6.6.1		Einfluß des Normierungsfaktors der Gewichtungsfunktion	167
		4.6.6.2		Einfluß der Ausdehnung der Gewichtungsfunktion	170
4.7	Meßbeispiel				171

5. Zusammenfassung und Ausblick   175

A. Anhang   178

   A.1 Berechnung des Strahlengangs durch eine ideale Sammellinse   178

Literaturverzeichnis   181

Einleitung

Methoden der berührungslosen Konturvermessung

Die Lösung einer Vielzahl technischer Probleme erfordert den Einsatz von Sensoren oder Sensorsystemen zur Gewinnung von Information über Form und Beschaffenheit räumlicher Objekte. Typische Einsatzgebiete sind: die Fertigungsautomatisierung /1/, sogenannte sehende Roboter /2/, die Navigation von autonomen Transportsystemen /3/ sowie die Sicherheitstechnik /4/. Häufig eingesetzte Sensoren sind: Mikrowellensensoren /5/, Ultraschallsensoren /6/, Kamerasysteme /7/, laseroptische Sensoren /8/.

Mikrowellensensoren sind für die Konturvermessung mit Millimetergenauigkeit zwar prinzipiell geeignet; für eine extrem feine Winkelauflösung benötigt man jedoch relativ große Antennen, die in vielen Fällen, wie z.B. in der Robotertechnik, kaum eingesetzt werden können. Prädestiniert sind Mikrowellensensoren dagegen für Meßprobleme mit mäßiger räumlicher Auflösung und großen Entfernungen, auch unter schwierigen Ausbreitungsbedingungen, wie z. B. Nebel oder Rauch. Typische Anwendungen reichen vom Mikrowellen–Abstandswarnsystem bis zum SAR für die Erderkundung.

Aufgrund der relativ niedrigen Ausbreitungsgeschwindigkeit des Schalls in Luft ($v \simeq 340$ m/s) ermöglichen Ultraschallsensoren eine einfache elektronische Auswertung der Laufzeitinformation. Die Temperaturabhängigkeit der Schallgeschwindigkeit kann jedoch zu gravierenden Meßfehlern führen. Diese können zwar durch Erfassung der Umgebungstemperatur und ihre Berücksichtigung bei der Meßwertverarbeitung reduziert werden; bei größeren Zielentfernungen ist das Temperaturprofil der Meßstrecke im allgemeinen jedoch nicht bekannt und kann daher auch nicht kompensiert werden /6/. Dazu kommt noch die starke Dämpfung von Ultraschall höherer Frequenz in der Atmosphäre. Ähnlich wie bei Mikrowellensensoren sind für eine extrem feine Strahlbündelung relativ große Aperturen oder Sensorarrays erforderlich, die in vielen Fällen zu unhandlich sind. Typische Anwendungen liegen unter anderem im Bereich der Seismologie /9/ oder in der SONAR–Technik /9/.

Kamerasysteme ermöglichen die extrem schnelle Erfassung großer Bereiche ihrer Umgebung, da sie, im Gegensatz zu Laufzeit– oder Abstandssensoren, keinen Scanner benötigen. Eine Kamera liefert allerdings nur ein zweidimensionales Bild. Man kann zwar versuchen, mittels digitaler Bildverarbeitung, daraus räumliche Daten zu gewinnen; solche

Verfahren sind jedoch zeitaufwendig und nur begrenzt einsetzbar. Benutzt man zwei Kameras, so lassen sich Methoden der Stereobildauswertung anwenden. In den meisten Fällen sind die erforderlichen Rechenkapazitäten für den praktischen Einsatz jedoch nicht tragbar. Eine interessante Variante der Stereobilderfassung mit einer Hardwarelösung ist in /10/ beschrieben. Das System liefert Stereobilder in Echtzeit, jedoch keine absolute Entfernungsinformation und ist in der Meßgenauigkeit begrenzt.

Konturvermessung mit laseroptischen Verfahren

Mit laseroptischen Meßverfahren erreicht man im Vergleich zu Mikrowellen− oder Ultraschallverfahren eine sehr feine Winkelauflösung, auch bei kleinen Antennen− bzw. Linsenabmessungen. Die Abhängigkeit der Lichtgeschwindigkeit von Temperatur und Luftdruck in klarer Atmosphäre kann bei Meßgenauigkeiten im Millimeterbereich und Meßbereichen bis zu einigen Metern vernachlässigt werden /11/. Probleme entstehen bei trüber Atmosphäre, z.B. durch Rauch, Nebel oder Staub. Üblicherweise eingesetzte Meßverfahren sind: Triangulationsverfahren /12/, Phasenvergleichsverfahren /13/, Pulslaufzeitverfahren /14/.

Das Triangulationsverfahren zeichnet sich durch seinen relativ einfachen und kompakten Aufbau aus. Die elektronische Meßwertverarbeitung stellt keine allzu hohen Ansprüche an die Schaltungstechnik. In begrenzten Meßbereichen besitzt das Verfahren eine sehr gute Genauigkeit, die bis herunter in den μm−Bereich reichen kann. Probleme entstehen durch Abschattung von Konturteilen im Nahbereich. Mit steigender Meßentfernung verschlechtert sich außerdem die Meßgenauigkeit oder die benötigte optische Triangulationsbasis wird unhandlich groß.

Phasenvergleichsverfahren sind prinzipiell in der Lage, sehr schnell und genau Konturen zu vermessen. Problematisch ist der begrenzte Eindeutigkeitsbereich, der durch das periodische Modulationssignal verursacht wird sowie der Einfluß von Mehrfachreflexionen, die bei diesem Verfahren nicht ausgeblendet werden können.

Einsatz des Laserpulslaufzeitverfahrens zur berührungslosen Konturvermessung

Am Institut für Nachrichtenverarbeitung der Universität−Gesamthochschule−Siegen wurde in den letzten Jahren ein Laserradar nach dem Pulslaufzeitverfahren entwickelt.

In Bild E.1 wird das Funktionsprinzip verdeutlicht. Das Gerät ermöglicht eine absolute und eindeutige Entfernungsmessung. Bei Einsatz eines Scanners kann es auch zur Vermessung dreidimensionaler Konturen verwendet werden. Die Genauigkeit der Entfernungsmessung liegt im Millimeterbereich und ist prinzipiell von der Meßentfernung unabhängig. Eine interne Referenzstrecke vermeidet Driftprobleme und erlaubt eine automatische Selbstkalibrierung. In den folgenden Kapiteln wird das Gerät näher beschrieben.

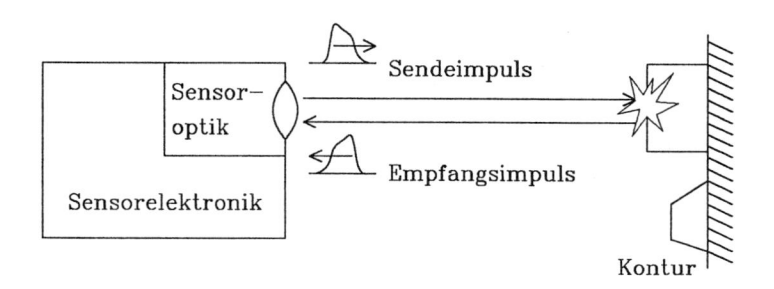

Bild E.1: Laserradar nach dem Pulslaufzeitverfahren

Ziele und Inhalt der Arbeit

Ziel der Arbeit ist die Modellierung und systemtheoretische Beschreibung des Meßvorgangs der 3D–Konturerfassung. Der Schwerpunkt liegt dabei auf der Sensoroptik. Grundlage der Modellierung der Optik ist die numerische Durchrechnung des Strahlengangs mittels selbst entwickelter Ray–Tracing–Software. Diese wird auch für das Design verschiedener Optiktypen auf dem Rechner verwendet. Die elektronischen und optoelektronischen Komponenten werden insoweit berücksichtigt, wie sie für das systemtheoretische Modell relevant sind. Basierend auf dem systemtheoretischen Modell werden Verfahren zur Verbesserung der Winkelauflösung durch Nachverarbeitung der Ergebnisse der Konturvermessung entwickelt.

Gliederung der Arbeit

Kapitel 1 gibt zunächst einen Überblick über das Gesamtsystem, bestehend aus Sensorrechner, Scaneinheit und Laserabstandssensor. Dabei wird die Funktionsweise der einzelnen Baugruppen erläutert.

Kapitel 2 beschreibt die verwendeten Simulationsansätze und –verfahren. Bei den elektronischen Komponenten steht das Prinzip der Laufzeitmessung /15/ im Vordergrund. Die Beschreibung des Lasersenders und des Photoempfängers erfolgt in idealisierter und vereinfachter Form. Bei der Faseroptik werden die Auswirkungen der Eigenschaften der Glasfasern und der daraus aufgebauten Komponenten auf die Konturvermessung untersucht. Das Verfahren zur Berechnung des Strahlengangs in der Sensoroptik und im Meßraum wird eingehend erläutert, ebenso die Modellierung der zu vermessenden Konturen.

Kapitel 3 enthält die systemtheoretische Beschreibung der Konturvermessung. Zunächst wird die Modellierung der Optik als zweidimensionales Abtastsystem begründet. Ausgehend von der daraus resultierenden Abtastapertur erfolgt die Formulierung des Ausgangssignals des Photoempfängers als Funktion der Kontur, der Abtastapertur und des Sendesignals. Danach wird die Gewinnung des Entfernungs– und des Grauwertbildes unter Berücksichtigung des vereinfachten Modells der Zeitmeßelektronik betrachtet. Die dabei auftretenden Spezialfälle und ihr Gültigkeitsbereich werden erläutert. Simulations– und Meßbeispiele untermauern die theoretischen Ansätze. Den Abschluß dieses Kapitels bildet die Beschreibung der Anwendung der vorher erläuterten systemtheoretischen Modelle auf weitere laseroptische Konturvermessungssysteme.

Kapitel 4 behandelt das inverse Problem der Rückgewinnung der Konturinformation aus den gestörten Meßdaten. Dazu wird ein selbst entwickeltes adaptives Verfahren vorgestellt. Zusätzlich zur deterministischen Verfälschung der Meßwerte durch die Abtastapertur wird Rauschen als stochastisches Störsignal zugelassen. Simulations– und Meßbeispiele demonstrieren die Leistungsfähigkeit des Restaurationsverfahrens.

Kapitel 5 faßt die Ergebnisse der Arbeit noch einmal kurz zusammen und gibt einen Ausblick auf weitere Anwendungen der vorher behandelten Theorie. Dazu kommen Ansätze und Lösungsmöglichkeiten für weitere Restaurationsverfahren.

1. Das Sensorsystem für die 3D–Konturerfassung

Kapitel 1 gibt einen Überblick über das gesamte Sensorsystem. Auf der höchsten Abstraktionsebene läßt sich das Zusammenwirken der einzelnen Funktionseinheiten wie in Bild 1.1 darstellen.

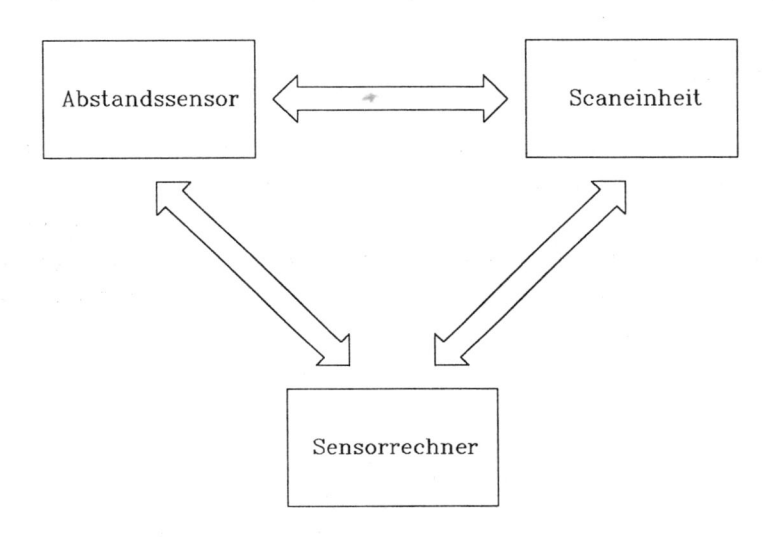

Bild 1.1: Blockschaltbild des 3D–Konturerfassungssystems

1.1 Aufgaben des Sensorrechners

Der Sensorrechner steuert den Abstandssensor und die Scaneinheit. Vom Abstandssensor erhält er die Entfernungs– und Grauwertdaten der zu vermessenden Kontur, von der Scaneinheit die Positions– bzw. Richtungsdaten des Scanners. Die Synchronisation erfolgt durch die Zuordnung der Daten des Abstandssensors und der Scaneinheit.

Als Ergebnis dieser Zuordnung liegen vier Meßwerte für die räumliche Lage x, y, z und den Grauwert g eines Konturpunktes vor. Als weitere Aufgabe des Sensorrechners ist die Vorverarbeitung der Meßdaten, z.B. Datenglättung und Plausibilitätskontrolle, zu nennen. Der Aufbau und die Funktionsweise des Rechners sowie sein Zusammenwirken mit den anderen Teilen des Sensorsystems wird in /16/ ausführlich beschrieben.

1.2 Beschreibung der Scaneinheit

Um eine Kontur räumlich abzutasten, muß der Abstandssensor die Lage und den Grauwert verschiedener Konturpunkte messen. Man kann dazu entweder den Sensorkopf definiert schwenken bzw. verschieben oder den Lichtstrahl bei feststehendem Sensorkopf umlenken. Im Prinzip kann die Umlenkung mechanisch oder elektrooptisch erfolgen.

1.2.1 x/y–Scanner

Bild 1.2 zeigt schematisch den Aufbau des am Institut für Nachrichtenverarbeitung realisierten x/y–Scanners. Durch die lineare Verschiebung des Sensorkopfs in kartesischen Koordinaten entfallen Koordinatentransformationen bei der Meßwertverarbeitung. Die Scangeschwindigkeit ist durch die zu bewegende Masse des Sensorkopfs begrenzt, wobei jedoch die dadurch verlängerte Meßzeit vorteilhaft zur Verbesserung der Meßgenauigkeit ausgenutzt werden kann.

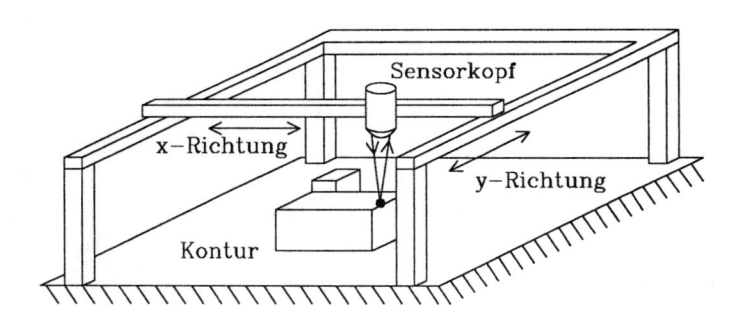

Bild 1.2: x/y–Scanner für die 3D–Konturvermessung

Die Meßobjekte befinden sich auf einer Grundplatte und werden von oben vermessen. Die Lage der Referenz– bzw. Nullebene ist im Prinzip beliebig. Bei einer reinen Abstandsmessung legt man sie am zweckmäßigsten in die Linsenebene des Sensorkopfs. Bei der Vermessung der Form von Gegenständen auf der Grundplatte kann auch die Oberfläche der Grundplatte als Nullebene definiert werden. Für die in Kapitel 3 folgende systemtheoretische Beschreibung des Meßvorgangs ist es unerheblich, ob die Meßobjekte sich auf einer definierten Ebene befinden oder beliebig im Raum angeordnet sind. Eine ausführlichere Beschreibung des x/y–Scanners ist in /16/ zu finden.

1.2.2 θ/φ–Scanner

Ein schnelleres Scannen als mit dem oben beschriebenen x/y–Scanner ist möglich bei Verwendung eines Winkelscanners, wie er in Bild 1.3 skizziert ist. In diesem Fall müssen anstelle des Sensorkopfs nur zwei relativ trägheitsarme Spiegel bewegt werden. Das Schwenken der Umlenkspiegel um zwei orthogonale Achsen geschieht mit Galvanometerantrieben, die über kapazitive Winkelsensoren als Servomotoren betrieben werden.

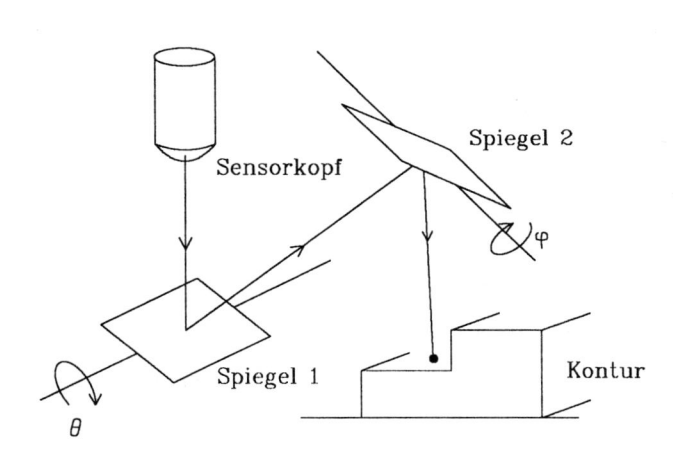

Das Scannen erfolgt in Kugelkoordinaten mit den Schwenkwinkeln θ und φ. Als Ergebnis der Konturvermessung erhält man den Grauwert g, die Radialentfernung r und die Winkel θ und φ. Werden die Konturdaten in kartesischen Koordinaten benötigt, so ist eine entsprechende Koordinatentransformation erforderlich.

Bild 1.3: θ/φ–Scanner für die 3D–Konturvermessung

Die unvermeidlichen Entfernungsmeßfehler gehen dabei in alle drei kartesischen Koordinaten ein. Mit der Vergrößerung der Umlenkwinkel tritt außerdem immer mehr das Problem der Abschattung von Teilen der zu vermessenden Kontur in Erscheinung, was ebenfalls in Bild 1.3 verdeutlicht wird. Der Winkelscanner wird in /17/ ausführlicher beschrieben. Die weiter unten erfolgende systemtheoretische Beschreibung der Konturvermessung ist auf ein Sensorsystem mit beiden Scannertypen anwendbar.

1.3 Beschreibung des Abstandssensors

Der Abstandssensor besteht aus einem Laserentfernungsmesser nach dem Pulslaufzeitverfahren. /14/, /18/, /19/. Anwendungen sind neben der Konturvermessung z.B. die Füllstandsmessung /20/ oder auch die Überwachung und Steuerung von Rendezvouz- und Dockingmanövern in der Raumfahrt /21/. Im Abschnitt 1.3 wird die Funktionsweise des Gerätes und der einzelnen Baugruppen erläutert. Zusätzlich wird jeweils auf weiterführende Arbeiten hingewiesen. Bild 1.4 zeigt schematisch das Meßprinzip.

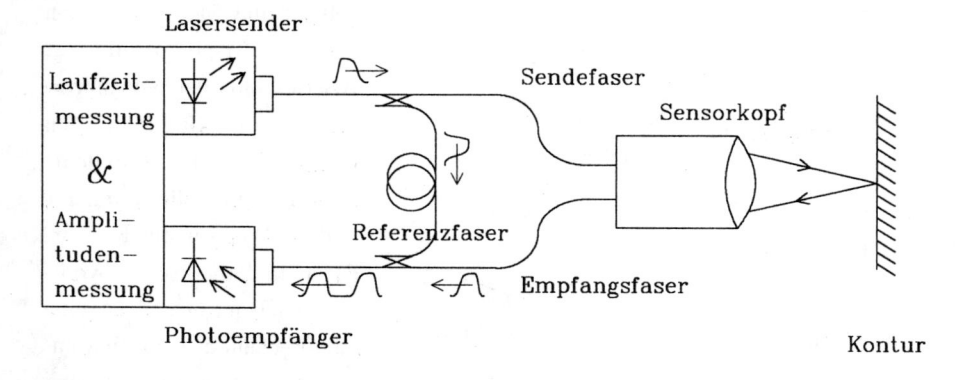

Bild 1.4: Entfernungsmessung nach dem Pulslaufzeitverfahren

Aus der gemessenen Laufzeit t_M kann nach Gleichung 1.1 über die Lichtgeschwindigkeit c_0 die Meßentfernung z_M bestimmt werden.

$$z_M = \frac{1}{2} \cdot c_0 \cdot t_M \tag{1.1}$$

Nimmt man wie in Abschnitt 1.3.2.2 eine Pulswiederholfrequenz von maximal ca. 20 kHz an, so liegt nach Gleichung 1.1 der Eindeutigkeitsbereich bei 7.5 km, was für die 3D–Konturvermessung bei weitem ausreichend ist.

Bei einer Entfernungsänderung um 1 mm ändert sich die Laufzeit nur um etwa 6.7 ps. Es werden also erhebliche Ansprüche an die Genauigkeit der Zeitmessung gestellt.

1.3.1 Funktionsweise des Abstandssensors

Bild 1.5 verdeutlicht das Zusammenwirken der einzelnen Baugruppen.

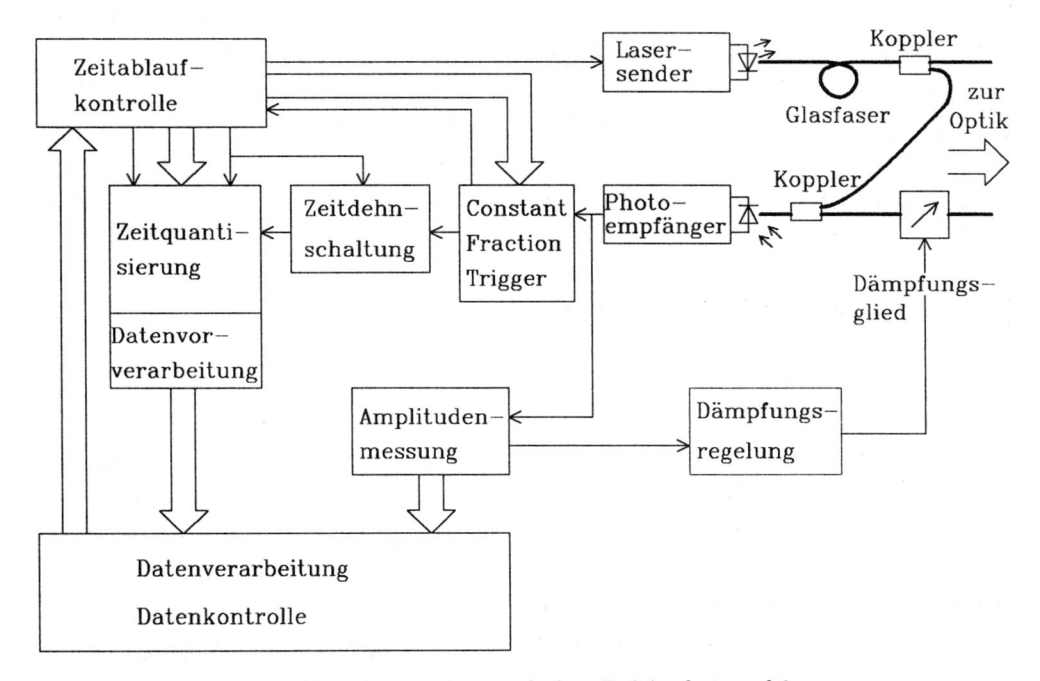

Bild 1.5: Blockschaltbild des Laserradars nach dem Pulslaufzeitverfahren

Zu Beginn des eigentlichen Meßvorgangs erzeugt die zentrale Takteinheit einen Impuls, der den Lasersender triggert und gleichzeitig die Laufzeitmessung startet. Der vom Laser abgestrahlte optische Impuls wird über ein Glasfasernetzwerk teils zum Sensorkopf, teils zur Referenzstrecke geführt. Vom Sensorkopf läuft der optische Impuls zum Meßziel. Ein Teil des zurückgestreuten Lichts wird wieder empfangen und ebenfalls über das Glasfasernetzwerk zum Photoempfänger geführt. Das Referenzsignal erreicht diesen über die kürzere Referenzstrecke. Beide Empfangsimpulse gelangen dann zur Zeitmeßelektronik. Der Sensorrechner entscheidet, ob eine Ziel- oder eine Referenzmessung durchgeführt wird. Der Eintreffzeitpunkt des ausgewählten Empfangsimpulses wird von der Triggerschaltung sehr genau (Pikosekundenbereich) festgestellt. Die im Zeitintervall vom Starten bis zum Stoppen der Zeitmeßelektronik liegenden Perioden des Systemtakts von 50 MHz (d.h. Taktperiode $\Delta T = 20$ ns) werden gezählt. Der verbleibende Rest einer Taktperiode wird von der Zeitdehnschaltung proportional gedehnt (Faktor 256) und danach ebenfalls mit dem 50 MHz–Takt ausgezählt. Die Auflösung wird dadurch gegenüber der Grobmessung um den Dehnfaktor verbessert. Die weitere Signalverarbeitung, bestehend aus einer gleitenden Mittelwertbildung oder einem Kalmanfilter /16/, /22/, verfeinert die Meßgenauigkeit bis in den Pikosekunden– bzw. Millimeterbereich. Das Ergebnis der Entfernungsmessung besteht aus der Differenz zwischen Ziel– und Referenzlaufzeit. Die Referenzmessung dient zur Kompensation von Driften der Zeitmeßelektronik sowie zur Selbstkalibration und Fehlerdiagnose. Eine ausführliche Untersuchung, Optimierung und Beschreibung der Zeitmeßelektronik, insbesondere der Trigger– und der Zeitdehnschaltung, ist in /15/ enthalten. Der gesamte Laserentfernungsmesser wird in /14/, /20/ und /21/ eingehend erläutert.

1.3.2 Baugruppen des Abstandssensors

1.3.2.1 Zentrale Takteinheit

Die zentrale Takteinheit stellt eine Reihe von digitalen Steuersignalen zur Verfügung. Dazu gehören der 50 MHz–Systemtakt und die 10 kHz–Repetierrate. Außerdem werden die Fenstersignale zur Referenz– und Zielauswahl sowie zur Aktivierung und Desaktivierung der Zeitmeßelektronik erzeugt. Für die systemtheoretische Betrachtung der Konturvermessung sind diese Signale nicht von Bedeutung und brauchen hier nicht näher erläutert zu werden. Näheres zur Funktionsweise der zentralen Takteinheit kann in /23/, /24/ und /25/ nachgelesen werden.

1.3.2.2 Lasersender

Wichtig für die genaue Laufzeitmessung ist eine möglichst kurze Anstiegszeit der Laserimpulse bei großer Leistung. Der Lasersender besteht aus einer Halbleiterlaserdiode und einer aus Lawinentransistoren aufgebauten Treiberschaltung. In /15/ und /26/ wird seine Funktionsweise ausführlich beschrieben. Der Sender besitzt folgende Daten, die allerdings stark von den Exemplarstreuungen der Laserdioden abhängen:

— Impulsleistung: 5 ... 10 W
— Impulsbreite: 2 ... 10 ns
— Repetierrate: bis 20 kHz
— Anstiegszeit: 0.4 ... 5 ns
— Wellenlänge: 900 ... 910 nm

1.3.2.3 Photoempfänger

Der Photoempfänger besteht aus einer Avalanche–Photo–Diode (APD) /27/ als Photodetektor und einem Transimpedanzverstärker /28/ mit Nachverstärker. Der Verstärker besitzt folgende Daten:

- Effektive Transimpedanz: maximal 20 kΩ
- Bandbreite: maximal 500 MHz

Der Arbeitspunkt der APD wird durch eine Regelschaltung /29/, die hier nicht näher erläutert werden soll, konstant gehalten. Bei geringeren Ansprüchen an die Empfindlichkeit des Photoempfängers kann auch eine PIN–Photodiode eingesetzt werden. In /30/ wird der Photoempfänger detailliert beschrieben.

1.3.2.4 Constant Fraction Trigger

Die Genauigkeit der Entfernungsmessung hängt entscheidend davon ab, wie genau die Eintreffzeitpunkte der Empfangsimpulse bestimmt werden. Als Eintreffzeitpunkt gilt der Zeitpunkt des Überschreitens einer Komparatorschwelle. Beim Constant Fraction Trigger (CFT) wird diese Schwelle aus dem Empfangssignal selbst erzeugt. Damit ist der Nulldurchgangszeitpunkt theoretisch von der Amplitude des Empfangsimpulses unabhängig. Aufgrund verschiedener Einflüsse, die in /15/ näher beschrieben werden, ist der reale Dynamikbereich jedoch auf ca. 1:40 begrenzt.

Der gemessene Eintreffzeitpunkt hängt von der Verformung ab, die der Laserimpuls auf der Meßstrecke erfährt. Diese Abhängigkeit von der Impulsverformung ist der Ansatzpunkt für die systemtheoretische Beschreibung der 3D–Konturvermessung. Im Rahmen der Modellierung des Sensorsystems wird auf den CFT noch näher eingegangen. Eine ausführliche Beschreibung der Zeitmeßelektronik, einschließlich der Triggerschaltung, ist in /15/ zu finden.

1.3.2.5   Zeitquantisierung

Das Prinzip der Zeitquantisierung, bestehend aus Grob– und Feinquantisierung, ist in Bild 1.6 schematisch dargestellt.

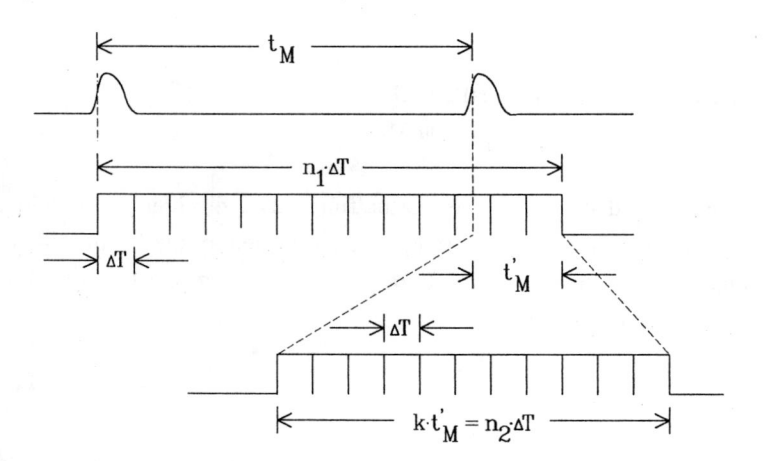

Bild 1.6: Zweistufige Zeitquantisierung

Der Startimpuls für die Grobquantisierung wird von der zentralen Takteinheit erzeugt. Wie oben bereits erwähnt, dient er auch zur Triggerung des Lasersenders. Das Zeitintervall t_M' reicht vom Eintreffzeitpunkt des Ziel– bzw. Referenzimpulses bis zur übernächsten Periode des 50 MHz–Systemtaktes. Bei Erreichen dieser Periode wird die Grobquantisierung gestoppt. t_M' wird nicht direkt ausgezählt, sondern erst nach Dehnung um den Faktor k durch die im folgenden Abschnitt behandelte Zeitdehnschaltung.

Als Ergebnis der Grobquantisierung erhält man den Zählerstand n_1, als Ergebnis der Feinquantisierung den Zählerstand n_2. Die insgesamt gemessene Laufzeit t_M lautet:

$$t_M = (n_1 - \frac{1}{k} \cdot n_2) \cdot \Delta T \tag{1.2}$$

Da der Startimpuls der Zeitmessung immer mit dem Systemtakt synchronisiert ist, braucht nur am Ende von t_M eine Feinquantisierung vorgenommen zu werden. Durch die Aufteilung in Grob– und Feinquantisierung erhält man gleichzeitig einen weiten

Meßbereich und eine feine Zeitauflösung. Als Ergebnis der Entfernungsmessung stehen mit 16 Bit quantisierte Entfernungswerte zur Verfügung. In /15/, /33/ und /34/ wird das Zeitquantisierungsverfahren und seine hardwaremäßige Realisierung detaillierter beschrieben.

1.3.2.6   Zeitdehnschaltung

Die in Bild 1.7 vereinfacht dargestellte Zeitdehnschaltung arbeitet nach dem Dual--Slope-Verfahren.

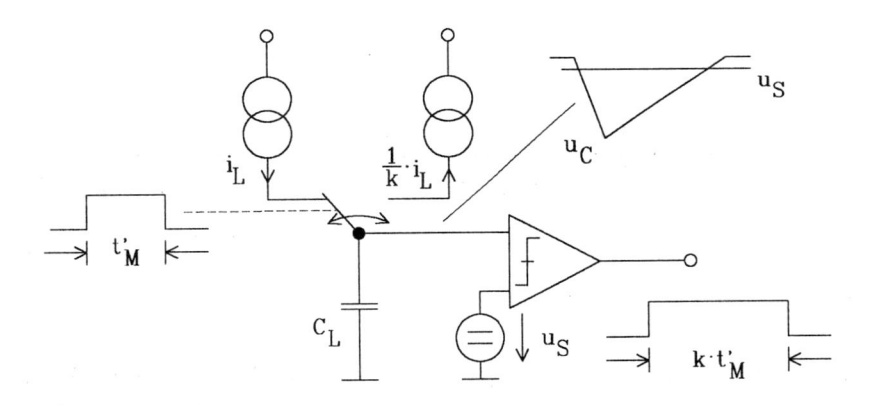

Bild 1.7: Vereinfachtes Schaltbild der Zeitdehnschaltung

Während des zu dehnenden Zeitintervalls t'_M wird der Ladekondensator C_L mit dem konstanten Ladestrom i_L aufgeladen. Nach Ende von t'_M erfolgt die Entladung mit dem Entladestrom i_L/k. Dadurch entsteht am Ladekondensator die in Bild 1.7 skizzierte sägezahnförmige Spannung $u_C(t)$. Unterschreitet sie die Schwellenspannung u_S, so geht der Ausgang des Komparators in den "high"-Zustand. Wird beim Entladen von C_L u_S wieder überschritten, so fällt er in den "low"-Zustand zurück. Das Zeitintervall t'_M wird dabei um den Faktor k gedehnt. Wie oben erwähnt gilt: k = 256. Eine ausführliche Beschreibung der Zeitdehnschaltung ist in /15/, /31/ und /32/ enthalten.

1.3.2.7   Faseroptik

Das in Bild 1.8 dargestellte Glasfasernetzwerk dient zur Verbindung des Sensorkopfs mit dem Lasersender und dem Photoempfänger sowie zur Realisierung der optischen Referenzstrecke.

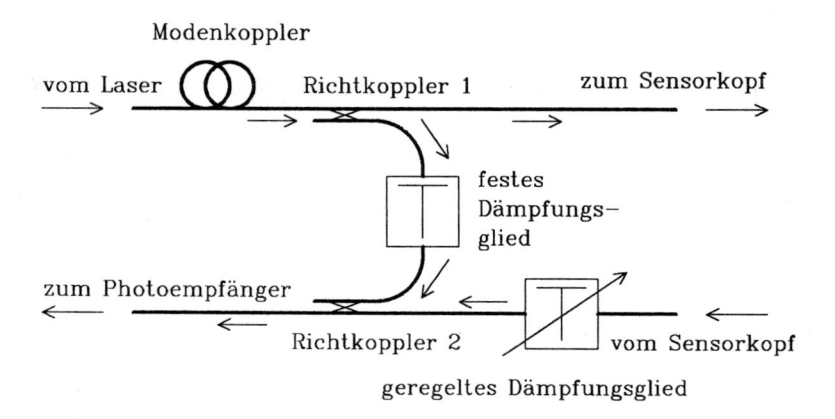

Bild 1.8: Faseroptisches Netzwerk

Um Koppelverluste zu minimieren und gleichzeitig eine stabile mechanische Anordnung zu gewährleisten, ist die Verbindung vom Laser zur Sendefaser als Pigtail /35/ ausgeführt. Das gleiche gilt für die Ankopplung der Empfangsfaser an die APD.

Als Glasfasern finden Multimode–Stufenprofiltypen mit folgenden Durchmessern Verwendung: Sendefaser: 400 μm, Empfangsfaser: 600 μm, Referenzfaser: 200 μm. Der relativ große Durchmesser der Sendefaser ist erforderlich, um genügend Leistung von der Laserdiode in die Faser einkoppeln zu können. Der Durchmesser der Empfangsfaser wurde noch größer gewählt, um Leistungsverluste durch Abbildungsfehler des Linsensystems im Sensorkopf zu verringern. Die faseroptischen Komponenten sind teils über Spleiße, teils über Stecker miteinander verbunden.

Der auf den senderseitigen Pigtail folgende Modenmischer /36/ verteilt die optische Leistung gleichmäßig auf alle in der Glasfaser ausbreitungsfähigen Wellentypen (Moden). Dadurch wird der Einfluß des Laserrauschens und der Einkoppelverhältnisse an der Laserdiode auf die Genauigkeit der Konturvermessung reduziert.

Die Auskopplung und die Wiedereinkopplung des Referenzsignals erfolgt jeweils mit einem geschweißten Oberflächenkoppler /37/.

Um die Amplitude des Referenzimpulses auf einem für die Arbeitspunktregelung der APD /29/ geeigneten Wert zu halten, enthält der Referenzzweig zusätzlich ein festes Dämpfungsglied. Das geregelte Dämpfungsglied im Empfangszweig dient dazu, die Amplitude des Zielimpulses auf einen möglichst konstanten Wert einzustellen /38/. Diese Regelung ist notwendig, um die bei der Vermessung technischer Konturen auftretende hohe Amplitudendynamik des reflektierten Impulses soweit zu verringern, daß der Dynamikbereich des CFT nicht überschritten wird.

1.3.2.8 Spiegeloptik

In Bild 1.9 ist die Spiegeloptik mit einigen charakteristischen Strahlengängen dargestellt. Nähere Beschreibungen ihrer Funktionsweise sind u.a. in /14/, /18/ ,/19/, /20/, /21/, /35/, /39/, /40/ und /41/ zu finden.

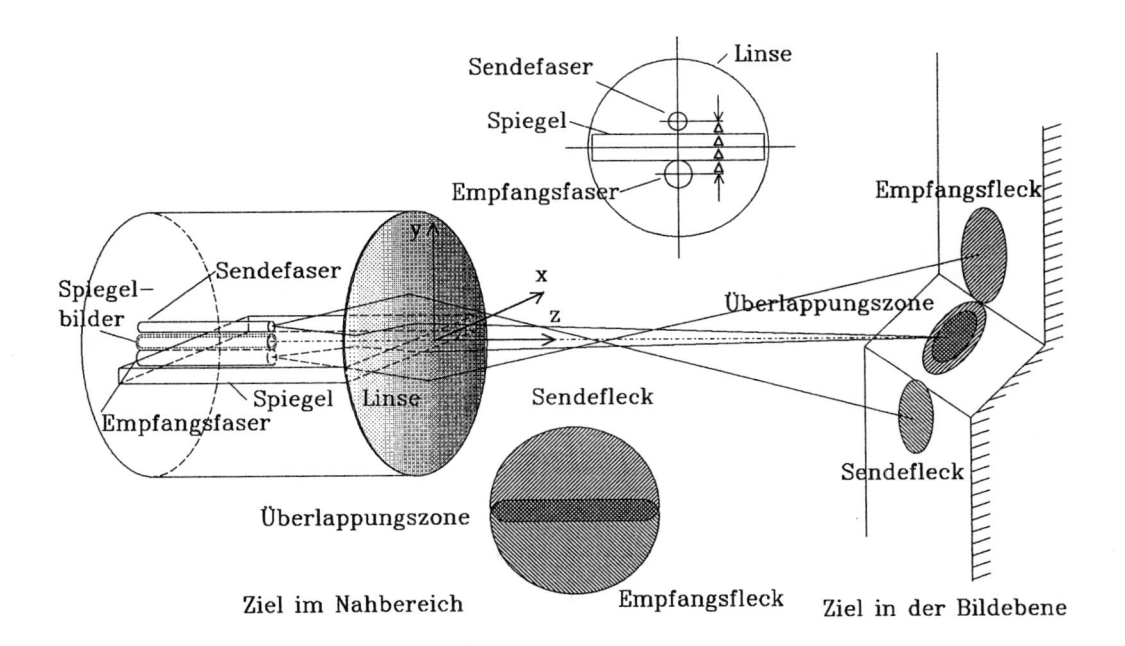

Bild 1.9: Spiegeloptik mit Strahlengängen

Die Faserenden werden scharf auf die Bildebene abgebildet. Das von der Sendefaser abgestrahlte Licht trifft teilweise direkt auf die Linse, teilweise wird es vorher an dem zwischen den Glasfasern angebrachten Spiegel reflektiert. Dadurch wird zusätzlich das Spiegelbild der Sendefaser abgebildet. Es entstehen zwei nebeneinander liegende scharfe Abbildungen der Endfläche der Sendefaser, die sogenannten Sendeflecke. Ähnliche Strahlengänge erhält man, wenn man Licht aus der Empfangsfaser abstrahlt. Es entstehen dann die sogenannten "Empfangsflecke". Da die Empfangsfaser im normalen Betrieb nicht zum Senden benutzt wird, stellen diese Empfangsflecke nur eine gedankliche Hilfskonstruktion dar. Aufgrund des Reziprozitätstheorems /42/ ist eine solche Betrachtungsweise jedoch zulässig. Ein Empfangssignal kann nur in der Überlappungszone der Sende- und der Empfangsflecke erzeugt werden.

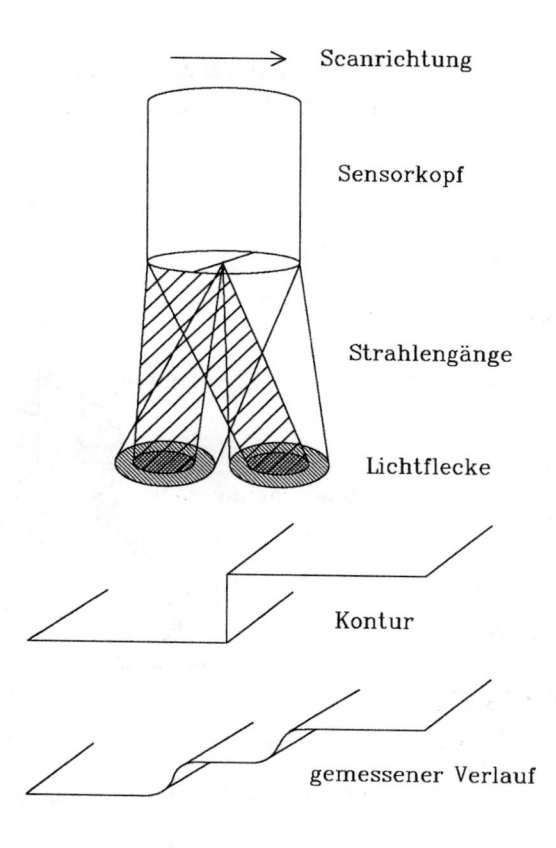

Wird der Spiegel sehr dünn ausgelegt, so entstehen im Bereich der Bildebene zwei Überlappungszonen. Als Ergebnis der Konturvermessung können dadurch zusätzliche Stufen auftreten, die das Meßergebnis verfälschen. Bild 1.10 verdeutlicht diesen Effekt. Das Problem läßt sich umgehen, indem man die Dicke des Spiegels und die Abstände der Fasern von den Spiegeloberflächen wie in Bild 1.9 skizziert wählt. Man erhält dann eine eindeutige Überlappungszone /41/. Die verfügbare Empfangsleistung halbiert sich jedoch dadurch.

Die Form der Lichtflecke ist eine Funktion der Zielentfernung. Bild 1.9 zeigt exemplarisch auch die Fleckformen im Nahbereich dicht vor der Linse.

Bild 1.10: Meßwertverfälschung durch zwei Überlappungszonen

Die Spiegeloptik erscheint zunächst mechanisch relativ kompliziert. Sie bietet jedoch den Vorteil einer geringen Amplitudendynamik über der Meßentfernung und einen Meßbereich bis an die Linse heran /39/. Als Linse wird entweder ein Achromat verwendet, dessen Abbildung gut korrigiert ist /43/, oder eine bikonvexe sphärische Linse. Da teilweise sowieso im Bereich unscharfer Abbildung gemessen wird, können die Fehler einer sphärischen Linse in vielen Fällen toleriert werden. Ob der Einsatz einer solchen Linse sinnvoll ist, läßt sich im Einzelfall durch eine vorherige Simulation überprüfen.

Die systemtheoretische Betrachtung der Sensoroptik in Kapitel 3 ist für alle Arten von Linsen gültig. Da die Simulationsprogramme auch zur Entwicklung von realen Sensoroptiken eingesetzt werden sollen, können auch in der Durchrechnung aufwendigere, bikonvexe, sphärische Linsen angenommen werden.

2. Das Simulationsmodell des Sensorsystems

Die rechnerische Simulation ist ein Werkzeug zur Entwicklung und Untersuchung technischer Systeme, das aufgrund des Fortschritts der Computertechnik immer mehr an Bedeutung gewinnt. Das Sensorsystem zur 3D-Konturvermessung ist durch das Zusammenwirken von elektronischen und optischen Baugruppen gekennzeichnet. Das Simulationsmodell enthält daher sowohl Elemente zur Simulation elektronischer Schaltungen, als auch solche zur Durchführung optischer Berechnungen. Der mögliche Grad an Abstraktion und Vereinfachung in den einzelnen Funktionsblöcken richtet sich nach dem Schwerpunkt der jeweils durchzuführenden Untersuchung. Bild 2.1 zeigt ein grobes Blockschaltbild des Sensorsystems. Die einzelnen Teile werden in den folgenden Unterpunkten näher erläutert.

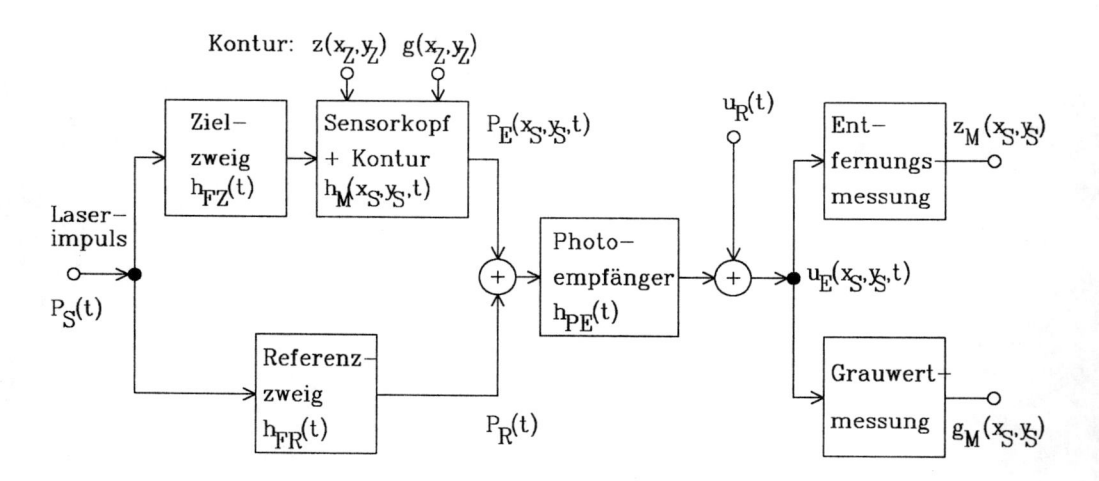

Bild 2.1: Vereinfachtes Blockschaltbild des Simulationsmodells der 3D-Konturvermessung

2.1 Motivation für das Simulationsmodell

Ein Simulationsmodell stellt immer eine mehr oder weniger grobe Nachbildung realer Verhältnisse dar. Daraus resultiert die Überlegung: Ist es nicht sinnvoller, durch Experimente die Realität in ihrer Gesamtheit zu erfassen? Daher ist im Einzelfall immer zu überprüfen, ob der Aufwand für die Entwicklung und Programmierung durch die Vorteile eines Simulationsmodells gerechtfertigt wird.

Ein Vorteil der Simulation liegt in der Konzentration auf die für das grundlegende Verständnis des Systemverhaltens wesentlichen Parameter. Im Experiment hingegen besteht immer die Gefahr, daß Störungen und Nebeneffekte den eigentlichen Untersuchungsgegenstand zu stark verfälschen. Selbstverständlich muß gewährleistet sein, daß im Simulationsmodell keine wichtigen Größen weggelassen werden.

Außerdem erhält man die Möglichkeit der gegenseitigen Verifikation von Experiment und Simulation. Die Übereinstimmung von Experiment und Simulation liefert zwar nicht unbedingt den Beweis für die Richtigkeit einer Annahme; zur Plausibilitätsüberprüfung ist sie jedoch einsetzbar und ergibt damit mehr Sicherheit als ein reines Experiment.

Eine Simulation läßt sich im allgemeinen schneller und kostengünstiger durchführen als entsprechende Versuche. Dabei ist zu berücksichtigen, daß gerade auf dem Gebiet der Optik die Sonderanfertigung von Bauelementen wie z.B. Linsen sehr teuer und zeitaufwendig ist und daher für Versuchsreihen meistens nicht in Frage kommt. Mit einem Simulationsprogramm kann das Design eines Systems und die Überprüfung der Einhaltung von Randbedingungen schnell und einfach auf dem Rechner erfolgen. Die experimentelle Verifikation läßt sich damit auf ein Minimum beschränken.

2.2 Modellierung der zu vermessenden Kontur

Das Modell der 3D–Kontur wird in diskretisierter Form erzeugt und abgespeichert. Die Konturen können somit rechnerisch beliebig manipuliert werden. Sie dienen zur Überprüfung der systemtheoretischen Beschreibung der 3D–Konturvermessung in Kapitel 3 und zum Test der in Kapitel 4 beschriebenen Verarbeitungsalgorithmen.

2.2.1 Form der Kontur

Die Oberfläche der Kontur wird als explizite Funktion $z(x,y)$ von zwei Variablen in kartesischen Koordinaten formuliert. $z(x,y)$ kann dabei die Meßentfernung oder auch die Höhe über einer beliebigen Referenzebene sein. Um technische Konturen zu simulieren, werden Verläufe benutzt, die auch Sprünge und Knicke enthalten. Die Kontur kann als Pseudo–3D–Bild wie in Bild 2.2 anschaulich dargestellt werden.

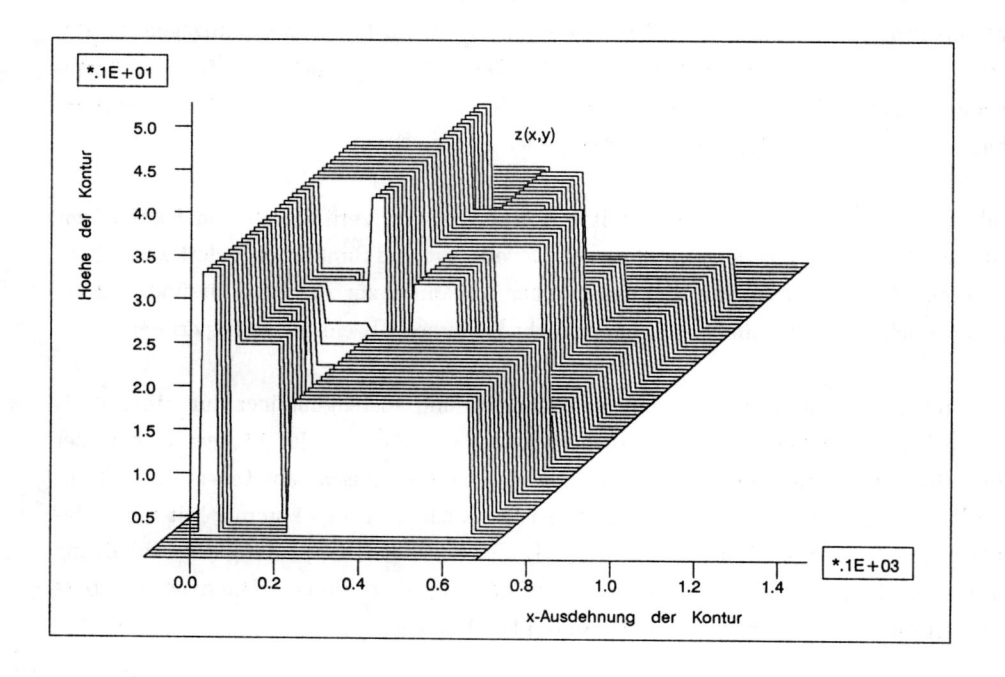

Bild 2.2: Beispiel einer simulierten Kontur in Pseudo–3D–Darstellung

Eine Darstellung als Schnittlinienbild, ähnlich den Höhenlinien einer Landkarte, ermöglicht eine bessere quantitative Beurteilung, ist im allgemeinen aber weniger anschaulich.

2.2.2 Grauwert eines Konturpunktes

Der Grauwert eines Konturpunktes ist durch die Orientierung der Tangentialebene gegenüber dem Meßstrahl, durch die Richtcharakteristik der Streuung des einfallenden Lichts und durch das Absorptionsvermögen des Materials eindeutig festgelegt.

2.2.2.1 Orientierung der Tangentialebene in einem Konturpunkt

Die Orientierung der Tangentialebene wird durch die Richtung des Normalenvektors auf der Oberfläche der Kontur beschrieben. Ist die Fläche in expliziter Form z(x,y) gegeben, so läßt sich der Normalenvektor $\vec{r}_{NK}$ wie in Gleichung 2.1 angeben /44/. Seine Länge ist gleich 1, ebenso die Länge sämtlicher Richtungs- und Normalenvektoren im weiteren Verlauf der Arbeit.

$$\vec{r}_{NK}(x,y) = \left[1 + \left[\frac{dz(x,y)}{dx}\right]^2 + \left[\frac{dz(x,y)}{dy}\right]^2\right]^{-\frac{1}{2}} \begin{pmatrix} \frac{dz(x,y)}{dx} \\ \frac{dz(x,y)}{dy} \\ -1 \end{pmatrix} \quad (2.1)$$

Wenn die simulierten Konturen zur Bearbeitung mit dem Rechner in diskretisierter Form vorliegen, sind die Differentiale durch Differenzen zu ersetzen.

2.2.2.2 Richtcharakteristik der Streuung des einfallenden Lichts

Im allgemeinen ist die Richtcharakteristik der Streuung sowohl eine Funktion des Einstrahlwinkels als auch des Winkels, unter dem das Licht am Meßziel gestreut wird. Mit den Winkeln θ'_S, φ'_{S2} des einfallenden bzw. θ'_Z, φ'_Z eines gestreuten Lichtstrahls zum Normalenvektor im Zielpunkt lautet die allgemeinste Formulierung:

$$C_{\Omega Z} = C_{\Omega Z}(\theta'_S, \varphi'_{S2}, \theta'_Z, \varphi'_Z) \quad (2.2)$$

Der Verlauf der Funktion $C_{\Omega Z}(\theta'_S, \varphi'_{S2}, \theta'_Z, \varphi'_Z)$ kann im Prinzip beliebig aussehen. Um bei der Simulation der Konturvermessung unnötige Komplikationen zu vermeiden, werden jedoch einige Einschränkungen vorgenommen.

Jedes Flächenelement der Kontur wird als idealer Lambertstrahler modelliert, d.h., die Streuung des einfallenden Lichts ist diffus. Nach /45/ wird $C_{\Omega Z}$ dann unabhängig von der Einstrahlrichtung und symmetrisch zur Normalen.

$$C_{\Omega Z}(\theta'_S, \varphi'_{S2}, \theta'_Z, \varphi'_Z) = C_{\Omega Z}(\theta'_Z) = \cos \theta'_Z \quad (2.3)$$

Diese Eigenschaft besitzen Oberflächen mit statistisch verteilter Rauhigkeit wie z.B. Gips. Reale Richtcharakteristiken setzen sich meistens aus spiegelnden, d.h., $\theta'_Z = \theta'_S$,

$C_{\Omega Z}(\theta_Z') = \cos\theta_Z'$

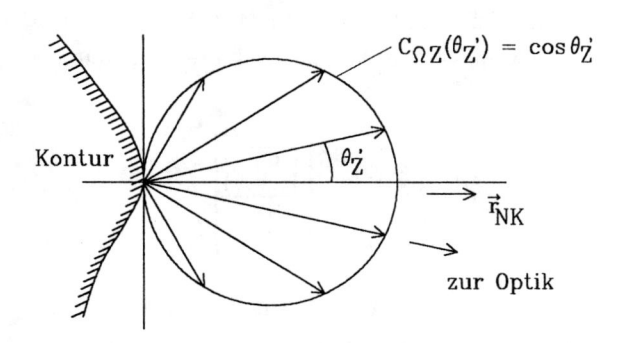

Kontur

θ_Z'

$\vec{r}_{NK}$

zur Optik

Bild 2.3: Richtcharakteristik eines Lambertstrahlers

$\varphi_Z' = -\varphi_{S2}'$, und diffusen Anteilen zusammen /45/. Die theoretische Beschreibung in Kapitel 3 gilt auch für diesen allgemeinen Fall. Die Beschränkung auf diffus streuende Konturen dient daher nur der Vereinfachung der Simulation. Falls erforderlich, läßt sich das Modell problemlos erweitern.

Weitere Einschränkungen bestehen zum einen in der Vernachlässigung mehrfacher Streuung, da diese im allgemeinen nur wenig zur empfangenen Leistung beiträgt, zum anderen in der Annahme nicht transparenter Materialien.

2.2.2.3 Absorption des Lichts

Ein Teil des Lichts, das auf die Kontur fällt, bei dunklen Gegenständen oft mehr als 90%, wird absorbiert. Die Absorption wird durch den rückgestreuten Anteil $g_A(x,y)$ des eingestrahlten Lichts beschrieben. Dabei muß gelten:

$$0 \leq g_A(x,y) \leq 1 \qquad (2.4)$$

Durch Kombination der Form $z(x,y)$ mit dem rückgestreuten Anteil $g_A(x,y)$, unter Annahme diffuser Streuung des einfallenden Lichts, sind die Eigenschaften der Kontur festgelegt.

2.3 Modellierung der elektronischen Komponenten

In diesem Abschnitt wird die Modellierung der elektronischen Komponenten insoweit erläutert, wie sie für die systemtheoretische Beschreibung der 3D–Konturvermessung benötigt wird. Ein Standardwerkzeug für die Simulation elektronischer Schaltungen ist das Netzwerkanalyseprogramm SPICE /46/. Es erlaubt die detaillierte Simulation der elektronischen Baugruppen des Sensorsystems. Für die systemtheoretische Beschreibung der 3D–Konturvermessung ist eine solche Simulation auf Bauelementeebene jedoch nicht unbedingt notwendig.

2.3.1 Modellierung des Lasersenders

Im Rahmen der vorliegenden Arbeit interessiert vor allem der zeitliche Verlauf des vom Lasersender erzeugten optischen Impulses. Bild 2.4 zeigt zwei Laserimpulse nach Durchlaufen von 10 bzw. 30 m der im Laserentfernungsmesser eingesetzten 400 μm–Stufenprofilfaser. Die Maximalamplituden sind auf 1 normiert. Die Messung wurde mit einem Samplingoszilloskop mit zusätzlicher Mittelung über 16 Einzelwerte an jedem Abtastpunkt durchgeführt. Die Form der dargestellten Laserimpulse entspricht daher einer mittleren Impulsform.

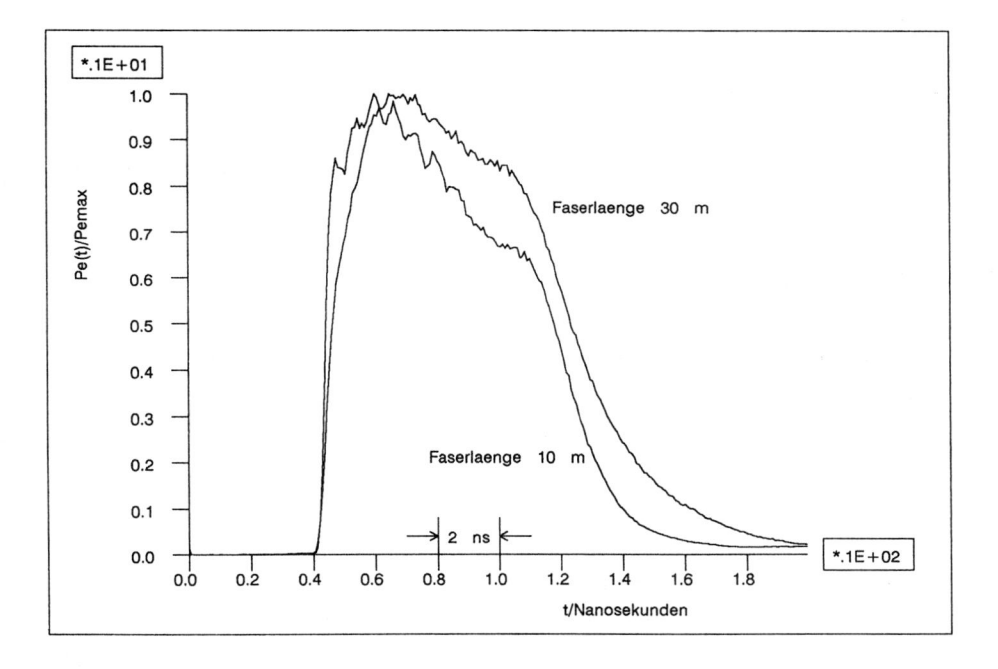

Bild 2.4: Laserimpulse unterschiedlicher Anstiegszeit

Die Impulsform ist in Wirklichkeit sowohl temperaturabhängig, als auch statistischen Schwankungen unterworfen. Zusätzlich tritt eine ebenfalls temperaturabhängige und statistisch schwankende Verzögerung zwischen der elektronischen Triggerung des Lasers und dem Aussenden des optischen Impulses auf /25/. Um die Auswirkungen des u.a. durch diese statistischen Schwankungen verursachten Meßrauschens zu reduzieren, wird bei der Vorverarbeitung der Meßwerte /16/ pro Meßpunkt über 20 bis 60 Einzelmeßwerte, jeweils bestehend aus Ziel— minus Referenzlaufzeit, gemittelt.

Im systemtheoretischen Modell wird vereinfachend eine identische Triggerverzögerung bei der Referenz— und Zielmessung (siehe auch Abschnitt 1.3.1) angenommen. Sie hat daher keinen Einfluß auf die gemessene Laufzeitdifferenz. Weiterhin wird angenommen, daß auch die Verläufe der gesendeten Laserimpulse bei der Ziel— und Referenzmessung identisch sind. Die restlichen Schwankungen der Impulsform und der Triggerverzögerung werden den Fehlern der systemtheoretischen Beschreibung zugeschlagen (siehe auch Abschnitt 3.4).

Eine Variante des Laserradars mit direkter Messung der Zeitdifferenz zwischen Ziel— und Referenzimpuls wird in /47/ beschrieben. Da in diesem Fall beide Empfangsimpulse vom gleichen Sendeimpuls stammen, spielen Schwankungen der Triggerverzögerung und der Impulsform keine Rolle mehr.

2.3.2 Modellierung des Photoempfängers

Ein SPICE—Modell für die Photodiode wurde in /48/ entwickelt. Zusammen mit dem SPICE—Modell des nachgeschalteten Verstärkers /30/ ermöglicht es die detaillierte Simulation des kompletten Photoempfängers auf Bauelementeebene, wie sie beispielsweise für den Schaltungsentwurf erforderlich ist. Für die vorliegende Arbeit genügt ein vereinfachtes systemtheoretisches Modell, das sich jedoch problemlos erweitern läßt.

Es wird eine Photodiode angenommen, die den Empfangsimpuls nicht verzerrt. Ihre spektrale Empfindlichkeit S_λ (Verhältnis von erzeugtem Photostrom zur eingestrahlten optischen Leistung) kann den Datenblättern entnommen werden. Bei einer Wellenlänge von $\lambda \simeq 900$ nm ergibt sich bei einem typischen Arbeitspunkt der APD für S_λ ein Wert von ungefähr 65 A/W. Der Verstärker mit der effektiven Transimpedanz R_T wird ebenfalls als verzerrungsfrei angenommen. Das kombinierte Rauschen der APD und des Verstärkers wird in die Rauschspannung $u_R(t)$ am Ausgang des Photoempfängers transformiert.

Gleichung 2.5 beschreibt das Übertragungsverhalten des vereinfachten Photoempfängers.

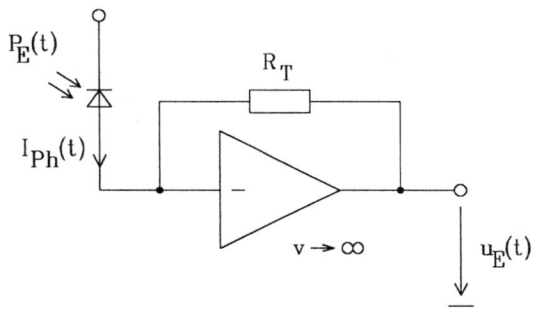

$$u_E(t) = I_{Ph}(t) \cdot R_T = P_E(t) * h_{PE}(t) + u_R(t) = P_E(t) \cdot S_\lambda \cdot R_T + u_R(t) \qquad (2.5)$$

$u_E(t)$ = verstärktes Empfangssignal
$P_E(t)$ = optische Empfangsleistung
$I_{Ph}(t)$ = Photostrom
$h_{PE}(t)$ = Stoßantwort des Empfängers
$u_R(t)$ = Ausgangsrauschspannung

Bild 2.5: Photoempfänger

Ein Vorteil des dieser Arbeit zugrundeliegenden Laserradars besteht darin, daß der Ziel— und der Referenzimpuls über den gleichen Photoempfänger laufen (Prinzip der Einkanaligkeit). Da dieser ein lineares System darstellt, fällt die von ihm verursachte Impulsverformung und —verzögerung aus der gemessenen Laufzeitdifferenz heraus.

2.3.3 Modellierung der Zeitmeßelektronik

Die detaillierte Simulation des CFT und der Zeitdehnschaltung auf Bauteileebene wird in /15/ beschrieben. Bei dem im Rahmen der vorliegenden Arbeit verwendeten vereinfachten Modell entfällt die Trennung von Referenz— und Zielmessung. Als gemessene Laufzeit gilt das Zeitintervall zwischen den vom CFT detektierten Eintreffzeitpunkten des Ziel— und Referenzimpulses. Die Art der darauf folgenden Zeitquantisierung hat keinen Einfluß auf die systemtheoretische Betrachtung. Bild 2.6 zeigt das vereinfachte Modell des CFT einschließlich einiger typischer Spannungsverläufe. Der Komparator wird als ideal angenommen.

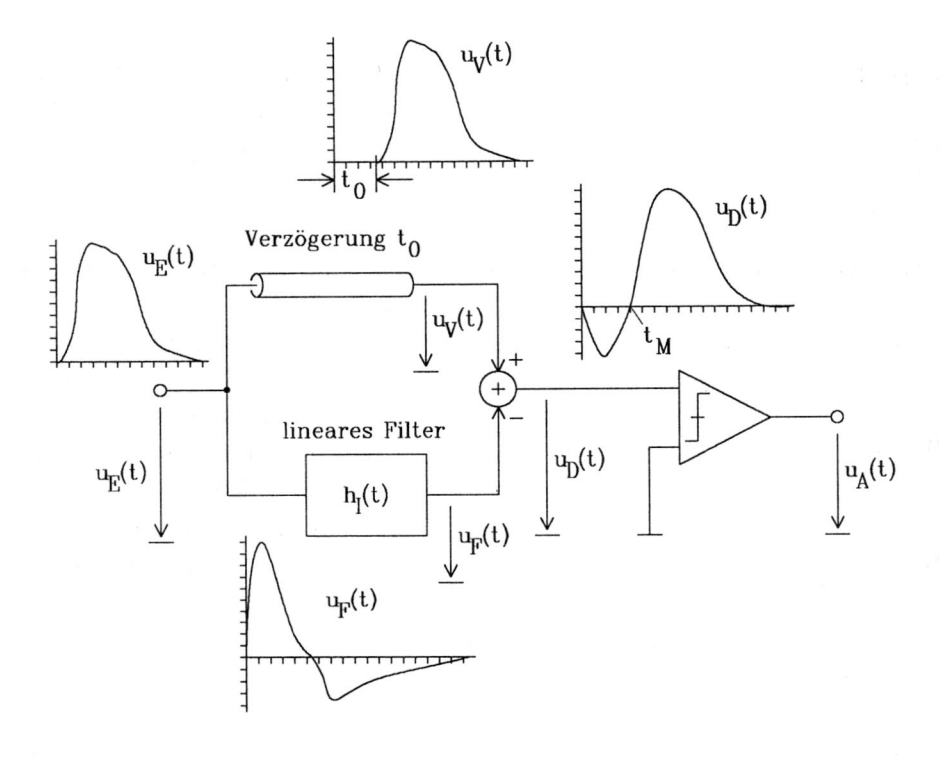

Bild 2.6: Constant Fraction Trigger

Die Differenzspannung $u_D(t)$ beträgt:

$$u_D(t) = K \cdot u_E(t-t_0) - u_E(t) * h_I(t) \quad \text{mit: } 0 < K \leq 1 \tag{2.6}$$

Für die Stoßantwort $h_I(t)$ des Filters zur Impulsformung werden in /49/ folgende Möglichkeiten untersucht:

— Dämpfungsglied $\Rightarrow h_I(t) = D \cdot \delta(t)$ mit: $0 < D \leq 1$

— Einpoliger Tiefpaß $\Rightarrow h_I(t) = \sigma(t) \cdot \frac{1}{T} \cdot e^{-\frac{t}{T}}$ T = Zeitkonstante

— Einpoliger Hochpaß $\Rightarrow h_I(t) = \delta(t) - \sigma(t) \cdot \frac{1}{T} \cdot e^{-\frac{t}{T}}$

Es können auch kompliziertere Filter oder Kombinationen der einfachen Formen /50/ verwendet werden, auf die hier nicht näher eingegangen werden soll.

Der Eintreffzeitpunkt t_M eines Empfangsimpulses wird durch den Nulldurchgang von $u_D(t)$ bestimmt.

$$u_D(t) = 0 \big|_{t=t_M} \qquad (2.7)$$

Für t_M kann der Eintreffzeitpunkt t_{MR} des Referenzimpulses oder der Eintreffzeitpunkt t_{MZ} des Zielimpulses eingesetzt werden. Die Laufzeitdifferenz t_D ergibt sich zu:

$$t_D = t_{MZ} - t_{MR} \qquad (2.8)$$

Die zusätzlichen Verzögerungen im Komparator werden als konstant angenommen und heben sich durch die Differenzbildung auf. Die Laufzeitdifferenz setzt sich zusammen aus der Laufzeit von der Optik zum Meßziel und zurück sowie der zusätzlichen Laufzeit t_{off} im Glasfasernetzwerk. Die zusätzliche Laufzeit ist erforderlich, da, um Meßfehler durch gegenseitige Beeinflußung der Impulse zu vermeiden /15/, der zeitliche Abstand zwischen Ziel- und Referenzimpuls ein Minimum von ca. 50 ns nicht unterschreiten darf. Die Länge der Meßstrecke kann aus t_D ermittelt werden.

$$z_M = \tfrac{1}{2} \cdot c_0 \cdot (t_D - t_{off}) \qquad (2.9)$$

Um das Modell des CFT auf dem Rechner zu realisieren, muß es zeitdiskret formuliert werden. Die Zeit wird dazu in Vielfache des Zeitelementes Δt unterteilt. Durch den Übergang zur zeitdiskreten Formulierung mit $t \to i \cdot \Delta t$ ergibt sich das zeitdiskrete Differenzsignal $u_D(i \cdot \Delta t) \to u_D(i)$.

Eine effiziente zeitdiskrete Formulierung der impulsformenden Netzwerke stellen IIR-Filter dar, die am einfachsten nach dem Differenzenverfahren /51/ zu entwickeln sind. Für den Tiefpaß gilt:

$$u_F(i) = \frac{T}{T+\Delta t} \cdot u_F(i-1) + \frac{\Delta t}{T+\Delta t} \cdot u_E(i) \qquad (2.10)$$

Für den Hochpaß erhält man:

$$u_F(i) = \frac{T}{T+\Delta t} \cdot \left[u_F(i-1) + u_E(i) - u_E(i-1) \right] \qquad (2.11)$$

Da die Zeitkonstante und die Verzögerungszeit aufgrund des vereinfachten Modells nur als ungefähre Werte benötigt werden, können die Fehler des Differenzenverfahrens toleriert werden. Dabei wird zusätzlich vorausgesetzt, daß die Zeitkonstante groß gegenüber dem Abtastintervall ist.

Das Verzögerungsglied in zeitdiskreter Formulierung lautet:

$$u_V(i) = u_E(i-i_0) \qquad \text{mit: } i_0 = \frac{t_0}{\Delta t}$$

Die Komparatoreingangsspannung des CFT mit den verschiedenen Filtern in zeitdiskreter Formulierung lautet:

Dämpfungsglied: $\qquad u_D(i) = K \cdot u_E(i-i_0) - D \cdot u_E(i)$ (2.12)

Tiefpaß: $\qquad u_D(i) = K \cdot u_E(i-i_0) - \frac{T}{T+\Delta t} \cdot u_F(i-1) - \frac{\Delta t}{T+\Delta t} \cdot u_E(i)$ (2.13)

Hochpaß: $\qquad u_D(i) = K \cdot u_E(i-i_0) - \frac{T}{T+\Delta t} \cdot \left[u_F(i-1) + u_E(i) - u_E(i-1) \right]$ (2.14)

Die Kurven in Bild 2.4 stellen gemessene Spannungsverläufe dar. Das Meßintervall ist jeweils 20 ns breit, mit 256 Abtastungen. Das entspricht einer zeitlichen Quantisierung mit $\Delta t = 20/(256-1)$ ns $\simeq 78$ ps. Δt muß so klein gewählt werden, daß der Impuls unter Einhaltung des Shannon'schen Abtasttheorems abgetastet wird. Die kürzeste auftretende Anstiegszeit t_r der verwendeten Halbleiterlaser wurde bisher mit 400 ps gemessen. Nach Gleichung 2.15 /52/ entspricht dies einer 3dB–Bandbreite von:

$$B = \frac{0.34}{t_r} \simeq 850 \text{ MHz} \qquad (2.15)$$

Nimmt man für den Laserimpuls näherungsweise ein gaußförmiges Spektrum an, so ergibt sich nach /52/ eine 60 dB–Bandbreite von ca. 4 GHz. Vernachlässigt man den außerhalb dieser Bandbreite liegenden Teil des Spektrums, so beträgt der maximal zulässige Wert für Δt ca. 125 ps. Bei der 60 dB–Bandbreite ist die Spektralleistung so weit abgeklungen, daß Aliasingeffekte vernachlässigt werden können. Für die Simulationsrechnungen im Rahmen der vorliegenden Arbeit gilt grundsätzlich $\Delta t = 78$ ps.

2.4 Modellierung der Glasfaseroptik

Die exakte theoretische Berechnung optischer Systeme läßt sich mit Hilfe der Wellenoptik, ausgehend von den Maxwell'schen Gleichungen, durchführen. Eine Zusammenfassung von Ansätzen und Verfahren ist z.B. in /53/ enthalten. Für die praxisnahe Modellierung des hier betrachteten Sensorsystems sind diese Methoden jedoch zu aufwendig und zu zeitintensiv. Aufgrund der Tatsache, daß selbst die kleinsten Abmessungen im optischen Teil des Laserentfernungsmessers – die Durchmesser der Glasfasern – sehr groß gegenüber der optischen Wellenlänge sind, läßt sich die geometrische Optik anwenden. Die Berechnungen vereinfachen sich dadurch ganz wesentlich.

Als Grundlage der Modellierung der Faseroptik ist zunächst die Lichtausbreitung in den Glasfasern zu untersuchen. Basierend auf den Ausbreitungseigenschaften kann das Abstrahlverhalten am Faserende beschrieben werden, von dem die Eigenschaften des Sensorkopfes entscheidend abhängen.

2.4.1 Dämpfung der Glasfasern

Die größte auftretende Länge im Fasernetzwerk ist durch den Meßzweig vom Laser zur Optik und von der Optik wieder zurück zum Photoempfänger gegeben und liegt bei ca. 30 m. Typische Dämpfungswerte der verwendeten Glasfasern sind 20 – 30 dB/km. Nimmt man 30 dB/km an, so weist die Faserstrecke eine Dämpfung von ca. 1 dB auf. Weitere Verluste werden durch die Richtkoppler, die Spleiße, die Steckverbindungen, die Grunddämpfung des variablen Dämpfungsglieds und den Modenmischer verursacht.

Typische Werte sind:
- Faserdämpfung: 1.0 dB
- Richtkoppler: (2 St.) 2 · 0.5 dB
- Spleiße: (2 St.) 2 · 0.5 dB
- Steckverbindungen: (2 St.) 2 · 2.5 dB
- Dämpfungsglied: 4.0 dB
- Modenmischer: 2.0 dB

Summe: 14.0 dB

Bei den auftretenden Leistungen stellt das Fasernetzwerk ein lineares System dar /54/. Seine Gesamtdämpfung geht als Proportionalitätsfaktor in die Empfangsleistung ein.

2.4.2 Dispersion der Glasfasern

Von Bedeutung für die Impulslaufzeitmessung ist die durch die Dispersion der Glasfasern verursachte Impulsverformung und die daraus resultierenden Meßfehler. Da die Durchmesser der Glasfasern sehr groß gegenüber der Wellenlänge des Laserlichts sind, sind sehr viele Moden (Wellentypen) ausbreitungsfähig. In /40/ wurden für die verwendeten Fasertypen folgende Anzahlen berechnet:

ϕ 200 μm: 18000   Moden
ϕ 400 μm: 71000   Moden
ϕ 600 μm: 160000   Moden

Die dominierende Dispersionsart ist die Modendispersion, die durch die unterschiedlichen Laufzeiten der ausbreitungsfähigen Moden verursacht wird /36/. Durch den Einsatz eines Modenmischers wird angestrebt, die vom Laser eingekoppelte Leistung statistisch möglichst gleichmäßig auf alle Moden zu verteilen. Eine solche Gleichverteilung wird in der einschlägigen Literatur /36/, /55/ meistens angenommen, wenn Aussagen über die Übertragungs- bzw. Abstrahleigenschaften einer Glasfaser getroffen werden. Nach /36/ resultiert aus einer gleichmäßigen Leistungsverteilung auf alle Moden näherungsweise eine rechteckförmige Impulsantwort einer Faserstrecke, was auch durch eine wellenoptische Berechnung in /56/ bestätigt werden konnte.

In /57/ wurde nachgeprüft, unter welchen Bedingungen sich die erwähnte Gleichverteilung einstellt. Die statistisch verteilten Geometrie- und Materialinhomogenitäten wurden durch quasi zufällige Koppelkoeffizienten zwischen Moden verschiedener Ordnung repräsentiert. Durch Simulationsrechnungen konnte nachgewiesen werden, daß die Modenverkopplung auf der Glasfaserstrecke, unabhängig von der Verteilung der Leistung auf die ausbreitungsfähigen Moden am Faseranfang, nach und nach zu einer Gleichverteilung führt.

Nimmt man eine stärkere Dämpfung der Moden höherer Ordnung an, so führt die Modenverkopplung zu einer Leistungsverteilung, die der Dämpfung über der Modenordnung entspricht /57/. Mit steigender Modenordnung wird ein immer größerer Teil der Lichtleistung im Fasermantel und im Bereich des Kern- Mantelübergangs geführt /36/. In diesem Bereich tritt eine stärkere Dämpfung auf als im zentralen Kernbereich. Die Annahme einer stärkeren Dämpfung der Moden höherer Ordnung erscheint daher plausibel.

Die Konvergenzrate, mit der die stationäre Leistungsverteilung erreicht wird, hängt nach /57/ von der Größe der Koppelkoeffizienten bzw. von den Geometriestörungen der Faser ab. Der in Bild 2.7 skizzierte Modenkoppler stellt nun eine ganz massive Geometriestörung dar. Der stationäre Zustand wird durch ihn sehr schnell erreicht. In /58/ wird dies durch Vergleichsmessungen bei unterschiedlich starker Modenverkopplung auch experimentell bestätigt.

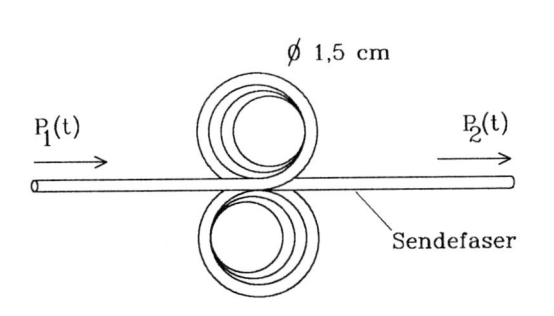

Bild 2.7: Modenkoppler

Meßtechnisch läßt sich die Stoßantwort einer Glasfaserstrecke mit einer Anordnung nach Bild 2.8 bestimmen. Man koppelt einen Laserimpuls der optischen Leistung $P_1(t)$ ein und zeichnet den Ausgangsimpuls $P_{22}(t)$ nach der Strecke l_2 auf. Dann verkürzt man die Faser auf die Länge l_1 und zeichnet den Ausgangsimpuls $P_{21}(t)$ auf.

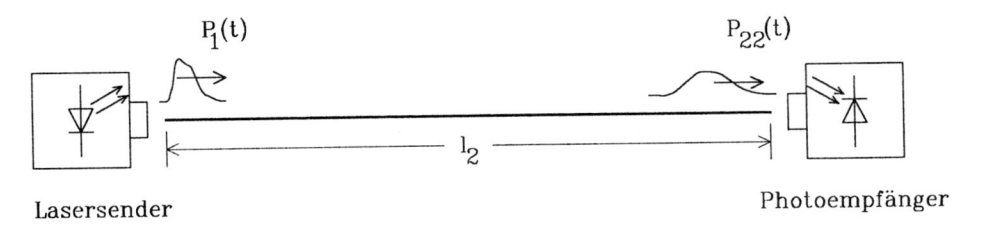

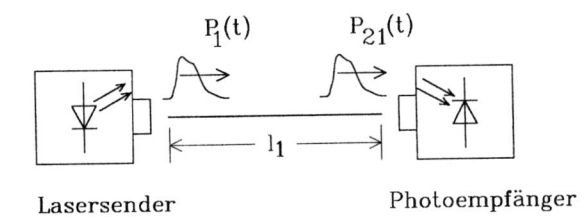

Bild 2.8: Meßaufbau zur Bestimmung der Stoßantwort einer Glasfaserstrecke

Es gelten folgende Beziehungen:

$$P_{22}(t) = P_1(t) * h_2(t) \qquad (2.16a)$$

$$P_{21}(t) = P_1(t) * h_1(t) \qquad (2.16b)$$

$$P_{22}(t) = P_{21}(t) * h_{21}(t) \qquad (2.16c)$$

$$h_2(t) = h_{21}(t) * h_1(t) \qquad (2.16d)$$

$P_{21}(t)$ stellt das Eingangssignal der Faserstrecke der Länge $\Delta l = l_2 - l_1$ mit der Stoßantwort $h_{21}(t)$ dar, $P_{22}(t)$ das Ausgangssignal. In Wirklichkeit mißt man natürlich jeweils die Ausgangsspannung des verwendeten Photoempfängers. Da diese nach Gleichung 2.5 der optischen Empfangsleistung proportional ist, können die Stoßantworten direkt auf die Leistungen angewendet werden.

Bei geringem Meßrauschen läßt sich die Stoßantwort $h_{21}(t)$ auf der Länge $\Delta l = l_2 - l_1$ aus $P_{22}(t)$ und $P_{21}(t)$ mit einem vereinfachten Wiener–Helstrom–Filter /59/näherungsweise ermitteln. Das Meßergebnis nach Bild 2.9. deutet auf eine ungleichmäßige Leistungsverteilung über der Modenordnung hin, da die sich langsamer ausbreitenden Moden höherer Ordnung offensichtlich weniger Leistung enthalten.

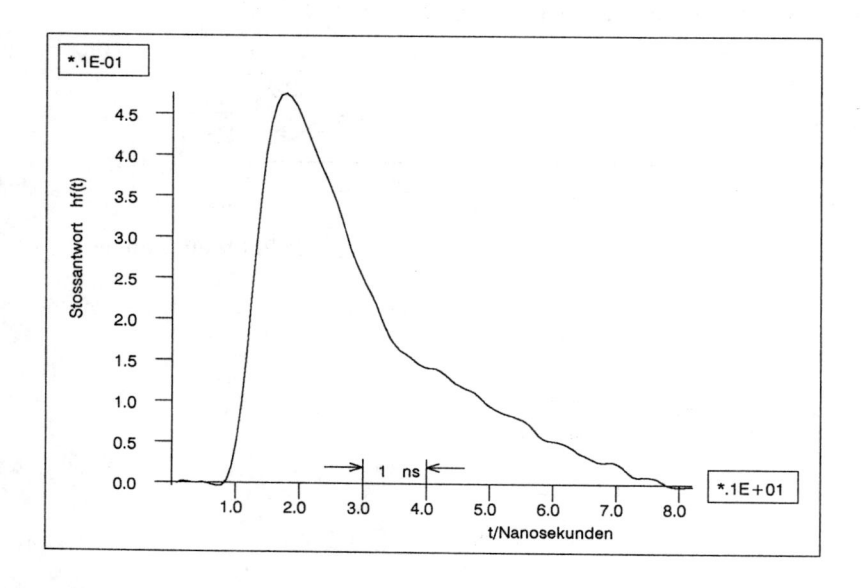

Bild 2.9: Gemessene Stoßantwort von 70 m 400 μm–Faser

Da die beiden Strecken unterschiedlich lang sind und teilweise aus verschiedenartigen Glasfasern bestehen, ergeben sich für den Referenz- und den Zielzweig unterschiedliche Stoßantworten.

Mit der Impulsverformung $h_{FR0}(t)$ und der Laufzeit t_{FR} lautet die Stoßantwort $h_{FR}(t)$ der Referenzstrecke:

$$h_{FR}(t) = h_{FR0}(t) * \delta(t-t_{FR}) \qquad (2.17)$$

Der Glasfaseranteil der Zielstrecke besitzt die Stoßantwort $h_{FZ}(t)$ mit der Impulsverformung $h_{FZ0}(t)$ und der Laufzeit t_{FZ}.

$$h_{FZ}(t) = h_{FZ0}(t) * \delta(t-t_{FZ}) \qquad (2.18)$$

Da die Glasfaserstrecken lineare Systeme darstellen /54/, resultiert aus den unterschiedlichen Stoßantworten lediglich ein zusätzlicher Zeitoffset zur gemessenen Differenzlaufzeit, der bei der Festlegung der Nullebene wieder abgezogen wird (siehe Abschnitt 1.2). Diese Annahme gilt streng genommen nur bei unveränderter Form des Laserimpulses, ist aber durch die in Abschnitt 2.3.1 erwähnte Mittelung bei der Datenvorverarbeitung in guter Näherung gültig.

2.4.3 Erzeugung des Referenzsignals

Um Zeitmeßfehler zu vermeiden, muß die Auskopplung des Referenzsignals aus der Sendefaser und die Einkopplung in die Empfangsfaser möglichst modenunabhängig vorgenommen werden. Der im hier betrachteten System verwendete Richtkoppler ist in Bild 2.10 dargestellt. Die Herstellung erfolgt durch Verschweißen der Glasfasern im Lichtbogen /37/.

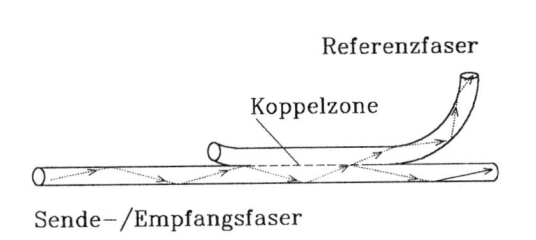

Bild 2.10: Geschweißter Oberflächenkoppler

Die Koppelzone ist etwa 10 Millimeter lang. Das ist ausreichend für eine annähernd modenunabhängige Auskopplung des Referenzsignals. Die Wiedereinkopplung in die Empfangsfaser erfolgt nach dem gleichen Verfahren wie die Auskopplung aus der Sendefaser. Beide Koppelkoeffizienten besitzen einen Wert von ca. −10 dB. Für die systemtheoretische Betrachtung werden die Koppler als modenunabhängig und damit verzerrungsfrei angenommen.

Wenn die Form des Laserimpulses konstant bleibt, kann auch eine modenabhängige Aus- bzw. Einkopplung zugelassen werden, da sie nur zu einem konstanten Zeitoffset führt. Voraussetzung für konstante Impulsform ist die Temperaturstabilität des Lasers, die gegebenenfalls durch eine Regelschaltung sichergestellt werden kann.

2.4.4 Geregeltes optisches Dämpfungsglied

Um auch bei stark schwankendem optischem Empfangssignal eine gute Genauigkeit der Entfernungsmessung zu erzielen, wird die Amplitude des Zielimpulses am Ausgang des Photoempfängers mit einer Regelung nach Bild 2.11 konstant gehalten.

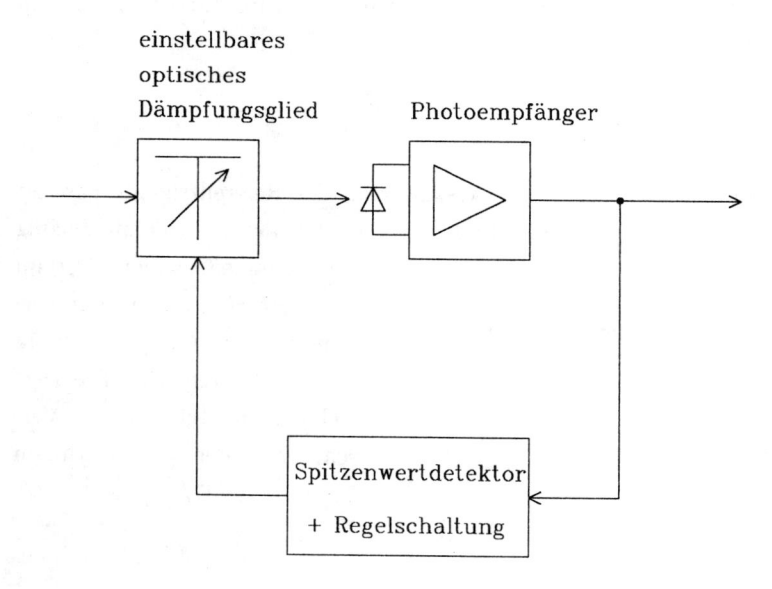

Bild 2.11: Amplitudenregelung des Zielimpulses

Das in Bild 2.12 dargestellte Dämpfungsglied besteht aus einer runden Graukeilscheibe mit kontinuierlich verändertem Schwärzungsgrad, die auf der Achse eines Gleichstrommotors befestigt ist und zwischen zwei Glasfaserenden verdreht wird. Die Impulshöhe wird mit einem Spitzenwertdetektor gemessen, und die Winkelstellung des Graukeils so eingestellt, daß der Sollwert der Spannung erreicht wird /38/.

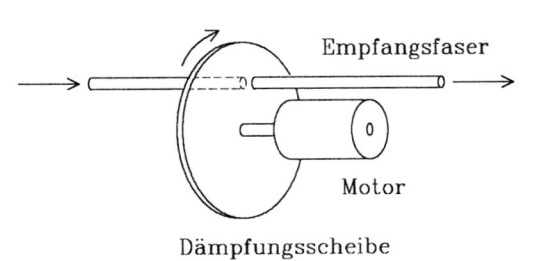

Bild 2.12: Variables optisches Dämpfungsglied

Problematisch ist die relativ niedrige Einstellgeschwindigkeit, die durch die mechanische Trägheit des Motors und der Dämpfungsscheibe verursacht wird. Aufgrund des Dynamikbereichs des CFT von ca. 16 dB kann dieser Nachteil jedoch bis zu einem gewissen Grad toleriert werden. Der Dynamikbereich des Dämpfungsgliedes beträgt 42 dB, die Grunddämpfung ca. 4 dB. Näheres zum Einfluß des Dämpfungsgliedes auf die Konturvermessung ist in Abschnitt 3.3.1 zu finden.

2.4.5 Kohärenz des Laserlichts in der Glasfaser

Die Kohärenzlänge des eingesetzten Halbleiterlasers liegt im mm—Bereich. Durch die Überlagerung der vielen Wellentypen mit unterschiedlicher Ausbreitungsgeschwindigkeit geht die Kohärenz des Lichts in der Glasfaser schnell verloren. Im folgenden wird daher immer die Lichtleistung bzw. —intensität betrachtet. Außerdem wird vereinfachend monochromatisches Licht vorausgesetzt, was aufgrund des schmalen Spektrums des Lasers /60/ gerechtfertigt ist.

2.4.6 Abstrahlung am Faserende

Nach /55/ führt die Gleichverteilung der optischen Leistung auf die Moden einer dicken Stufenprofilfaser zu einer rechteckförmigen Leistungsrichtcharakteristik der Abstrahlung am Faserende als Funktion des Winkels zur Normalen auf dem Faserende. Die wellenoptische Berechnung in /61/ bestätigt diese Annahme. Dabei werden statistische Phasenbeziehungen zwischen den einzelnen Wellentypen vorausgesetzt.

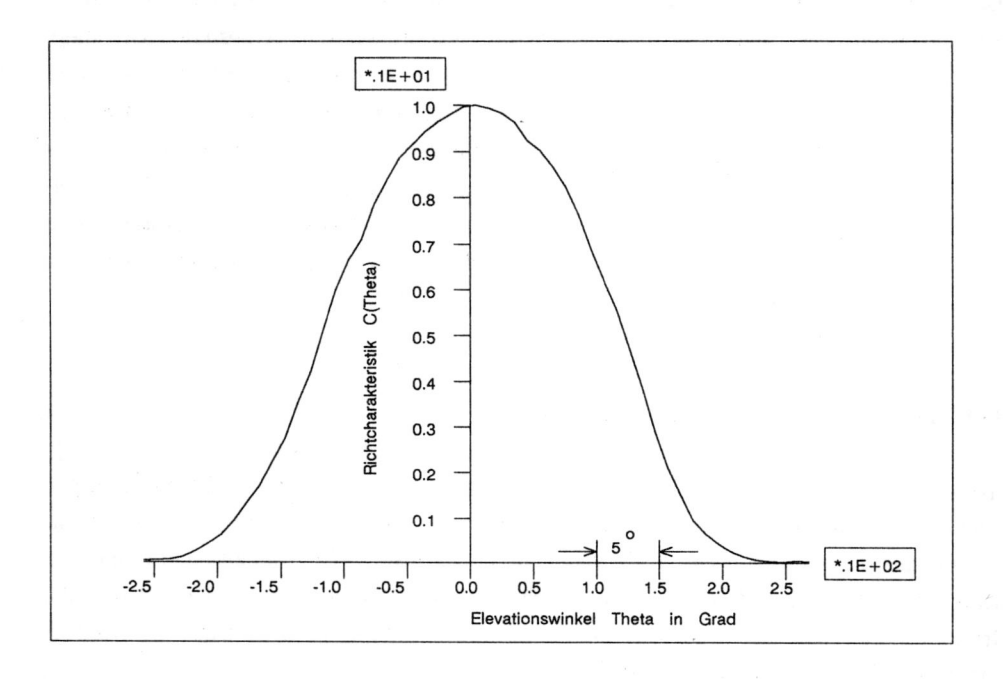

Bild 2.13: Gemessene Leistungsrichtcharakteristik einer 400 µm–PCS–Faser

Bild 2.13 zeigt das Ergebnis der Messung der Leistungsrichtcharakteristik einer 400 µm–PCS–Faser mit einer Meßanordnung nach /58/. Die gemessene Leistungsrichtcharakteristik ist nicht rechteckförmig, wie nach /55/ und /61/ zu erwarten wäre. Nimmt man einen Abfall der Leistung der Moden höherer Ordnung an, so läßt sich der glockenförmige Verlauf jedoch erklären, was durch eine entsprechende Modifikation der wellenoptischen Berechnung in /61/ bestätigt werden konnte.

Nach der einfachen strahlenoptischen Näherung /36/ und unter Annahme statistischer Phasenbeziehungen zwischen den ausbreitungsfähigen Wellentypen besitzt jeder Lichtstrahl einen charakteristischen Winkel zur Längsachse der Glasfaser, unter dem er sich ausbreitet. Es ergibt sich der in Bild 2.14 dargestellte Strahlengang. Ein solcher, für die Simulation nach der geometrischen Optik definierter, von einem einzelnen Punkt auf dem Glasfaserende ausgehender **Lichtstrahl** entspricht jedoch **nicht** einem einzelnen Wellentyp, sondern einer inkohärenten Überlagerung mehrerer Wellentypen.

Die Polarisation des am Faserende abgestrahlten Lichts kann als statistisch verteilt angenommen werden, d.h., ca. 50% des Lichts sind parallel zur Einfallsebene polarisiert, 50% senkrecht dazu. Der Mittelwert der daraus resultierenden Fresnelkoeffizienten /36/ entspricht bei den auftretenden Winkeln in etwa demjenigen bei senkrechtem Einfall.

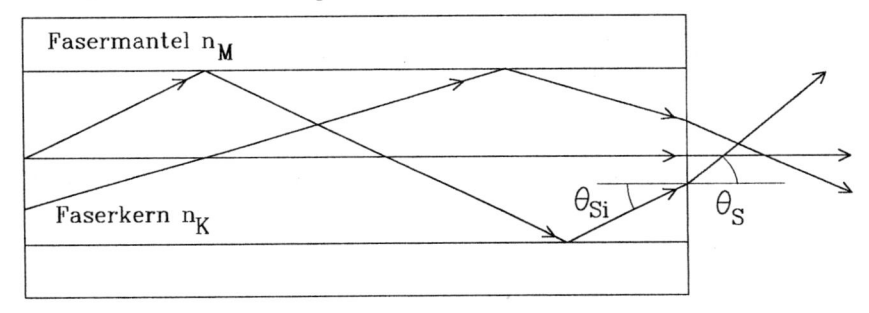

Bild 2.14: Abstrahlung am Faserende nach der geometrischen Optik

Nach Snellius gilt: $\quad n_K \cdot \sin\theta_{Si} = n_0 \cdot \sin\theta_S \Rightarrow \theta_S = \arcsin(\frac{n_K}{n_0}\sin\theta_{Si})$ (2.19)

n_K = Brechzahl des Faserkerns
n_M = Brechzahl des Fasermantels
n_0 = Brechzahl des umgebenden Mediums, $\simeq 1$ für Luft

Nach der Strahlenoptik wird für $0 \leq \theta_S \leq \theta_{AS}$ das eingestrahlte Licht verlustfrei geführt /36/. θ_{AS} ist der Akzeptanzwinkel der Sendefaser. Es gilt $\theta_{AS} = \arcsin(NA_S)$ mit:

$$NA_S = \frac{\sqrt{n_K^2 - n_M^2}}{n_0} \quad (2.20)$$

NA_S ist die numerische Apertur der Sendefaser /36/. Wird θ_S größer als der Akzeptanzwinkel, so ist keine verlustfreie Ausbreitung mehr möglich. Da die Ein– und Auskopplung des Lichts reziproke Vorgänge darstellen, gilt die gleiche Winkelbegrenzung auch bei der Abstrahlung, d.h., außerhalb des Akzeptanzwinkels wird kein Licht abgestrahlt.

Die Leistungsrichtcharakteristik $C_{\Omega S}(\theta_S, \varphi_{S2})$ der Sendefaser kann durch Anpassen einer analytischen Funktion an den gemessenen Verlauf in geschlossener Form angenähert werden. Da die Abstrahlung rotationssymmetrisch erfolgt, entfällt die Abhängigkeit vom Azimutwinkel φ_{S2}. Die Leistungsgrenze beim Ablesen der Numerischen Apertur aus gemessenen Verläufen von $C_{\Omega S}(\theta_S)$ ist nicht einheitlich festgelegt /36/. In der vorliegenden Arbeit gilt: $C_{\Omega S}(\theta_{AS}) = C_{\Omega S}(0) \cdot e^{-2}$ ($\simeq 13\%$). Geeignete Funktionen sind z.B.:

$$C_{\Omega S}(\theta_S) = \cos(K_S \frac{\theta_S}{\theta_{AS}}) \qquad \text{mit: } K_S = \arccos(\frac{1}{e^2}) \qquad (2.21a)$$

$$C_{\Omega S}(\theta_S) = \cos^2(K_S \frac{\theta_S}{\theta_{AS}}) \qquad \text{mit: } K_S = \arccos(\frac{1}{e}) \qquad (2.21b)$$

$$C_{\Omega S}(\theta_S) = e^{-2(\frac{\theta_S}{\theta_{AS}})^2} \qquad (2.21c)$$

Alle 3 Varianten führen zu weitgehend ähnlichen Simulationsergebnissen. Nach /58/ ergibt die Cosinusfunktion besonders bei kleinen Winkeln θ_S eine gute Übereinstimmung mit dem gemessenen Verlauf. Der Akzeptanzwinkel kann den Datenblättern der Glasfasern entnommen werden. Genauer ist er jedoch durch Messung zu ermitteln.

Aufgrund des Reziprozitätstheorems ist die Leistungsrichtcharakteristik eines Glasfaserendes beim Senden und beim Empfangen identisch. Für die Leistungsrichtcharakteristik $C_{\Omega E}(\theta_E, \varphi_{E2})$ der Empfangsfaser ergeben sich daher ähnliche Winkelverläufe, wie in Gleichung 2.21. Dabei ist der Akzeptanzwinkel θ_{AE} der 600 µm–Empfangsfaser einzusetzen.

2.4.7 Leistungsverteilung über dem Faserquerschnitt

Eine weitere Kenngröße der Glasfasern, die bei der Simulation berücksichtigt werden muß, ist die Verteilung $C_{AS}(r_S, \varphi_{S1})$ der Leistung über Radius und Winkel der als kreisförmig angenommenen Querschnittsfläche der Sendefaser, ebenso die gedachte Verteilung $C_{AE}(r_E, \varphi_{E1})$ auf dem Querschnitt der Empfangsfaser. Aufgrund der Rotationssymmetrie sind die Verteilungen nicht von φ_{S1} bzw. φ_{E1} abhängig. Die Abhängigkeit von $C_{AS}(r_S)$, bzw. $C_{AE}(r_E)$ vom Radius wird in /55/ unter Annahme gleichmäßiger Leistungsverteilung auf alle ausbreitungsfähigen Wellentypen als konstant angenommen.

In /61/ konnte auch unter der Annahme einer stärkeren Dämpfung der Wellentypen höherer Ordnung diese Gleichverteilung der Leistung der inkohärent überlagerten Wellentypen auf dem Faserquerschnitt berechnet werden. Eine experimentelle Bestätigung wird in /58/ gegeben. Mit den Radien R_{FS} der Sendefaser und R_{FE} der Empfangsfaser gilt:

$$C_{AS}(r_S) = \begin{cases} 1 \text{ für } r_S \leq R_{FS} \\ 0 \text{ für } r_S > R_{FS} \end{cases} \quad C_{AE}(r_E) = \begin{cases} 1 \text{ für } r_E \leq R_{FE} \\ 0 \text{ für } r_E > R_{FE} \end{cases} \quad (2.22)$$

2.4.8 Strahldichte

Bezeichnet man die Gesamtleistung, die von der Sendefaser abgestrahlt wird, mit P_S, so lautet die Leistung dP_S im Flächenelement $dA_S = r_S dr_S d\varphi_{S1}$ auf der Endfläche der Sendefaser:

$$dP_S(r_S, \varphi_{S1}) = P_S \cdot \frac{C_{AS}(r_S, \varphi_{S1}) r_S dr_S d\varphi_{S1}}{\int_0^{2\pi} \int_0^{R_{FS}} C_{AS}(r_S, \varphi_{S1}) r_S dr_S d\varphi_{S1}} \quad (2.23)$$

Die Leistung $d^2P_S(r_S, \varphi_{S1}, \theta_S, \varphi_{S2})$ im Raumwinkelelement $d\Omega_S = \sin\theta_S d\theta_S d\varphi_{S2}$ des vom Flächenelement dA_S ausgehenden Strahlenkegels ergibt sich zu:

$$d^2P_S(r_S, \varphi_{S1}, \theta_S, \varphi_{S2}) = dP_S(r_S, \varphi_{S1}) \cdot \frac{C_{\Omega S}(\theta_S, \varphi_{S2})\sin\theta_S d\theta_S d\varphi_{S2}}{\int_0^{2\pi} \int_0^{\pi/2} C_{\Omega S}(\theta_S, \varphi_{S2})\sin\theta_S d\theta_S d\varphi_{S2}} \quad (2.24)$$

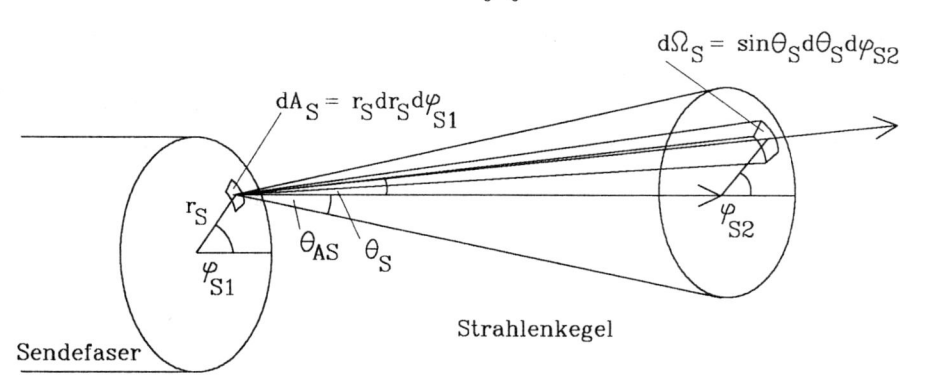

Bild 2.15: Abstrahlung aus der Sendefaser

Die Strahldichte $L_S(r_S,\varphi_{S1},\theta_S,\varphi_{S2})$ mit der Einheit W/(m²·sr) ergibt sich durch Normierung der Leistung $d^2P_S(r_S,\varphi_{S1},\theta_S,\varphi_{S2})$ auf das Flächen– und das Raumwinkelelement.

$$L_S(r_S,\varphi_{S1},\theta_S,\varphi_{S2}) = \frac{d^2P_S(r_S,\varphi_{S1},\theta_S,\varphi_{S2})}{dA_S d\Omega_S} = \frac{P_S}{C_{IS}} \cdot C_{AS}(r_S,\varphi_{S1}) \cdot C_{\Omega S}(\theta_S,\varphi_{S2}) \quad (2.25)$$

mit: $$C_{IS} = \int_0^{2\pi}\int_0^{R_{FS}} C_{AS}(r_S,\varphi_{S1}) r_S dr_S d\varphi_{S1} \cdot \int_0^{2\pi}\int_0^{\pi/2} C_{\Omega S}(\theta_S,\varphi_{S2}) \sin\theta_S d\theta_S d\varphi_{S2} \quad (2.26)$$

2.4.9 Einkopplung in die Empfangsfaser

Bei der Einkopplung des Beitrags dP_E zur Empfangsleistung P_E in die Empfangsfaser wird die Dämpfung der Moden höherer Ordnung über die Leistungsrichtcharakteristik und die Leistungsverteilung über dem Faserquerschnitt berücksichtigt und daher dP_E mit dem Faktor $C_{AE}(r_E,\varphi_{E1}) \cdot C_{\Omega E}(\theta_E,\varphi_{E2})$ gewichtet.

2.5 Modellierung der Spiegeloptik

Der beim INV–Laserradar verwendete Sensorkopf nach dem Prinzip der Spiegeloptik wurde schon in Bild 1.9 dargestellt. Seine Auslegung ist entscheidend für die Bündelung des abgestrahlten Lichts, die empfangene Leistung und den Meßbereich.

In diesem Abschnitt wird die Berechnung des Strahlengangs des Sensorkopfs und die Simulation seiner einzelnen Komponenten detailliert beschrieben. Grundlage für die Berechnung der Strahlengänge ist die Vektoralgebra. Die Lichtstrahlen werden als Geraden in kartesischen Koordinaten dargestellt. Benutzt wird die Punkt–Richtungsform nach Gleichung 2.27.

$\vec{P}$ = Punkt auf dem Lichtstrahl
$\vec{P}_{FS}$ = Ausgangspunkt des Lichtstrahls
$\vec{r}_{FS}$ = Richtung des Lichtstrahls
t = unabhängiger Parameter

$$\vec{P} = \vec{P}_{FS} + t \cdot \vec{r}_{FS} \quad (2.27)$$

2.5.1 Modellierung der idealen Sammellinse

Eine ideale Linse kann durch physikalisch realisierbare Optiken grundsätzlich nicht nachgebildet werden, da reale Linsen und Linsensysteme immer Abbildungsfehler aufweisen /43/. Bei Verwendung von asphärischen Linsen oder von Kombinationen mehrerer sphärischer Linsen ist eine weitgehende Korrektur dieser Fehler möglich /43/. Beim Laserentfernungsmesser ist der abzubildende Gegenstand – die Glasfaserenden – im Verhältnis zur Linsengröße relativ klein und man fokussiert näherungsweise auf unendlich. Eine gute Annäherung an die ideale Linse kann nach /43/ daher schon mit einer achromatischen Linse erzielt werden. Nach /43/ besteht diese aus zwei verkitteten sphärischen Linsen. Ein Achromat dieser Art ist bei zwei Wellenlängen im sichtbaren Bereich chromatisch korrigiert. Die Abbildungsfehler sind jedoch auch bei $\lambda = 900$ nm so weit kompensiert, daß man näherungsweise ein beugungsbegrenztes Abbildungssystem erhält /43/. Die Farbkorrektur ist beim monochromatischen Betrieb zwar nicht notwendig, Achromate sind jedoch aus der Serienfertigung erhältlich und damit preiswerter als speziell für eine Wellenlänge berechnete und hergestellte asphärische Linsen oder Kombinationen mehrerer sphärischer Linsen. Bei der Durchrechnung der Spiegeloptik wird anstelle des Achromaten näherungsweise eine ideale Sammellinse angenommen. Die Beugung kann wegen des im Vergleich zur Wellenlänge relativ großen Linsendurchmessers vernachlässigt werden. Für die Berechnung gelten relativ allgemeine Vorraussetzungen.

– Der Ausgangspunkt $\vec{P}_{FS}$ und die Richtung $\vec{r}_{FS}$ eines von der Sendefaser auf die Linse auftreffenden Lichtstrahls sind beliebig.

– Die Lage $\vec{P}_{ML}$ des Mittelpunktes und die Richtung $\vec{r}_{AL}$ der Linsenachse sind beliebig.

– Die Linse hat den Durchmesser d_L und die Brennweite f_L.

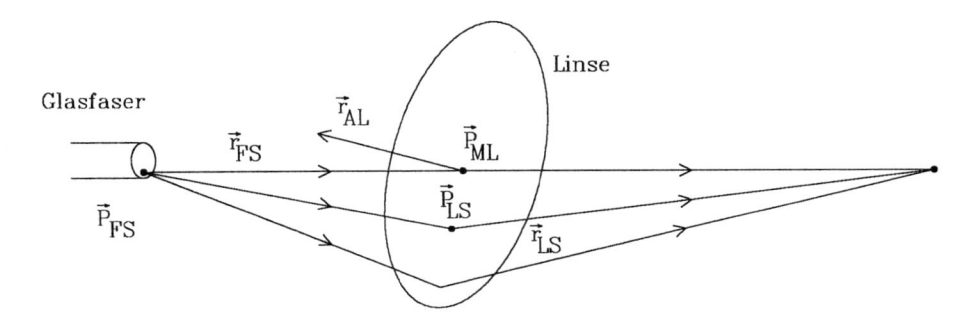

Bild 2.16: Strahlengang durch eine ideale Sammellinse

Gesucht wird der Punkt $\vec{P}_{LS}$ und die Richtung $\vec{r}_{LZ}$ des aus der Linse austretenden Lichtstrahls. Die ausführliche Berechnung wird in Anhang A1 durchgeführt. $\vec{P}_{LS}$ und $\vec{r}_{LZ}$ ergeben sich zu:

$$\vec{P}_{LS} = \vec{P}_{FS} - \left[(\vec{P}_{FS} - \vec{P}_{ML}) \cdot \frac{\vec{r}_{AL}}{\vec{r}_{FS} \cdot \vec{r}_{AL}} \right] \vec{r}_{FS} \qquad (2.28a)$$

$$\vec{r}_{LZ} = \left\| \frac{\vec{r}_{FS}}{\vec{r}_{FS} \cdot \vec{r}_{AL}} - \frac{\vec{P}_{LS} - \vec{P}_{ML}}{f_L} \right\|^{-1} \left[\frac{\vec{r}_{FS}}{\vec{r}_{FS} \cdot \vec{r}_{AL}} - \frac{\vec{P}_{LS} - \vec{P}_{ML}}{f_L} \right] \qquad (2.28b)$$

Nach Berechnung des Schnittpunktes $\vec{P}_{LS}$ des von der Sendefaser einfallenden Strahls mit der Linsenebene ist zu überprüfen, ob die Linse auch getroffen wurde. Implementiert man diese Überprüfung sowie die Gleichungen 2.28a und 2.28b in einem Unterprogramm, so lassen sich damit ideale Sammellinsen in ein Simulationsprogramm einbauen.

2.5.2 Modellierung der bikonvexen Linse

Eine bikonvexe Linse ist ein von zwei konvexen, sphärisch gekrümmten Flächen begrenzter Glaskörper. Diese Art von Linse stellt die einfachste Annäherung an die ideale Sammellinse dar. Sie läßt sich leicht anfertigen und ist daher sehr preiswert. Nachteilig sind die hauptsächlich durch die sphärische Aberration verursachten starken Abbildungsfehler. Bild 2.17 zeigt exemplarisch einige Strahlengänge durch eine plankonvexe Linse. Die Annäherung an die ideale Linse ist nur in einem engen Bereich um die optische Achse herum gültig.

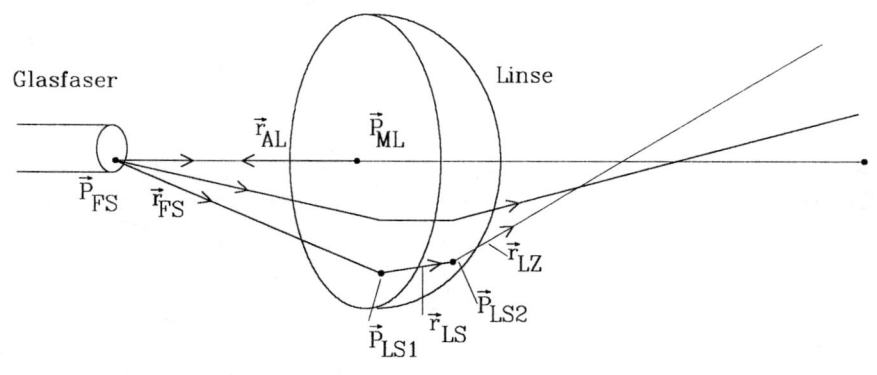

Bild 2.17: Strahlengang durch eine plankonvexe Linse

Bei der Laserentfernungmessung wird zum Teil auch in Bereichen unscharfer Abbildung gemessen. Außerdem ist eine exakte Abbildung der Faserenden nicht unbedingt notwendig, da nur die Gesamtleistung des empfangenen Signals und die Ausdehnung der Lichtflecke von Interesse ist, weniger deren Struktur. Zusätzlich wird der Einfluß der Abbildungsfehler noch dadurch verringert, daß der Durchmesser der Empfangsfaser größer gewählt wird als der der Sendefaser. Der Einsatz einer einfachen bikonvexen Linse ist daher in vielen Fällen möglich.

Bei der Berechnung des Strahlengangs durch die bikonvexe Linse bestimmt man nacheinander folgende Punkte und Vektoren:

— den Schnittpunkt $\vec{P}_{LS1}$ des einfallenden Strahls mit der ihm zugewandten Kugelfläche
— den Normalenvektor $\vec{r}_{NK1}$ auf der ersten Kugeloberfläche im Schnittpunkt
— die Richtung $\vec{r}_{LS}$ des Lichtstrahls in der Linse
— den Schnittpunkt $\vec{P}_{LS2}$ dieses Lichtstrahls mit der zweiten Kugelfläche
— den Normalenvektor $\vec{r}_{NK2}$ auf der zweiten Kugeloberfläche im Schnittpunkt
— die Richtung $\vec{r}_{LS}$ des Lichtstrahls hinter der Linse in Richtung Ziel

Die sphärischen Oberflächen der Linse werden durch Kugelgleichungen beschrieben:

$$(\vec{P}-\vec{P}_{MK1})^2 = R_{K1}^2 \qquad (\vec{P}-\vec{P}_{MK2})^2 = R_{K2}^2 \qquad (2.29a,b)$$

$\vec{P}_{MK1,2}$, $R_{K1,2}$ = Mittelpunkt und Radius der ersten und zweiten Kugel

Der Schnittpunkt eines gesendeten Lichtstrahls mit der ersten Kugeloberfläche ergibt sich zu:

$$\vec{P}_{LS11,2} = \vec{P}_{FS} + t_1 \vec{r}_{FS} \qquad (2.30)$$

mit:

$$t_{1,2} = -\vec{r}_{FS} \cdot (\vec{P}_{FS}-\vec{P}_{MK1}) \pm \sqrt{\left[\vec{r}_{FS} \cdot (\vec{P}_{FS}-\vec{P}_{MK1})\right]^2 - (\vec{P}_{FS}-\vec{P}_{MK1})^2 + R_{K1}^2}$$

Der Schnittpunkt $\vec{P}_{LS1}$ wird aus den beiden Lösungen $\vec{P}_{LS11}$ und $\vec{P}_{LS12}$ der quadratischen Gleichung ausgewählt. Zusätzlich muß überprüft werden, ob er physikalisch sinnvoll ist. Der Normalenvektor im Schnittpunkt lautet:

$$\vec{r}_{NK1} = \frac{\vec{P}_{LS1} - \vec{P}_{MK1}}{\|\vec{P}_{LS1} - \vec{P}_{MK1}\|} \qquad (2.31)$$

Der ausfallende Vektor $\vec{r}_{LS}$, der die Richtung des Lichtstrahls in der Linse angibt, läßt sich als lineare Überlagerung des einfallenden Vektors und des Normalenvektors formulieren:

$$\vec{r}_{LS} = a\vec{r}_{FS} + b\vec{r}_{NK1} \qquad (2.32)$$

Das Snellius'sche Brechungsgesetz in Vektorform /62/ lautet:

$$n_1(\vec{r}_{FS} \times \vec{r}_{NK1}) = n_2(\vec{r}_{LS} \times \vec{r}_{NK1}) \qquad (2.33)$$

$$n_1(\vec{r}_{FS} \times \vec{r}_{NK1}) = an_2(\vec{r}_{FS} \times \vec{r}_{NK1}) + bn_2(\underbrace{\vec{r}_{NK1} \times \vec{r}_{NK1}}_{0}) \Rightarrow a = \frac{n_1}{n_2} \qquad (2.34)$$

n_2 ist die Brechzahl der Linse, n_1 die Brechzahl des umgebenden Mediums. Damit gilt:

$$\underbrace{\vec{r}_{LS} \cdot \vec{r}_{LS}}_{1} = \left[\frac{n_1}{n_2}\right]^2 \underbrace{\vec{r}_{FS} \cdot \vec{r}_{FS}}_{1} + b^2 \underbrace{\vec{r}_{NK1} \cdot \vec{r}_{NK1}}_{1} + 2b\frac{n_1}{n_2} \vec{r}_{FS} \cdot \vec{r}_{NK1} = 1$$

$$\Rightarrow b = -\frac{n_1}{n_2} \vec{r}_{FS} \cdot \vec{r}_{NK1} + \sqrt{\left[\frac{n_1}{n_2}\right]^2 (\vec{r}_{FS} \cdot \vec{r}_{NK1})^2 + 1 - \left[\frac{n_1}{n_2}\right]^2} \qquad (2.35)$$

Die zweite Lösung der quadratischen Gleichung führt auf keine physikalisch sinnvolle Strahlrichtung. Der Schnittpunkt $\vec{P}_{LS1}$ wird als Ausgangspunkt des Lichtstrahls innerhalb der Linse betrachtet. Der Vektor $\vec{r}_{LS}$ gibt jetzt die Einfallsrichtung an. Die Berechnung des Schnittpunktes $\vec{P}_{LS2}$ mit der zweiten Kugeloberfläche wird analog zur Bestimmung von $\vec{P}_{LS1}$ durchgeführt. Die Richtung $\vec{r}_{LZ}$ des in Richtung der Zielebene aus der Linse austretenden Lichtstrahls erhält man wiederum durch Anwendung des Snellius'schen Brechungsgesetzes in Vektorform. Die Brechzahlen müssen dabei vertauscht werden, da ein Übergang vom Glas ins umgebende Medium stattfindet. Implementiert man die Berechnung des Strahldurchgangs in einem Unterprogramm, dann lassen sich damit beliebige bikonvexe Linsen in ein Simulationsprogramm einbauen. Beim Spezialfall der plankonvexen Linse geht einer der Kugelradien gegen unendlich.

2.5.3   Modellierung des Spiegels

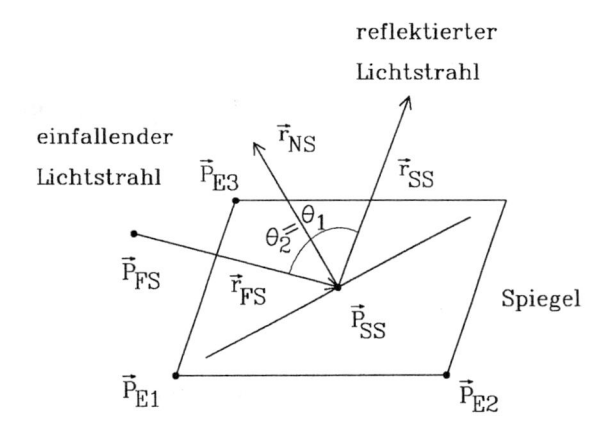

Lage und Größe eines rechteckigen Spiegels sind durch drei Eckpunkte eindeutig festgelegt. Aus den drei Punkten kann über das Vektorprodukt der aufspannenden Vektoren der Normalenvektor $\vec{r}_{NS}$ bestimmt werden.

Bild 2.18: Strahlengang eines Spiegels in allgemeiner Lage.

Zur Berechnung des Schnittpunktes $\vec{P}_{SS}$ des einfallenden Lichtstrahls mit der Spiegelebene setzt man die Geradengleichung des einfallenden Lichtstrahls in die Normalenform der Gleichung der Spiegelebene ein und erhält:

$$\vec{P}_{SS} = \vec{P}_{FS} + \frac{(\vec{P}_{FS}-\vec{P}_E) \cdot \vec{r}_{NS}}{\vec{r}_{FS} \cdot \vec{r}_{NS}} \vec{r}_{FS} \quad (2.36)$$

$\vec{P}_E$ = Punkt auf der Spiegelebene

Die Richtung $\vec{r}_{SS}$ des reflektierten Lichtstrahls ergibt sich wieder als lineare Überlagerung.

$$\vec{r}_{SS} = a\vec{r}_{FS} + b\vec{r}_{NS} \quad (2.37)$$

Die Bestimmung der Koeffizienten a und b verläuft ähnlich wie bei der Brechung.

Das Reflexionsgesetz in vektorieller Form /62/ lautet:

$$\vec{r}_{FS} \times \vec{r}_{NS} = \vec{r}_{SS} \times \vec{r}_{NS} \qquad (2.38)$$

$$\vec{r}_{FS} \times \vec{r}_{NS} = a\vec{r}_{FS} \times \vec{r}_{NS} + b\underbrace{\vec{r}_{NS} \times \vec{r}_{NS}}_{0} \Rightarrow a = 1 \qquad (2.39)$$

$$\underbrace{\vec{r}_{FS} \cdot \vec{r}_{FS}}_{1} + b^2 \underbrace{\vec{r}_{NS} \cdot \vec{r}_{NS}}_{1} + 2b\vec{r}_{FS} \cdot \vec{r}_{NS} = 1 \Rightarrow b = -2\vec{r}_{FS} \cdot \vec{r}_{NS} \qquad (2.40)$$

Setzt man a und b in Gleichung 2.37 ein, so erhält man:

$$\vec{r}_{SS} = \vec{r}_{FS} - 2(\vec{r}_{FS} \cdot \vec{r}_{NS})\vec{r}_{NS} \qquad (2.41)$$

Die zweite Lösung, b = 0, führt auf keine physikalisch sinnvolle Strahlrichtung.

Implementiert man die Schnittpunktberechnung, die Überprüfung, ob der Spiegel getroffen wird und die Berechnung des Richtungsvektors des reflektierten Lichtstrahls in einem Unterprogramm, dann lassen sich damit beliebige rechteckige Spiegel simulieren.

2.6 Durchrechnung der Spiegeloptik

Für die Durchführung der 3D–Konturvermessung mit hoher räumlicher Auflösung muß die Sensoroptik folgende Eigenschaften besitzen:

— Gewährleistung eines optischen Empfangssignals ausreichender Leistung auch bei niedrigen Grauwerten der Kontur

— Möglichst kleine Lichtflecke, um auch feine Strukturen auflösen zu können

Beide Eigenschaften können mit Hilfe des in seinen einzelnen Teilen bereits erläuterten Simulationsmodells schon beim Design der Optik auf dem Rechner überprüft werden. In diesem Abschnitt wird die Durchführung der Berechnungen und das Zusammenspiel der verschiedenen Teile des Simulationsmodells erläutert. Es wird das Referenzkoordinatensystem nach Bild 1.9 verwendet. Die Optik "blickt" in die positive z–Richtung. Der Ursprung des Koordinatensystems liegt im Mittelpunkt der Linse. Die Mittelebene des Spiegels ist die x/z–Ebene.

2.6.1 Optische Leistungsdichte auf der Zielebene

Der durch die abgestrahlte optische Leistung verursachte Lichtfleck auf der Zielebene wird durch die Leistungsdichte $p_{ZS}(x_Z,y_Z)$ beschrieben. Nimmt man an, aus der Empfangsfaser würde die gedachte "Leistung" 1 gesendet, so entsteht ein imaginärer Lichtfleck mit der "Empfangsleistungsdichte" $p_{ZE}(x_Z,y_Z)$.

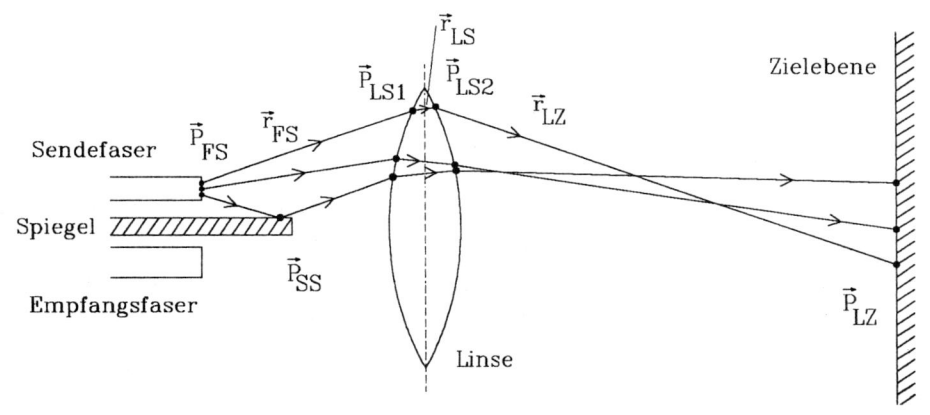

Bild 2.19: Strahlengang von der Sendefaser bis zur Zielebene

Der Ausgangspunkt $\vec{P}_{FS}$ eines Lichtstrahls auf dem kreisförmigen Ende der Sendefaser mit dem Mittelpunkt $\vec{P}_{MFS}$ läßt sich als Funktion der Radiallage r_S und des Winkels φ_{S1} schreiben.

$$\vec{P}_{FS} = \begin{pmatrix} x_{FS} \\ y_{FS} \\ z_{FS} \end{pmatrix} = \begin{pmatrix} x_{MFS} \\ y_{MFS} \\ z_{MFS} \end{pmatrix} + \begin{pmatrix} r_S \cos\varphi_{S1} \\ r_S \sin\varphi_{S1} \\ 0 \end{pmatrix} \qquad (2.42)$$

x_{MFS} ist dabei gleich 0. z_{MFS} kann aus der vorgegebenen Entfernung der Bildebene und der Brennweite der Linse berechnet werden. Wenn man z_{MFS} nicht von vornherein durch Probieren ermittelt, so werden im Fall der bikonvexen Linse zusätzlich die Hauptebenen der Linse verwendet.

Die Strahlrichtung $\vec{r}_{FS}$ ergibt sich zu: $\vec{r}_{FS} = \begin{pmatrix} \sin\theta_S \cos\varphi_{S2} \\ \sin\theta_S \sin\varphi_{S2} \\ \cos\theta_S \end{pmatrix}$ (2.43)

Darauf folgt die Berechnung des Schnittpunktes $\vec{P}_{SS}$ des Lichtstrahls mit der Ebene $y = d_{Sp}/2$, in der die der Sendefaser zugewandte Spiegeloberfläche liegt.

$$\vec{P}_{SS} = \vec{P}_{FS} + \frac{\frac{d_{Sp}}{2} - y_{FS}}{r_{FSy}} \vec{r}_{FS} \qquad d_{Sp} = \text{Spiegeldicke} \qquad (2.44)$$

Wenn $\vec{P}_{SS}$ auf dem Spiegel liegt, dann müssen $\vec{P}_{FS}$ und $\vec{r}_{FS}$ modifiziert werden.

$$y_{FS} \rightarrow d_{Sp} - y_{FS} \qquad r_{FSy} \rightarrow -r_{FSy} \qquad (2.45)$$

Im nächsten Schritt wird wie oben beschrieben der Durchgang durch die Linse berechnet. Man bestimmt zunächst den Schnittpunkt $\vec{P}_{LS1}$ des betrachteten Lichtstrahls mit der Linse und die Richtung $\vec{r}_{LS}$. Im Punkt $\vec{P}_{LS2}$ tritt der Lichtstrahl wieder aus der Linse aus. Der Vektor $\vec{r}_{LZ}$ beschreibt seine Richtung. Im Fall der idealen Linse gilt:

$$\vec{P}_{LS} = \vec{P}_{LS1} = \vec{P}_{LS2} \qquad (2.46)$$

Der Lichtstrahl trifft die Zielebene im Punkt $\vec{P}_Z$. Die Gleichung der Zielebene lautet:

$$z = z_Z \qquad (2.47)$$

Der Schnittpunkt ergibt sich zu: $\vec{P}_Z = \vec{P}_{LS2} + \frac{z_Z - z_{LS2}}{r_{LZz}} \vec{r}_{LZ}$ (2.48)

Der Beitrag $d^2P_{ZS}(r_S,\varphi_{S1},x_Z,y_Z)$ des Flächenelements $dA_S = r_S dr_S d\varphi_{S1}$ auf dem Ende der Sendefaser zur Leistung $dP_{ZS}(x_Z,y_Z)$ im Flächenelement dA_Z auf der Zielebene ergibt sich mit den Gleichungen 2.25 und 2.26 zu:

$$d^2P_{ZS}(r_S,\varphi_{S1},x_Z,y_Z) = \frac{P_S}{C_{IS}} \cdot C_{AS}(r_S,\varphi_{S1}) \cdot C_{\Omega S}(\theta_S,\varphi_{S2}) \cdot r_S \sin\theta_S dr_S d\varphi_{S1} d\theta_S d\varphi_{S2} \quad (2.49)$$

mit den Substitutionen: $\theta_S, \varphi_{S2} = \text{Fkt}(r_S, \varphi_{S1}, x_Z, y_Z) \qquad d\theta_S d\varphi_{S2} = J \cdot dx_Z dy_Z$

und der Jacobi–Determinanten $\quad J = \begin{vmatrix} \dfrac{\partial \theta_S}{\partial x_Z} & \dfrac{\partial \varphi_{S2}}{\partial x_Z} \\ \dfrac{\partial \theta_S}{\partial y_Z} & \dfrac{\partial \varphi_{S2}}{\partial y_Z} \end{vmatrix} \quad /44/$

Die gesamte Leistung $dP_{ZS}(x_Z, y_Z)$ in dA_Z beträgt dann:

$$dP_{ZS}(x_Z,y_Z) = \frac{P_S}{C_{IS}} \cdot \iint\limits_{r_S \varphi_{S1}} C_{AS}(r_S,\varphi_{S1}) \cdot C_{\Omega S}(\theta_S,\varphi_{S2}) \cdot r_S \sin\theta_S d\theta_S d\varphi_{S2} dr_S d\varphi_{S1} \quad (2.50)$$

Unter Berücksichtigung der angegebenen Substitutionen folgt für die Leistungsdichte:

$$p_{ZS}(x_Z, y_Z) = \frac{dP_{ZS}(x_Z, y_Z)}{dA_Z} \quad (2.51)$$

$$p_{ZS}(x_Z,y_Z) = \frac{P_S}{C_{IS}} \cdot \iint\limits_{r_S \varphi_{S1}} C_{AS}(r_S,\varphi_{S1}) \cdot C_{\Omega S}(\theta_S,\varphi_{S2}) \cdot r_S \sin\theta_S \cdot J \cdot dr_S d\varphi_{S1} \quad (2.52)$$

Durch den nicht rotationssymmetrischen Aufbau der Optik und durch den Spiegel zwischen den Glasfasern gestaltet sich die Durchführung der Integration sehr schwierig. Die Jacobi–Determinante ist bei einer idealen Linse zwar analytisch berechenbar; die zu integrierende Funktion wird durch die Substitutionen jedoch relativ kompliziert, so daß eine geschlossene Lösung des Integrals unmöglich erscheint. Im Fall der sphärischen Linse ist weder die Jacobi–Determinante analytisch berechenbar, noch kann die zu integrierende Funktion in expliziter Form angegeben werden. Daher wird ein numerisches Verfahren verwendet, das ohne eine analytische Formulierung der Leistung des empfangenen Lichtstrahls auskommt.

Es wird zunächst die Leistung im Flächenelement als numerische Lösung eines Vierfachintegrals bestimmt. Dieses Zwischenergebnis entspricht dem Produkt aus dem geschätzten Mittelwert der zu integrierenden Funktion und ihrem Definitionsbereich. Die Leistungsdichte erhält man durch Normierung auf das Flächenelement.

Nach /63/ können mehrdimensionale Integrale mit Monte–Carlo–Verfahren einfach und effektiv numerisch berechnet werden. Vorteilhaft ist außerdem die Möglichkeit der Einbeziehung von Fallunterscheidungen und Abfragen, die analytisch nicht oder nur schwierig zu formulieren sind. Die Integration beim vorliegenden Problem verläuft nach folgendem Schema:

1. Zufällige Auswahl der Radial– und Winkellage des Punktes $\vec{P}_{FS}$ auf dem Ende der Sendefaser mit $0 \leq r_S \leq R_{FS}$ und $0 \leq \varphi_{S1} \leq 2\pi$.

2. Zufallsauswahl des Azimutwinkels θ_S und des Elevationswinkels φ_{S2} des von $\vec{P}_{FS}$ ausgehenden Lichtstrahls mit $0 \leq \theta_S \leq \theta_{Smax}$ bzw. $0 \leq \varphi_{S2} \leq 2\pi$. θ_{Smax} muß groß genug sein, damit die ganze Linse von Lichtstrahlen getroffen wird. Wählt man θ_{Smax} jedoch unnötig groß, so sinkt die Effektivität des Verfahrens.

3. Berechnung des Schnittpunktes $\vec{P}_{SS}$ mit der Spiegelebene, Überprüfung seiner Lage und gegebenenfalls Berücksichtigung der Spiegelung.

4. Verfolgung des Strahlengangs durch die Linse mit Überprüfung auf Linsentreffer. Wird die Linse nicht getroffen, dann erfolgt ein Rücksprung nach 1.

5. Berechnung des Schnittpunktes $\vec{P}_Z$ mit der Zielebene.

6. Berechnung des Integranden $p'(r_S, \varphi_{S1}, \theta_S, \varphi_{S2})$ als Funktion der zufällig ausgewählten Parameter. Ein vorheriger Rücksprung nach 1 entspricht einem Wert von 0.

7. Erhöhung der Leistungsdichte im getroffenen Punkt $\vec{P}_Z$ auf der Zielebene um den Anteil im betrachteten Lichtstrahl.

Auf die Zielebene wird ein Raster in kartesischen Koordinaten mit einer Quantisierung in Δx_Z– bzw. Δy_Z–Schritten in x– bzw. y–Richtung gelegt. Es gilt: $x_Z \to i \cdot \Delta x_Z$ und $y_Z \to j \cdot \Delta y_Z$.

Damit erhält man den Übergang von der räumlich kontinuierlichen Leistungsdichte $p_{ZS}(x_Z,y_Z)$ zur diskreten Leistungsdichte $p_{ZS}(i,j)$. P_Z liegt praktisch nie exakt auf einem Rasterpunkt in der Zielebene. Es muß daher interpoliert werden. Bild 2.20 zeigt P_Z zusammen mit den vier umgebenden Rasterpunkten. Der Wert des Integranden $p' = C_{AS}(r_S,\varphi_{S1}) \cdot C_{\Omega S}(\theta_S,\varphi_{S2}) \cdot r_S \sin\theta_S$ wird mit den vier aus der Lage von P_Z zu bestimmenden Gewichtungsfaktoren auf die Rasterpunkte verteilt.

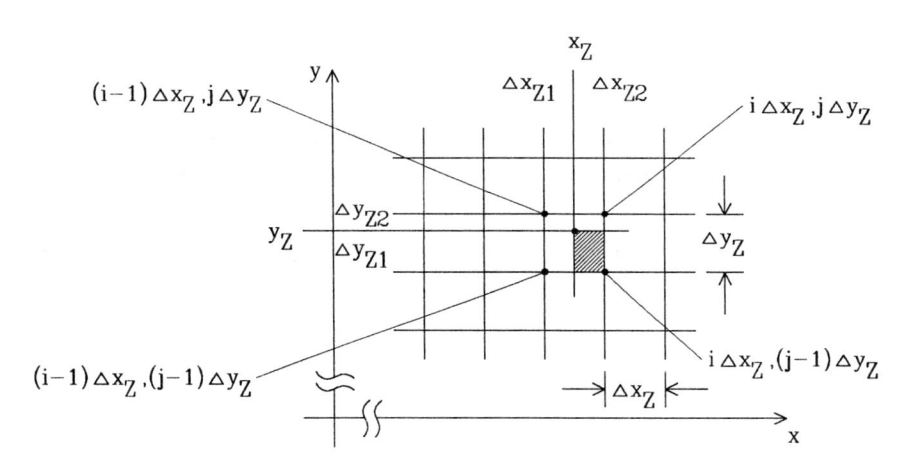

Bild 2.20: Gewichtete Erhöhung der Leistungsdichte

$$p_{ZS}(i-1,j-1) \rightarrow p_{ZS}(i-1,j-1) + \frac{\Delta x_{Z2} \Delta y_{Z2}}{\Delta x_Z \Delta y_Z} \cdot p' \qquad (2.53a)$$

$$p_{ZS}(i-1,j) \rightarrow p_{ZS}(i-1,j) + \frac{\Delta x_{Z2} \Delta y_{Z1}}{\Delta x_Z \Delta y_Z} \cdot p' \qquad (2.53b)$$

$$p_{ZS}(i,j-1) \rightarrow p_{ZS}(i,j-1) + \frac{\Delta x_{Z1} \Delta y_{Z2}}{\Delta x_Z \Delta y_Z} \cdot p' \qquad (2.53c)$$

$$p_{ZS}(i,j) \rightarrow p_{ZS}(i,j) + \frac{\Delta x_{Z1} \Delta y_{Z1}}{\Delta x_Z \Delta y_Z} \cdot p' \qquad (2.53d)$$

mit:
$$\Delta x_{Z1} = x_Z - (i-1)\Delta x_Z, \quad \Delta x_{Z2} = i\Delta x_Z - x_Z$$
$$\Delta y_{Z1} = y_Z - (j-1)\Delta y_Z, \quad \Delta y_{Z2} = j\Delta y_Z - y_Z$$

Die Schritte 1 bis 7 werden solange wiederholt, bis die vorgegebene Anzahl N_{ES} von Treffern auf der Zielebene erreicht ist. N_{SS} ist die dazu erforderliche Anzahl an Durchläufen der Iterationsschleife. Die Genauigkeit des Integrationsverfahrens verbessert sich mit steigendem Wert von N_{ES} und dem daraus resultierenden N_{SS}. Die endgültige Leistungsdichte ergibt sich nach /63/ zu:

$$p_{ZS}(i,j) \rightarrow \frac{1}{N_{SS}} \cdot \frac{1}{\Delta x_Z \Delta y_Z} \cdot \frac{P_S}{C_{IS}} \cdot R_{FS} \cdot \theta_{Smax} \cdot (2\pi)^2 \cdot p_{ZS}(i,j) \qquad (2.54)$$

Die Bilder 2.21a bis 2.21e zeigen in Höhenliniendarstellung die berechneten und die mit einer Meßanordnung nach /64/ gemessenen Sendeleistungsdichten einer Spiegeloptik mit plankonvexer Linse. Von außen nach innen sind die Linien mit 1%, 2%, 5%, 10%, 20%, 50%, 80% und 90% der maximalen Leistungsdichte im jeweiligen Lichtfleck dargestellt. Die Optik besitzt folgende Parameter:

Sendefaser:	$\phi = 400\ \mu m$, $NA_S = 0.3$
Empfangsfaser:	$\phi = 600\ \mu m$, $NA_E = 0.3$
Spiegeldicke:	$600\ \mu m$
Spiegellänge:	bis zur Linse
Mittelpunkt der Sendefaser:	$\vec{P}_{MFS} = (0; 0.6mm; -79mm)$
Mittelpunkt der Empfangsfaser:	$\vec{P}_{MFE} = (0; -0.6mm; -79mm)$
Linse:	plankonvex, $f_L = 80\ mm$, $d_L = 40\ mm$
Entfernung der Bildebene:	ca. 4.0 m

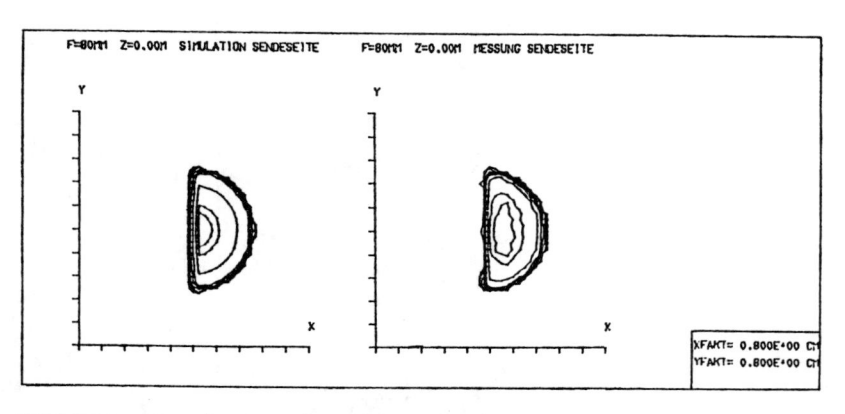

Bild 2.21a: Berechnete und gemessene Sendeleistungsdichte bei $z_Z = 0.0\ m$

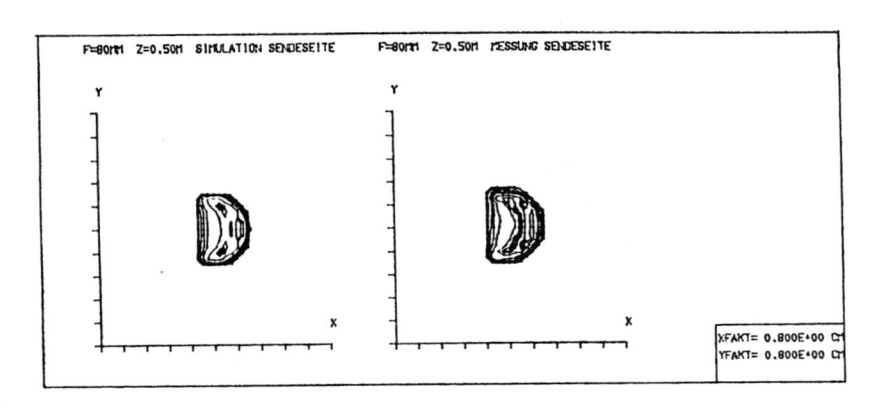

Bild 2.21b: Berechnete und gemessene Sendeleistungsdichte bei $z_Z = 0.5$ m

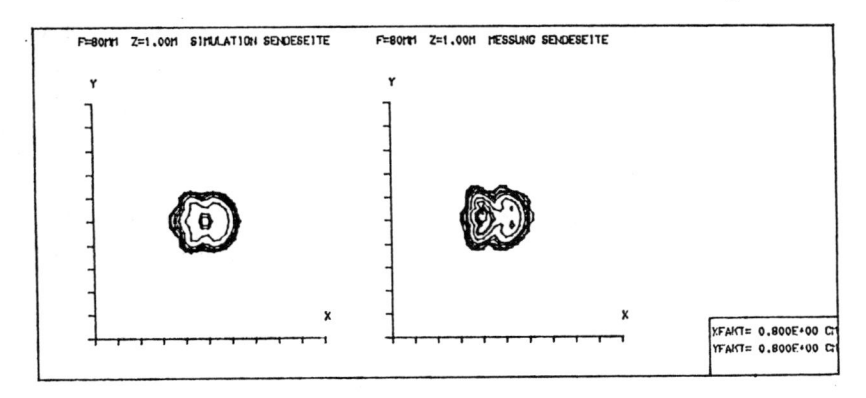

Bild 2.21c: Berechnete und gemessene Sendeleistungsdichte bei $z_Z = 1.0$ m

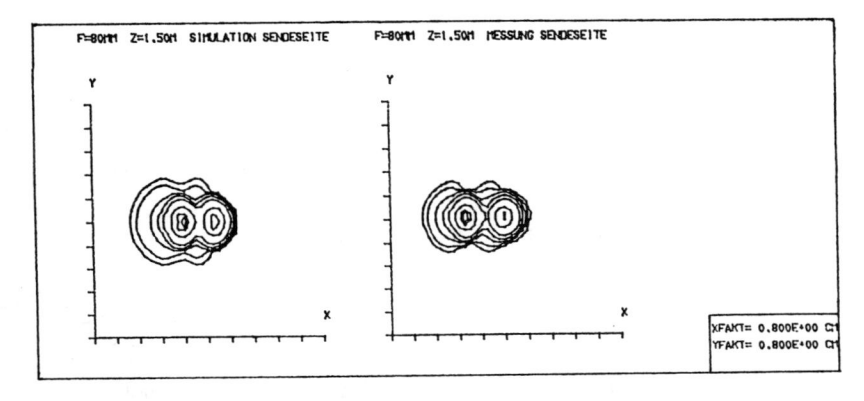

Bild 2.21d: Berechnete und gemessene Sendeleistungsdichte bei $z_Z = 1.5$ m

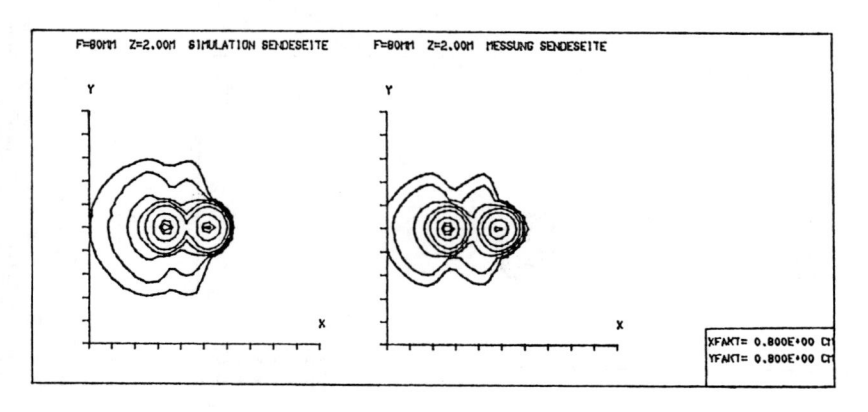

Bild 2.21e: Berechnete und gemessene Sendeleistungsdichte bei $z_Z = 2.0$ m

Die gemessenen und berechneten Leistungsdichteverläufe stimmen recht gut überein. Die Abweichungen liegen in den Auswirkungen des Meßrauschens auf die gemessenen Maximalwerte und in den Unsicherheiten des experimentellen Aufbaus begründet, die nicht alle in der Simulation erfaßt werden können.

Die "Empfangsleistungsdichte" $p_{ZE}(x_Z, y_Z)$ wird nach demselben Verfahren berechnet wie die Sendeleistungsdichte. Nach Durchführung der gleichen Substitutionen wie auf der Sendeseite erhält man:

$$p_{ZE}(x_Z, y_Z) = \frac{1}{C_{IE}} \cdot \iint_{r_E \varphi_{E1}} C_{AE}(r_E, \varphi_{E1}) \cdot C_{\Omega E}(\theta_E, \varphi_{E2}) \cdot r_E \sin\theta_E \cdot J \cdot dr_E d\varphi_{E1} \quad (2.55)$$

mit:
$$C_{IE} = \int_0^{2\pi}\int_0^{R_{FE}} C_{AE}(r_E, \varphi_{E1}) r_E dr_E d\varphi_{E1} \cdot \int_0^{2\pi}\int_0^{\pi/2} C_{\Omega E}(\theta_E, \varphi_{E2}) \sin\theta_E d\theta_E d\varphi_{E2} \quad (2.56)$$

Die Integration erfolgt wieder nach dem oben beschrieben Monte–Carlo–Verfahren.

2.6.2 Empfangsleistung als Funktion der Meßentfernung

Sind die Leistungsdichten auf der Zielebene bekannt, so läßt sich daraus die Empfangsleistung berechnen. Vereinfachend wird zunächst $g_A(x_Z, y_Z) = 1$ gewählt. Die Berücksichtigung des Grauwertes der Zielebene erfolgt gegebenenfalls durch Einführung einer zusätzlichen Dämpfung. Näheres zum Einfluß des Grauwertverlaufs folgt in Kapitel 3.

Man betrachtet ein zurückgestreutes, infinitesimal enges Strahlenbündel mit dem zugehörigen Raumwinkelelement $d\Omega'_Z = \sin\theta'_Z d\theta'_Z d\varphi'_Z$. Das Strahlenbündel trifft nach der Bündelung und Umlenkung durch die Linse das Ende der Empfangsfaser an der durch die Koordinaten r_E, φ_{E1} festgelegten Stelle. Der von dem Strahlenbündel geleistete Beitrag $d^2P_E(x_Z, y_Z, r_E, \varphi_{E1})$ zur Empfangsleistung P_E ergibt sich zu:

$$d^2P_E(x_Z, y_Z, r_E, \varphi_{E1}) =$$

$$p_{ZS}(x_Z, y_Z) dA_Z \cdot \frac{C_{\Omega Z}(\theta'_S, \varphi'_{S2}, \theta'_Z, \varphi'_Z)}{C_{IZ}} d\Omega'_Z \cdot C_{AE}(r_E, \varphi_{E1}) \cdot C_{\Omega E}(\theta_E, \varphi_{E2}) \quad (2.57)$$

mit:
$$C_{IZ} = \int_0^{2\pi}\int_0^{\pi/2} C_{\Omega Z}(\theta'_S, \varphi'_{S2}, \theta'_Z, \varphi'_Z)\sin\theta'_Z d\theta'_Z d\varphi'_Z \quad (2.58)$$

Allgemein gilt:
$$\theta_S, \varphi_{S2}, \theta'_S, \varphi'_{S2} = \text{Fkt}(x_Z, y_Z, r_S, \varphi_{S1})$$
$$\theta_E, \varphi_{E2}, \theta'_Z, \varphi'_Z = \text{Fkt}(x_Z, y_Z, r_E, \varphi_{E1})$$

Wie in Abschnitt 2.2 erläutert, beziehen sich die Winkel θ'_S, φ'_{S2}, θ'_Z, φ'_Z auf den Normalenvektor auf dem betrachteten Flächenelement.

Vereinfachungen sind möglich, wenn $C_{\Omega Z}(\theta'_S, \varphi'_{S2}, \theta'_Z, \varphi'_Z)$ im interessierenden Winkelbereich näherungsweise konstant ist. Für die Sensoroptik ist diese Annahme zulässig, da man in der Regel die Bildebene ins Unendliche oder an die obere Grenze des Meßbereichs legt. Die von der Linse ausgehenden Lichtstrahlen verlaufen dann fast parallel.

Aufgrund des Reziprozitätstheorems müssen ähnliche quasiparallele Strahlengänge auch für diejenigen vom Ziel zurückgestreuten Strahlen gelten, die das Ende der Empfangsfaser treffen. Ein Beispiel ist die für die Simulation in Abschnitt 2.6.1 verwendete Spiegeloptik. Die Bildebene liegt in $z_B = 4$ m Entfernung von der Linse. Der Linsendurchmesser beträgt $d_L = 40$ mm. Der Winkelbereich $\Delta\theta'_{S/Zmax}$ ergibt sich damit zu:

$$\Delta\theta'_{S/Zmax} \simeq \frac{180°}{\pi} \cdot \frac{d_L}{2z_B} \simeq 0.3° \quad (2.59)$$

Bei Winkeländerungen in dieser Größenordnung sind reale Rückstreucharakteristiken in guter Näherung konstant.

Für die meisten praxisrelevanten Fälle gilt daher vereinfacht:

$$C(\theta'_S, \varphi'_{S2}, \theta'_Z, \varphi'_Z) = \text{Fkt}(x_Z, y_Z) \qquad C(\theta'_S, \varphi'_{S2}, \theta'_Z, \varphi'_Z) \neq \text{Fkt}(r_S, \varphi_{S1}, r_E, \varphi_{E1})$$

Zur weiteren Berechnung führt man die Lagrange'sche Invariante /65/ ein. Diese Größe ist gleich dem Produkt aus dem Raumwinkelelement $d\Omega$ und dem Flächenelement dA, die zusammmen den Querschnitt und die Divergenz eines Strahlenbündels festlegen. Beim Durchgang durch ein beliebiges optisches System bleibt ihr Wert konstant (invariant). Es gilt hier:

$$dA_Z \cdot d\Omega'_Z = dA_E \cdot d\Omega_E \qquad (2.60)$$

$dA_E = r_E dr_E d\varphi_{E1}$ = beleuchtetes Flächenelement auf der Empfangsfaser
$d\Omega_E = \sin\theta_E d\theta_E \varphi_{E2}$ = Raumwinkelelement des empfangenen Strahlenbündels

Diese Beziehungen werden in Gleichung 2.57 eingesetzt.

$$d^2 P_E(x_Z, y_Z, r_E, \varphi_{E1}) =$$

$$p_{ZS}(x_Z, y_Z) \cdot \frac{C_{\Omega Z}(\theta'_S, \varphi'_{S2}, \theta'_Z, \varphi'_Z)}{C_{IZ}} \cdot C_{AE}(r_E, \varphi_{E1}) dA_E \cdot C_{\Omega E}(\theta_E, \varphi_{E2}) d\Omega_E \qquad (2.61)$$

Den ganzen Beitrag $dP_E(x_Z, y_Z)$ des Flächenelements dA_Z zur Empfangsleistung erhält man durch Integration über den Empfangsfaserquerschnitt.

$$dP_E(x_Z, y_Z) = p_{ZS}(x_Z, y_Z) \cdot \frac{C_{\Omega Z}(\theta'_S, \varphi'_{S2}, \theta'_Z, \varphi'_Z)}{C_{IZ}}$$

$$\cdot \iint_{r_E \varphi_{E1}} C_{AE}(r_E, \varphi_{E1}) \cdot C_{\Omega E}(\theta_E, \varphi_{E2}) r_E \sin\theta_E d\theta_E d\varphi_{E2} dr_E d\varphi_{E1} \qquad (2.62)$$

Mit der "Empfangsleistungsdichte" nach Gleichung 2.55 ergibt sich:

$$\int_{r_E}\int_{\varphi_{E1}} C_{AE}(r_E,\varphi_{E1}) \cdot C_{\Omega E}(\theta_E,\varphi_{E2}) r_E \sin\theta_E d\theta_E d\varphi_{E2} dr_E d\varphi_{E1} = C_{IE} \cdot p_{ZE}(x_Z,y_Z) dA_Z \quad (2.63)$$

Diese Beziehung wird in Gleichung 2.62 eingesetzt.

$$dP_E(x_Z,y_Z) = C_{IE} \cdot \frac{C_{\Omega Z}(\theta'_S,\varphi'_{S2},\theta'_Z,\varphi'_Z)}{C_{IZ}} \cdot p_{ZS}(x_Z,y_Z) \cdot p_{ZE}(x_Z,y_Z) \cdot dA_Z \quad (2.64)$$

Damit ist $dP_E(x_Z,y_Z)$ dem Produkt aus der Sendeleistungsdichte, der "Empfangsleistungsdichte" und dem Richtfaktor am Punkt P_Z direkt proportional. Die gesamte Empfangsleistung P_E läßt sich durch Integration über die Kontur berechnen.

$$P_E = \frac{C_{IE}}{C_{IZ}} \int\int_{x_Z y_Z} C_{\Omega Z}(\theta'_S,\varphi'_{S2},\theta'_Z,\varphi'_Z) \cdot p_{ZS}(x_Z,y_Z) \cdot p_{ZE}(x_Z,y_Z) dx_Z dy_Z \quad (2.65)$$

Nimmt man als Zielebene eine weiße, absorptionsfreie Fläche senkrecht zur optischen Achse des Sensorkopfes an, deren Streuverhalten an jedem Punkt dem eines Lambertstrahlers entspricht, so gilt:

$$C_{\Omega Z}(\theta'_S,\varphi'_{S2},\theta'_Z,\varphi'_Z) = C_{\Omega Z}(\theta'_Z) = \cos\theta'_Z \quad (2.66)$$

Für kleine Winkel θ'_Z gilt $\cos\theta'_Z \simeq 1$ und man erhält die Empfangsleistung aus den diskretisierten Leistungsdichten zu:

$$P_E = P_S \cdot \frac{C_{IE}}{C_{IZ}} \sum_i \sum_j p_{ZS}(i,j) \cdot p_{ZE}(i,j) \Delta x_Z \Delta y_Z \quad (2.67)$$

In Bild 2.22 ist der mit Gleichung 2.67 aus den Leistungsdichten nach Abschnitt 2.6.1 berechnete, auf den Maximalwert normierte Verlauf der Empfangsleistung über der Entfernung zusammen mit dem gemessenen Verlauf dargestellt.

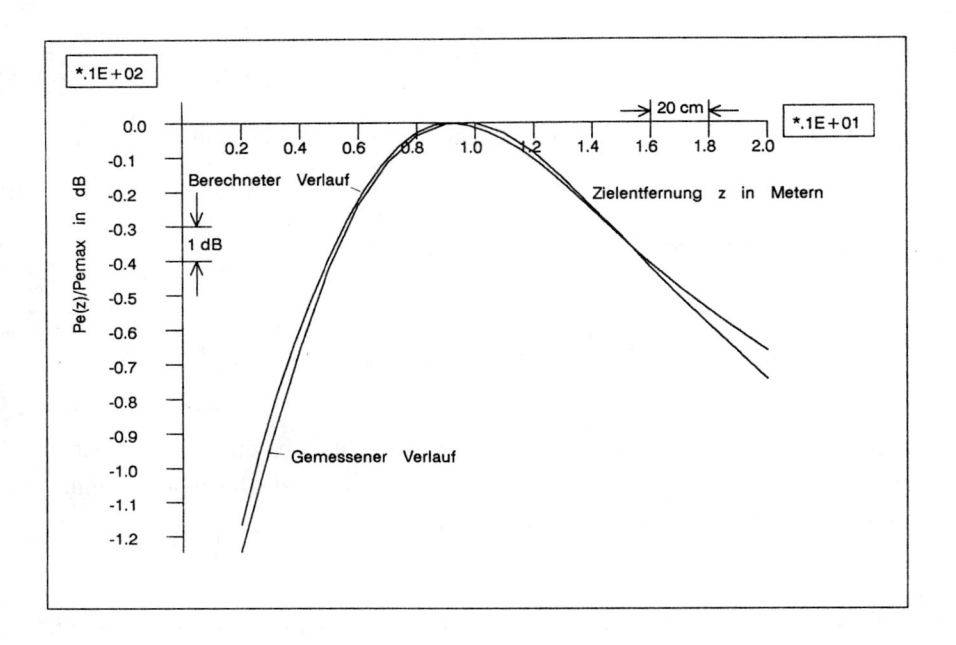

Bild 2.22: Berechneter und gemessener Verlauf der normierten Empfangsleistung

Ein alternatives Verfahren zur Berechnung der Empfangsleistung besteht darin, wie in Bild 2.23 skizziert, den Verlauf eines beliebigen Lichtstrahls vom Ende der Sendefaser bis zur Zielebene und zurück zur Empfangsfaser Schritt für Schritt zu verfolgen. Die gesamte Empfangsleistung erhält man durch Integration über alle Strahlen, die die Empfangsfaser erreichen.

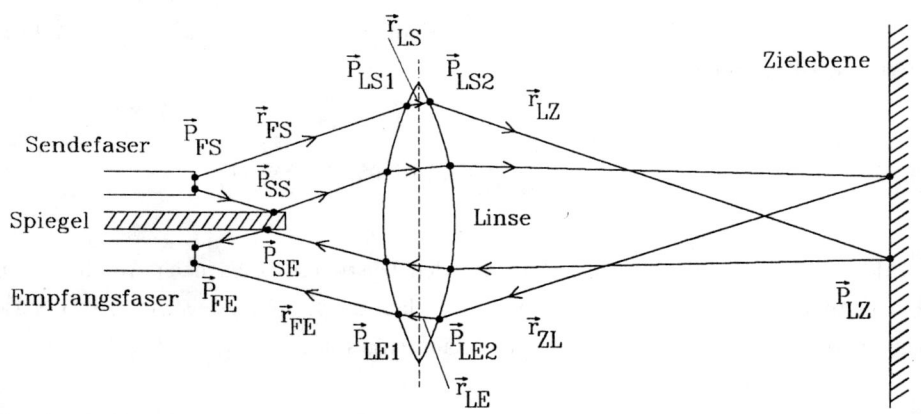

Bild 2.23: Punkte und Vektoren im Strahlengang

Die Leistung $dP_E(r_S,\varphi_{S1},\theta_S,\varphi_{S2},\theta_Z,\varphi_Z)$ eines einzelnen empfangenen Lichtstrahls lautet:

$$dP_E(r_S,\varphi_{S1},\theta_S,\varphi_{S2},\theta_Z,\varphi_Z) = \frac{P_S}{C_I} \cdot C_{AS}(r_S,\varphi_{S1}) \cdot C_{\Omega S}(\theta_S,\varphi_{S2}) \cdot C_{\Omega Z}(\theta_Z,\varphi_Z)$$

$$\cdot C_{AE}(r_E,\varphi_{E1}) \cdot C_{\Omega E}(\theta_E,\varphi_{E2}) \cdot r_S \sin\theta_S \sin\theta_Z \, dr_S \, d\varphi_{S1} \, d\theta_S \, d\varphi_{S2} \, d\theta_Z \, d\varphi_Z \quad (2.68)$$

mit:
$$C_I = \int_0^{2\pi}\int_0^{R_{FS}} C_{AS}(r_S,\varphi_{S1}) r_S \, dr_S \, d\varphi_{S1} \cdot \int_0^{2\pi}\int_0^{\pi/2} C_{\Omega S}(\theta_S,\varphi_{S2}) \sin\theta_S \, d\theta_S \, d\varphi_{S2}$$

$$\cdot \int_0^{2\pi}\int_0^{\pi/2} C_{\Omega Z}(\theta_Z,\varphi_Z) \sin\theta_Z \, d\theta_Z \, d\varphi_Z \quad (2.69)$$

Die Variablen r_E, φ_{E1}, θ_E, φ_{E2} sind nicht unabhängig, sondern Funktionen von r_S, φ_{S1}, θ_S, φ_{S2}, θ_Z und φ_Z. Die gesamte Empfangsleistung lautet in allgemeiner Formulierung:

$$P_E = \frac{P_S}{C_I} \int_{r_S}\int_{\varphi_{S1}}\int_{\theta_S}\int_{\varphi_{S2}}\int_{\theta_Z}\int_{\varphi_Z} C_{AS}(r_S,\varphi_{S1}) \cdot C_{\Omega S}(\theta_S,\varphi_{S2}) \cdot C_{\Omega Z}(\theta_Z,\varphi_Z)$$

$$\cdot C_{AE}(r_E,\varphi_{E1}) \cdot C_{\Omega E}(\theta_E,\varphi_{E2}) \cdot r_S \sin\theta_S \sin\theta_Z \, dr_S \, d\varphi_{S1} \, d\theta_S \, d\varphi_{S2} \, d\theta_Z \, d\varphi_Z \quad (2.70)$$

Die Integration wird wieder numerisch nach dem schon in Abschnitt 2.6.1 erläuterten Monte–Carlo–Verfahren durchgeführt. Um die Effektivität der Integration zu erhöhen, wird noch eine Substitution unter Verwendung des Schnittpunktes $\vec{P}_{LE2}$ des zurückgestreuten Lichtstrahls mit der Linse durchgeführt.

$$\vec{P}_{LE2} = \begin{pmatrix} r_L \cos\varphi_L \\ r_L \sin\varphi_L \\ 0 \end{pmatrix} \quad (2.71)$$

Dabei stellt r_L die Radiallage und φ_L die Winkellage des Schnittpunktes dar, mit $0 \leq r_L \leq d_L/2$ und $0 \leq \varphi_L \leq 2\pi$. Der Wert $z_{LE2} = 0$ ist näherungsweise auch für bikonvexe Linsen gültig.

Es ergeben sich folgende Substitutionen:

$$\theta_Z = \arctan\left[\frac{(x_{LE2}-x_Z)^2+(y_{LE2}-y_Z)^2}{(z_{LE2}-z_Z)^2}\right]^{\frac{1}{2}} \qquad \varphi_Z = \arctan\left[\frac{y_{LE2}-y_Z}{x_{LE2}-x_Z}\right] \qquad (2.72a,b)$$

Das Raumwinkelelement $d\Omega_Z$ wird umgeschrieben zu:

$$d\Omega_Z = \sin\theta_Z d\theta_Z d\varphi_Z = \frac{r_L dr_L d\varphi_L}{(\vec{P}_{LE2}-\vec{P}_Z)^2}\cos\theta_Z \qquad (2.73)$$

wobei für θ_Z und φ_Z die Ausdrücke aus Gleichung 2.72 einzusetzen sind. Die neue zu integrierende Funktion $p'_E(r_S,\varphi_{S1},\theta_S,\varphi_{S2},r_L,\varphi_L)$ lautet:

$$p'_E(r_S,\varphi_{S1},\theta_S,\varphi_{S2},r_L,\varphi_L) = \frac{P_S}{C_I}\cdot C_{AS}(r_S,\varphi_{S1})\cdot C_{\Omega S}(\theta_S,\varphi_{S2})\cdot C_{\Omega Z}(\theta_Z,\varphi_Z)$$

$$\cdot C_{AE}(r_E,\varphi_{E1})\cdot C_{\Omega E}(\theta_E,\varphi_{E2})\cdot r_S r_L \sin\theta_S \qquad (2.74)$$

Die Parameter r_E, φ_{E1}, θ_E, φ_{E2}, θ_Z, φ_Z sind dabei als Abkürzungen anzusehen.

Die Iterationsschleife besteht aus folgenden Schritten:

Schritt 1 bis 5 wie in Abschnitt 2.6.1.

6. Zufällige Auswahl der Radiallage r_L und der Winkellage φ_L des Schnittpunktes $\vec{P}_{LE2}$ eines zurückgestreuten Strahls mit der Linse, mit $0 \leq r_L \leq d_L/2$ und $0 \leq \varphi_L \leq 2\pi$.

7. Verfolgung des Strahlengangs durch die Linse auf dem Rückweg.

8. Bestimmung des Schnittpunktes $\vec{P}_{SE}$ mit der der Empfangsfaser zugewandten Spiegelebene, Überprüfung seiner Lage und gegebenfalls Berücksichtigung der Spiegelung.

9. Ermittlung des Schnittpunktes $\vec{P}_{FE}$ mit der Ebene, in der die Endfläche der Empfangsfaser liegt, und Überprüfung auf Fasertreffer. Wird die Faser nicht getroffen, dann weiter mit Schritt 1.

10. Bei Fasertreffer Berechnung des Einfallswinkels θ_E und der Radiallage r_E des einfallenden Lichtstrahls.

11. Berechnung des Integranden $p'_E(r_{Si}, \varphi_{S1i}, \theta_{Si}, \varphi_{S2i}, r_{Li}, \varphi_{Li})$ als Funktion der zufällig ausgewählten Parameter. Ein vorheriger Rücksprung nach 1 entspricht einem Funktionswert von 0.

Die Schritte 1 bis 11 werden solange wiederholt, bis eine vorgegebene Anzahl N_E von Beiträgen zur Empfangsleistung erreicht ist. Die Empfangsleistung ergibt sich nach /63/ zu:

$$P_E = \frac{R_{FS} \cdot d_L/2 \cdot \theta_{Smax} \cdot (2\pi)^3}{N_S} \sum_{i=1}^{N_E} p'_E(r_{Si}, \varphi_{S1i}, \theta_{Si}, \varphi_{S2i}, r_{Li}, \varphi_{Li}) \qquad (2.75)$$

Das Ergebnis entspricht dem Produkt aus dem geschätzten Mittelwert der zu integrierenden Funktion und ihrem Definitionsbereich. Die Genauigkeit hängt vom vorgegebenen Wert für N_E und dem daraus resultierenden N_S ab.

Bild 2.24 zeigt die so berechnete, auf die Sendeleistung normierte Empfangsleistung als Funktion der Zielentfernung für $N_E = 10000$ zusammen mit dem nach dem Verfahren in Abschnitt 2.6.1 berechneten Verlauf. Als Meßziel wird wieder ein weißer Lambertstrahler mit $g_A(x_Z, y_Z) = 1$ senkrecht zur optischen Achse angenommen. Die Kurven sind praktisch deckungsgleich.

Das Integrationsverfahren ist adaptiv. Bei kurzen Meßentfernungen müssen im allgemeinen sehr viele Lichtstrahlen durchgerechnet werden, bis die geforderte Anzahl von Empfangsfasertreffern erreicht ist; bei größeren Entfernungen wird das Verhältnis günstiger. Für $N_E = 10000$ wurden bei 0.2 m Meßentfernung ca. 7000000 Strahlen gesendet, bei 2.0 m hingegen nur noch ca. 96000.

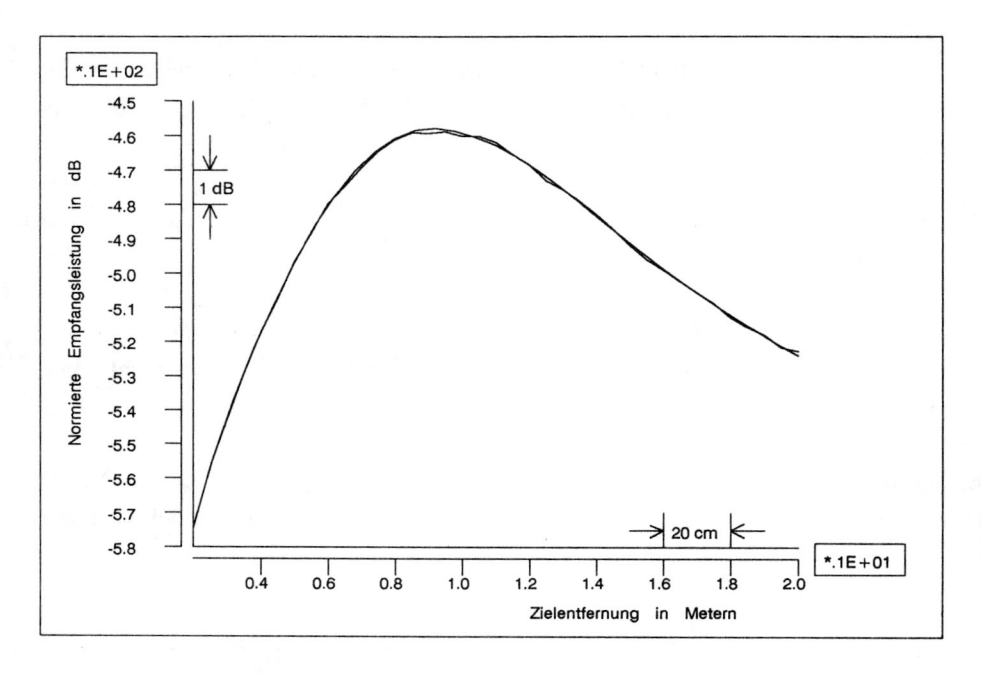

Bild 2.24: Empfangsleistung über der Meßentfernung

Im allgemeinen erfordert die Berechnung der Leistungsdichten und ihre Verknüpfung zur Empfangsleistung bei vergleichbarer Genauigkeit weit weniger Rechenzeit, vor allem im Nahbereich der Optik. Das alternative Verfahren enthält dagegen weniger Vereinfachungen und stellt daher eine exaktere Nachbildung der Realität dar.

Die Verfügbarkeit zweier unabhängiger Verfahren ermöglicht die gegenseitige Verifikation der Simulationsergebnisse, die z.B. zum Funktionstest nach Modifikation eines der beiden Simulationsprogramme verwendet werden kann.

2.7   Ebenes Simulationsmodell

Die Verifikation der in Kapitel 3 erläuterten systemtheoretischen Beschreibung der 3D-–Konturerfassung durch Simulationsuntersuchungen erfordert nicht unbedingt ein volles dreidimensionales Modell des Meßaufbaus. Um Rechenzeit zu sparen, wird ein zweidimensionales, ebenes Simulationsmodell eingeführt. Die Sensorelektronik wird von der Art des optischen Modells nicht berührt. Die Vorgehensweise bei der Durchrechnung der Strahlengänge ist im Prinzip die gleiche wie im räumlichen Fall. Es ergeben sich jedoch einige Vereinfachungen.

Die Kontur wird als in x–Richtung konstant und unendlich ausgedehnt angenommen. Bei der Konturvermessung braucht der Sensorkopf daher nur eine Scanzeile in y–Richtung zu durchlaufen, was die Anzahl der Meßpunkte stark reduziert. Die Kontur läßt sich wie in Bild 2.25 als eine Folge von geraden Segmenten darstellen. Ihre Form kann als eindimensionale Funktion $z(y)$ angegeben werden.

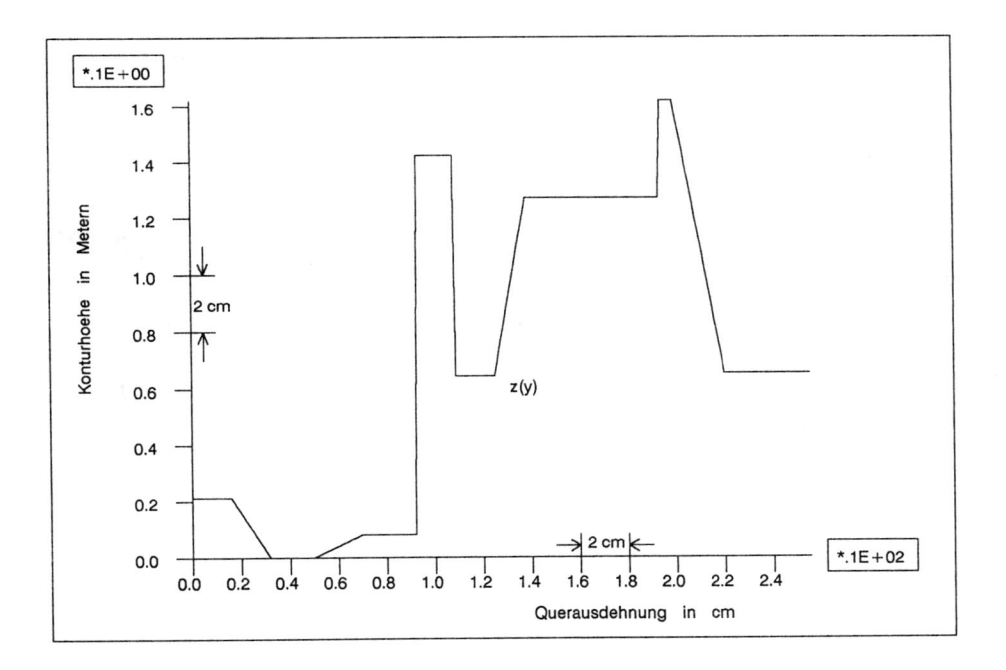

Bild 2.25: Kontur im ebenen Simulationsmodell

2.8 Simulation weiterer Linsensysteme

Mit Hilfe der Vektoralgebra können auch andere optische Bauelemente wie z.B. Prismen oder Strahlteiler durchgerechnet werden. Die Unterprogramme zur Simulation der einzelnen Komponenten lassen sich in einer Art Baukastensystem vielfältig miteinander kombinieren. Damit ist auch die Simulation weiterer Linsensysteme möglich.

Weit verbreitet ist die Paralleloptik /21/ nach Bild 2.26 mit getrennter Sende- und Empfangslinse.

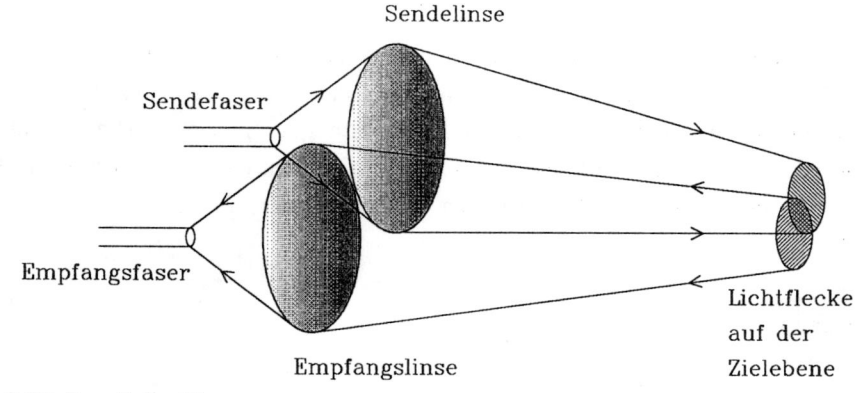

Bild 2.26: Paralleloptik

Sie ist einfacher aufzubauen als die Spiegeloptik. Ihr Meßbereich ist jedoch begrenzt, vor allem zu kurzen Zielentfernungen hin. Die Amplitudendynamik über der Meßentfernung wird dadurch größer als die der Spiegeloptik /40/.

Häufig eingesetzt werden auch koaxial angeordnete Sende- und Empfangslinsen /66/. Bild 2.27 zeigt schematisch einen solchen Aufbau.

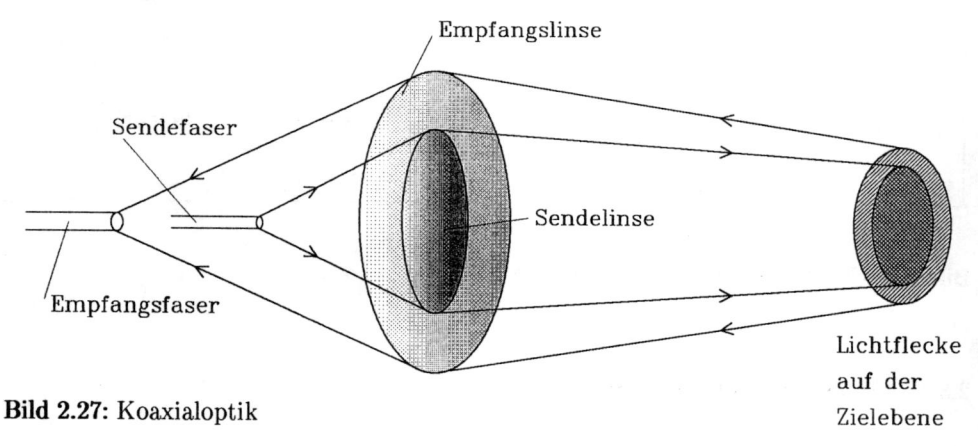

Bild 2.27: Koaxialoptik

Der Aufbau der Koaxialoptik ist komplizierter als der der Paralleloptik. Bei großen Meßentfernungen ist die Dämpfung des optischen Signals auf der Meßstrecke ungefähr so groß wie die der Spiegeloptik. Nachteilig ist die geringe Empfindlichkeit im Nahbereich.

Koppelt man wie in Bild 2.28 skizziert, zwei einfache Linsensysteme über einen 50/50--Strahlteiler, dann erhält man die sogenannte Strahlteileroptik. Sie besitzt einen Meßbereich bis an die Optik heran mit geringer Amplitudendynamik. Der Aufbau ist allerdings mechanisch sehr empfindlich und stellt hohe Anforderungen an den Strahlteiler. Aufgrund des zweimaligen Durchgangs durch den Strahlteiler ergibt sich eine zusätzliche Grunddämpfung von 6 dB. Bei abweichenden Teilerverhältnissen wird sie noch höher.

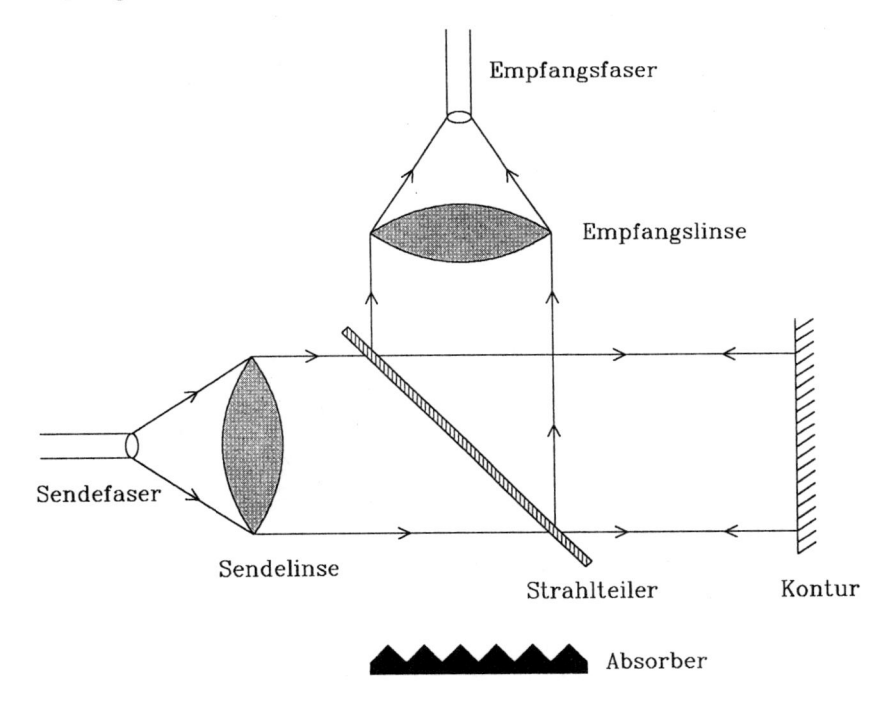

Bild 2.28: Strahlteileroptik

Es wurde eine Simulationssoftware entwickelt, mit der jede der angesprochenen Varianten sowohl mit idealen als auch mit bikonvexen Linsen durchgerechnet werden kann. Damit lassen sich die Eigenschaften verschiedener Optiken für eine bestimmte Anwendung theoretisch ermitteln. Basierend auf den Simulationsergebnissen kann dann das jeweils optimale Linsensystem ausgewählt werden.

Bild 2.29 zeigt in einer Draufsicht schematisch den Übergang von der einfachen Spiegeloptik mit einem Spiegel und zwei Fasern zur erweiterten Version mit vier Fasern und zwei Spiegeln /67/. Zusätzlich sind jeweils die Lichtflecke in der Bildebene skizziert.

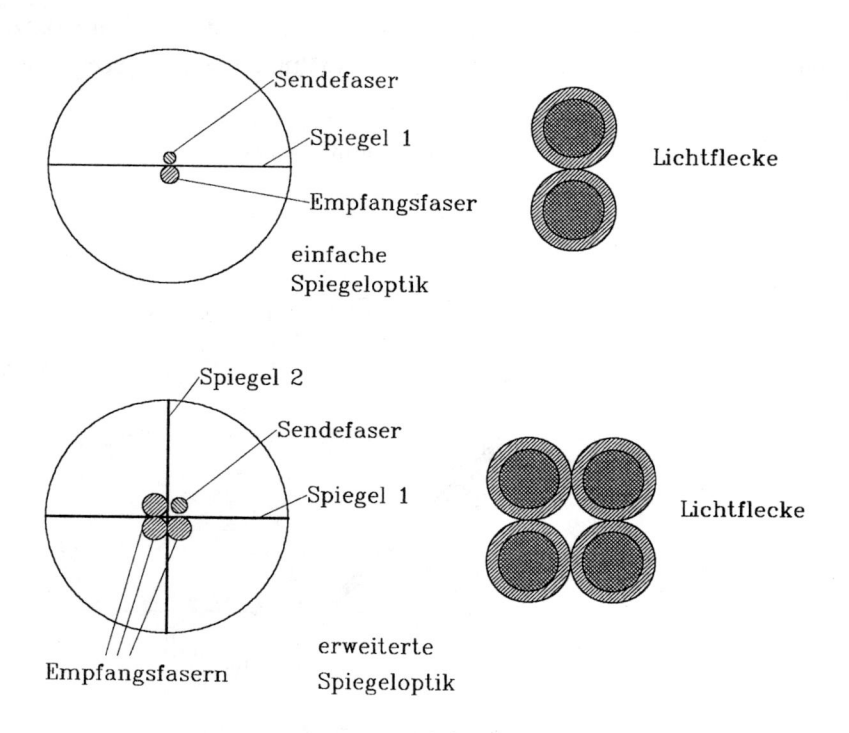

Bild 2.29: Erweiterung der Spiegeloptik

Die für den Empfang nutzbare Linsenfläche erhöht sich um fünfzig Prozent, entsprechend auch die Empfindlichkeit. Der mechanische Aufbau wird durch die Erweiterung jedoch um einiges aufwendiger.

3. Systemtheoretische Beschreibung der 3D–Konturerfassung nach dem Laserpulslaufzeitverfahren

Nachdem in Kapitel 2 die mathematische Modellierung des Sensorsystems erläutert wurde, kann jetzt, ausgehend von den Eigenschaften der Optik und der Elektronik, die Beschreibung des Meßvorgangs in Begriffen der Systemtheorie erfolgen. Das systemtheoretische Modell ist im allgemeinen Fall nichtlinear. Es läßt sich jedoch zeigen, daß unter bestimmten Voraussetzungen auch eine lineare Näherung zulässig ist, die die in Kapitel 4 zu entwickelnden Verfahren zur Nachverarbeitung der Ergebnisse der 3D–Konturvermessung stark vereinfacht.

3.1 Lichtflecke als Abtastapertur

In /68/ wird der Einfluß der Abtastapertur auf die Signalabtastung mit einer Abtast-–Halte–Schaltung beschrieben. Die Verfälschung des Meßergebnisses läßt sich durch die Faltung des abzutastenden Signals mit der Apertur, d.h. als Tiefpaßfilterung beschreiben. Bild 3.1 zeigt den Meßvorgang in vereinfachter Form.

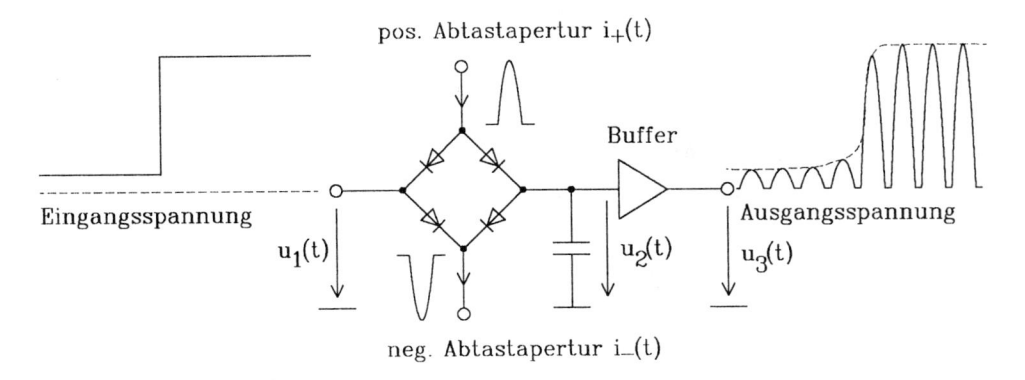

Bild 3.1: Abtast–Halte–Schaltung mit Abtastapertur

Unter anderem wird in /68/ auch die prinzipielle Möglichkeit diskutiert, die durch die Abtastapertur verursachte Signalverfälschung nachträglich zu korrigieren. Kapitel 4 der vorliegenden Arbeit behandelt diesen Aspekt noch ausführlicher.

Bei der Vermessung einer räumlichen Kontur werden Lichtflecke, die eine charakteristische Leistungsdichteverteilung aufweisen, über die Kontur geführt. Es liegt nahe, auch diesen Vorgang als Abtastung eines Signals – der Kontur – zu verstehen. Aufgrund dieser anschaulichen Vorstellung ist zu vermuten, daß die Lichtflecke (siehe auch Abschnitt 2.6.1) in irgendeiner Weise eine zweidimensionale Abtastapertur bilden.

Ein beliebiger Konturpunkt besitzt die Zielkoordinaten $\vec{P}_Z = \left(x_Z, y_Z, z(x_Z, y_Z)\right)$. Im Unterschied zu Abschnitt 2.6 befindet sich die Optik jetzt an den Sensorkoordinaten $\vec{P}_S = \left(x_S, y_S, 0\right)$.

$g_R(x_Z, y_Z, x_S, y_S)$ ist der Anteil des Grauwertes, der den Einfluß der Richtcharakteristik der Streuung eines Konturpunktes beschreibt.

$$g_R(x_Z, y_Z, x_S, y_S) = \frac{1}{C_{IZ}} \cdot C_{\Omega Z}(\theta'_S, \varphi'_{S2}, \theta'_Z, \varphi'_Z) \qquad (3.1)$$

$$\text{mit:} \quad \theta'_S, \varphi'_{S2}, \theta'_Z, \varphi'_Z = \text{Fkt}(x_Z, y_Z, x_S, y_S)$$

Aufgrund der in Abschnitt 2.6.1 erwähnten quasiparallelen Strahlengänge kann die Abhängigkeit von x_S und y_S vernachlässigt werden.

$$g_R(x_Z, y_Z, x_S, y_S) \simeq g_R(x_Z, y_Z) \qquad (3.2)$$

Zusammen mit dem durch Absorption verursachten Anteil $g_A(x_Z, y_Z)$ nach Abschnitt 2.2.2.3 ergibt sich der kombinierte Grauwert $g(x_Z, y_Z)$.

$$g(x_Z, y_Z) = g_R(x_Z, y_Z) \cdot g_A(x_Z, y_Z) \qquad (3.3)$$

Damit lautet die Empfangsleistung an den Sensorkoordinaten $\left(x_S, y_S, 0\right)$:

$$P_E(x_S, y_S) =$$

$$C_{IE} \iint\limits_{x_Z y_Z} g(x_Z, y_Z) p_{ZS}\left[x_Z - x_S, y_Z - y_S, z(x_Z, y_Z)\right] \cdot p_{ZE}\left[x_Z - x_S, y_Z - y_S, z(x_Z, y_Z)\right] dx_Z dy_Z \qquad (3.4)$$

Da die Kontur im allgemeinen keine Ebene senkrecht zur optischen Achse ist, sind die Leistungsdichten als Funktionen der Entfernung anzugeben.

Die Einführung der entfernungsabhängigen Abtastapertur $a\left[x_Z-x_S, y_Z-y_S, z(x_Z,y_Z)\right]$ vereinfacht die weitere Rechnung.

$$a\left[x_Z-x_S, y_Z-y_S, z(x_Z,y_Z)\right] =$$
$$\frac{C_{IE}}{P_S} \cdot p_{ZS}\left[x_Z-x_S, y_Z-y_S, z(x_Z,y_Z)\right] \cdot p_{ZE}\left[x_Z-x_S, y_Z-y_S, z(x_Z,y_Z)\right] \quad (3.5)$$

Im ebenen Simulationsmodell wird die ebene Abtastapertur $a_E\left[y_Z-y_S, z(y_Z)\right]$ verwendet (siehe Abschnitt 2.7), die sich durch Integration der räumlichen Abtastapertur in x_Z–Richtung ergibt.

$$a_E\left[y_Z-y_S, z(y_Z)\right] = \int_{x_Z} a\left[x_Z, y_Z-y_S, z(x_Z,y_Z)\right] dx_Z \quad (3.6)$$

Mit der Abtastapertur vereinfacht sich der Ausdruck für die Empfangsleistung zu:

$$P_E(x_S,y_S) = P_S \int\int_{x_Z y_Z} g(x_Z,y_Z) a\left[x_Z-x_S, y_Z-y_S, z(x_Z,y_Z)\right] dx_Z dy_Z \quad (3.7)$$

Setzt man nur geringe Entfernungsunterschiede Δz innerhalb der Kontur voraus, so entfällt die Abhängigkeit der Abtastapertur von $z(x_Z,y_Z)$. Die Empfangsleistung als Funktion der Sensorkoordinaten stellt in diesem Fall eine zweidimensionale Kreuzkorrelationsfunktion dar.

$$P_E(x_S,y_S) = P_S \int\int_{x_Z y_Z} g(x_Z,y_Z) a(x_Z-x_S, y_Z-y_S) dx_Z dy_Z \quad (3.8)$$

3.2   Synthese des Empfangssignals

Bisher wurde die Abtastapertur rein statisch betrachtet. Wie in Bild 2.24 gezeigt wird, stimmt unter dieser Voraussetzung die mit ihrer Hilfe berechnete Empfangsleistung als Funktion der Meßentfernung mit dem in Abschnitt 2.6.2 simulierten Verlauf überein.

Um zu untersuchen, ob eine ähnliche Schreibweise auch für impulsförmige Signale möglich ist, ist der Zeitverlauf des Empfangssignals zu betrachten.

Man geht wieder von einem einzelnen Konturelement dA_Z aus. Das zeitabhängige Sendesignal $P_S(t)$ sei zunächst ein infinitesimal kurzer Lichtblitz. Als analytische Näherung dient ein zeitlicher Diracstoß $\delta(t)$. Für die diskrete numerische Berechnung wird dieser durch einen schmalen Rechteckimpuls entsprechend der Quantisierung des Laserimpulses nach Abschnitt 2.3.3 ersetzt. Der Sensorkopf befindet sich an der Position $(x_S, y_S, 0)$.

Der Beitrag $dh_M(x_Z, y_Z, x_S, y_S, t)$ eines Konturelements zur Stoßantwort $h_M(x_S, y_S, t)$ der Meßstrecke, bestehend aus Kontur und Sensorkopf, ergibt sich unter Berücksichtigung der Laufzeit t_L von der Sendefaser durch die Linse zur Kontur und zurück zur Empfangsfaser.

$$dh_M(x_Z, y_Z, x_S, y_S, t) = g(x_Z, y_Z) \cdot a\left[x_Z - x_S, y_Z - y_S, z(x_Z, y_Z)\right] \cdot \delta(t - t_L) dx_Z dy_Z \quad (3.9)$$

Der Fokussierungseffekt von Sammellinsen beruht darauf, daß die Laufzeiten der durch sie gebündelten Lichtstrahlen durch unterschiedliche Verzögerungen des Lichts im inneren und äußeren Bereich der Linse (quadratische Phasenverschiebung) kompensiert werden /69/. Aufgrund des schmalen Spektrums des Lasers hat die Materialdispersion des Glases /43/ keinen wesentlichen Einfluß auf die Laufzeit. In /58/ wurde gezeigt, daß unter diesen Bedingungen der Laufzeitausgleich auch in einer einfachen bikonvexen sphärischen Linse fast ideal ist. Die Unterschiede liegen in der Größenordnung einer Pikosekunde, also um einiges unter der Millimetergenauigkeit, und können daher vernachlässigt werden.

Damit läßt sich Gleichung 3.9 vereinfachen.

$$dh_M(x_Z, y_Z, x_S, y_S, t) \simeq$$

$$g(x_Z, y_Z) \cdot a\left[x_Z - x_S, y_Z - y_S, z(x_Z, y_Z)\right] \cdot \delta\left[t - \frac{2z(x_Z, y_Z)}{c_0} - t_{LZ}\right] dx_Z dy_Z \quad (3.10)$$

Der konstante Zeitoffset t_{LZ} faßt sämtliche Zusatzlaufzeiten im Sensorkopf zusammen.

Die komplette Stoßantwort $h_M(x_S,y_S,t)$ erhält man durch Integration über die Kontur.

$$h_M(x_S,y_S,t) \simeq$$

$$\int\int_{x_Z y_Z} g(x_Z,y_Z) a\left[x_Z-x_S, y_Z-y_S, z(x_Z,y_Z)\right] \delta\left[t - \frac{2z(x_Z,y_Z)}{c_0} - t_{LZ}\right] dx_Z dy_Z \qquad (3.11)$$

$h_M(x_S,y_S,t)$ kann auch durch eine Abwandlung des in Abschnitt 2.6.2 erläuterten Monte--Carlo-Verfahrens zur Berechnung der statischen Empfangsleistung durch numerische Lösung eines Sechsfachintegrals bestimmt werden. Man berechnet außer der Leistung jedes einzelnen empfangenen Lichtstrahls auch seine optische Weglänge und Laufzeit. Die Leistung wird in ein Zeitfeld mit der Quantisierung Δt eingeordnet. Die gesamte Stoßantwort ergibt sich durch Aufsummieren in den einzelnen Zeitelementen. Das Verfahren wird in /70/ ausführlich behandelt und an einigen Beispielen demonstriert.

Der optische Empfangsimpuls kann durch Faltung der Stoßantwort mit dem Sendeimpuls berechnet werden. Zusätzlich sind noch der Photoempfänger mit der Stoßantwort $h_{PE}(t)$ und die vom Zielimpuls durchlaufene Glasfaserstrecke mit der Stoßantwort $h_{FZ}(t)$ zu berücksichtigen. Die Eingangsspannung des CFT bei der Zielmessung lautet damit:

$$u_{EZ}(x_S,y_S,t) = P_S(t) * h_M(x_S,y_S,t) * h_{FZ}(t) * h_{PE}(t) \qquad (3.12)$$

$$u_{EZ}(x_S,y_S,t) \simeq P_S(t) * h_{FZ}(t) * h_{PE}(t)$$

$$* \int\int_{x_Z y_Z} g(x_Z,y_Z) a\left[x_Z-x_S, y_Z-y_S, z(x_Z,y_Z)\right] \delta\left[t - \frac{2z(x_Z,y_Z)}{c_0} - t_{LZ}\right] dx_Z dy_Z \qquad (3.13)$$

3.3 Gewinnung der Konturinformation aus dem Empfangssignal

Die Konturinformation setzt sich aus dem Grauwert und der Entfernung eines Konturpunktes zusammen. Die Grauwertinformation ist in der Amplitude des Zielimpulses enthalten, die Entfernungsinformation im Zeitintervall zwischen Ziel- und Referenzimpuls.

3.3.1 Grauwertbild als Ergebnis der Konturvermessung

Die Amplitude des vom Photoempfänger verstärkten Zielimpulses wird mit einem Spitzenwertdetektor gemessen /38/. Das in Abschnitt 2.4.4 erläuterte variable optische Dämpfungsglied wird so geregelt, daß dessen Meßwert immer gleich bleibt. Damit liefert der Spitzenwertdetektor im Idealfall eine konstante Ausgangsspannung, die für sich alleine noch keine Information über den Grauwert eines Konturpunktes enthält.

Die einfachste Möglichkeit, diese Schwierigkeit zu umgehen, besteht darin, die Dämpfungsregelung auszuschalten und immer beim gleichen Dämpfungswert zu messen. Unter dieser Voraussetzung ist die Ausgangsspannung des Spitzenwertdetektors dem Grauwert direkt proportional. Nachteilig ist die begrenzte Amplitudendynamik des CFT von ca. 16 dB /15/, die zwar prinzipielle Meßversuche ermöglicht, zur genauen Vermessung technischer Konturen im allgemeinen jedoch nicht ausreicht.

Ein größerer Dynamikbereich ergibt sich, wenn man die Transmission des geregelten Dämpfungsgliedes so dicht wie möglich neben den Faserenden mißt. Die Messung kann z.B. mit einer Gabellichtschranke realisiert werden. Denkbar ist auch eine Kombination aus einer LED oder Laserdiode und einer Photodiode, eventuell mit zusätzlichen Glasfasern. Die wahre Amplitude des optischen Empfangsimpulses läßt sich dann, bis auf einen Proportionalitätsfaktor, aus der gemessenen Transmission und der Ausgangsspannung des Spitzenwertdetektors ermitteln.

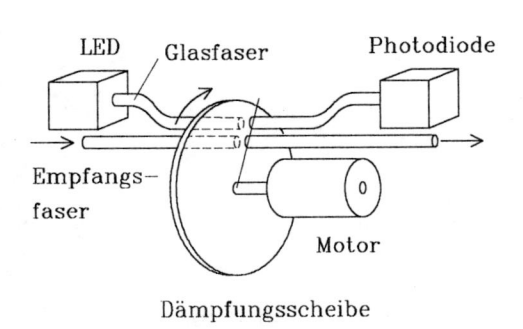

Bild 3.2: Dämpfungsglied mit zusätzlicher Transmissionsmessung

Im Modell des Sensorsystems kann eine direkte Messung der Empfangsamplitude mit dem Spitzenwertdetektor angenommen werden, da beim idealisierten CFT der Dynamikbereich nicht begrenzt ist /15/.

Der Beitrag $u'_{EZ}(x_Z,y_Z,x_S,y_S,t)$ eines Flächenelements dA_Z der Kontur zum Ausgangssignal des Photoempfängers ergibt sich zu:

$$u'_{EZ}(x_Z,y_Z,x_S,y_S,t) = P_S(t)*dh_M(x_Z,y_Z,x_S,y_S,t)*h_{FZ}(t)*h_{PE}(t) \qquad (3.14)$$

Dieser Einzelbeitrag stellt einen gedämpften, zeitlich verschobenen und mit der Stoßantwort der Zielfaserstrecke gefalteten Sendeimpuls dar.

Der Spitzenwertdetektor liefert als Ausgangssignal das Spannungsmaximum des Empfangsimpulses nach Gleichung 3.13.

$$u_{EZmax}(x_S,y_S) = \text{Maximum}\left[u_{EZ}(x_S,y_S,t)\right] \qquad (3.15)$$

Setzt man eine nicht zu große Konturtiefe Δz innerhalb der Abtastapertur voraus, dann kann man näherungsweise das Maximum des gesamten Empfangsimpulses als lineare Überlagerung der Maxima der Beiträge der einzelnen Konturelemente formulieren. Die zeitliche Lage des Maximums des Sendeimpulses hat in diesem Fall keinen Einfluß auf den Spitzenwert.

$$u_{EZmax}(x_S,y_S) \simeq \left[P_S(t)*h_{FZ}(t)*h_{PE}(t)\right]_{max}$$

$$\cdot \iint_{x_Z y_Z} g(x_Z,y_Z) a\left[x_Z-x_S, y_Z-y_S, z(x_Z,y_Z)\right] dx_Z dy_Z \qquad (3.16)$$

Die Näherung kann im allgemeinen problemlos eingeführt werden, da die Laserimpulse nach dem Durchlaufen von ca. 30 m Glasfaserstrecke (siehe Abschnitt 2.4.1) ein relativ breites Maximum besitzen und der Spitzenwertdetektor aufgrund der nicht beliebig kleinen Ladekapazität /68/ Integratoreigenschaften aufweist. Durch Vergrößerung dieser Kapazität läßt sich der Gültigkeitsbereich der linearen Näherung noch erweitern.

Durch Vermessung des Grauwertes eines Normziels kann der Proportionalitätsfaktor vor dem Integral beseitigt werden. Das Normziel kann z.B. folgendermaßen definiert werden:

$$z(x_Z,y_Z) = z_{norm} = \text{const.} \qquad g(x_Z,y_Z) = g_{norm} = \text{const.} = 1$$

$$x_S = 0, \quad y_S = 0$$

Das gemessene Spannungsmaximum dieses Normziels ergibt sich zu:

$$u_{EZmax_{norm}} \simeq \left[P_S(t)*h_{FZ}(t)*h_{PE}(t)\right]_{max} \iint_{x_Z y_Z} g_{norm} a(x_Z,y_Z,z_{norm}) dx_Z dy_Z \qquad (3.17)$$

Der gemessene Grauwert entsteht durch Normierung der Ausgangsspannung des Spitzenwertdetektors.

$$g_M(x_S,y_S) = \frac{u_{EZmax}(x_S,y_S)}{u_{EZmax_{norm}}} \qquad (3.18)$$

Zur Vereinfachung der Schreibweise dient die normierte Abtastapertur.

$$a_N\left[x_Z-x_S,y_Z-y_S,z(x_Z,y_Z)\right] = \frac{a\left[x_Z-x_S,y_Z-y_S,z(x_Z,y_Z)\right]}{\iint\limits_{x_Z y_Z} a(x_Z,y_Z,z_{norm}) dx_Z dy_Z} \qquad (3.19)$$

Damit lautet der gemessene Grauwert:

$$g_M(x_S,y_S) = \iint\limits_{x_Z y_Z} g(x_Z,y_Z) a_N\left[x_Z-x_S,y_Z-y_S,z(x_Z,y_Z)\right] dx_Z dy_Z \qquad (3.20)$$

Wenn die Tiefe Δz der gesamten Kontur sehr klein wird, dann kann die Abhängigkeit der Abtastapertur von der Entfernung vernachlässigt werden und man erhält eine zweidimensionale Kreuzkorrelationsfunktion.

$$g_M(x_S,y_S) = \iint\limits_{x_Z y_Z} g(x_Z,y_Z) a_N(x_Z-x_S,y_Z-y_S) dx_Z dy_Z \qquad (3.21)$$

Zweckmäßigerweise verwendet man in diesem Fall die Abtastapertur bei der mittleren Zielentfernung.

3.3.2 Gemessene Referenzlaufzeit

Unter Einbeziehung der Stoßantwort $h_{FR}(t)$ der Referenzstrecke (siehe Abschnitt 2.4.2) läßt sich der Referenzimpuls $u_{ER}(t)$ am Eingang des CFT angeben.

$$u_{ER}(t) = P_S(t) * h_{FR}(t) * h_{PE}(t) \qquad (3.22)$$

Mit Gleichung 2.6 lautet die Differenzspannung $u_{DR}(t)$ am Komparatoreingang:

$$u_{DR}(t) = P_S(t) * h_{FR}(t) * h_{PE}(t) * \left[K \cdot \delta(t-t_0) - h_I(t)\right] \qquad (3.23)$$

Bild 3.3 zeigt einen idealisierten Verlauf von $u_{DR}(t)$. Der Nulldurchgang des Differenzsignals gilt als Eintreffzeitpunkt des Referenzimpulses. Eine analytische Lösung durch Nullsetzen von $u_{DR}(t)$ und Umstellen nach $t = t_{MR}$ ist nur für einfache, analytisch angenäherte Sendeimpulse durchführbar /49/.

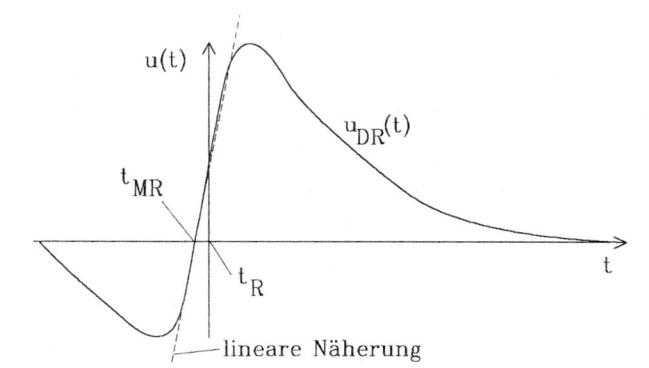

Bild 3.3: Komparatoreingangssignal mit linearer Näherung

Zur Bestimmung von t_{MR} genügt jedoch die Kenntnis des Verlaufs der Funktion $u_{DR}(t)$ in der Nähe des Nulldurchgangs. Daher kann der Spannungsverlauf durch eine nach dem linearen Glied abgebrochene Taylorreihe angenähert werden. Zur Veranschaulichung ist die lineare Näherung ebenfalls in Bild 3.3 eingezeichnet.

$$u_{DR}(t) \simeq u_{DR}(t_R) + (t - t_R) \cdot \left.\frac{du_{DR}(t)}{dt}\right|_{t=t_R} \qquad (3.24)$$

t_R stellt den Entwicklungspunkt der Taylorreihe dar, der in der Nähe des Nulldurchgangs liegen muß. Dieser läßt sich jetzt durch Umstellen bestimmen.

$$u_{DR}(t) = 0 \quad \Rightarrow \quad t = t_{MR} \qquad (3.25)$$

$$t_{MR} = t_R - \frac{u_{DR}(t_R)}{\left.\dfrac{du_{DR}(t)}{dt}\right|_{t=t_R}} \qquad (3.26)$$

Der Nulldurchgangszeitpunkt wird durch die Referenzmessung immer wieder neu bestimmt und jeweils vom Nulldurchgangszeitpunkt des Zielimpulses abgezogen.

3.3.3 Gemessene Ziellaufzeit

Zur Untersuchung der Ziellaufzeitmessung zerlegt man den Empfangsimpuls in viele Einzelimpulse mit infinitesimal kleiner Leistung, von denen jeder durch ein Flächenelement dA_Z der Kontur verursacht wird. Da innerhalb eines solchen Flächenelements praktisch keine Laufzeitunterschiede auftreten, entspricht jeder einzelne Empfangsimpuls in seiner Form dem verschobenen und gedämpften, mit der Stoßantwort des Zielwegs im Glasfasernetzwerk gefalteten Sendeimpuls. Unter Berücksichtigung des Photoempfängers und des impulsformenden Netzwerks des CFT ergibt sich der Verlauf $u'_{DZ}(x_Z,y_Z,x_S,y_S,t)$ eines willkürlich herausgegriffenen Einzelimpulses am Komparatoreingang zu:

$$u'_{DZ}(x_Z,y_Z,x_S,y_S,t) = P_S(t) * dh_M(x_Z,y_Z,x_S,y_S,t) * h_{FZ}(t) * h_{PE}(t) * \left[K\delta(t-t_0) - h_I(t)\right] \qquad (3.27)$$

In Bild 3.4 sind exemplarisch einige dieser Impulse und ihre lineare Näherung um den Nulldurchgang herum eingetragen.

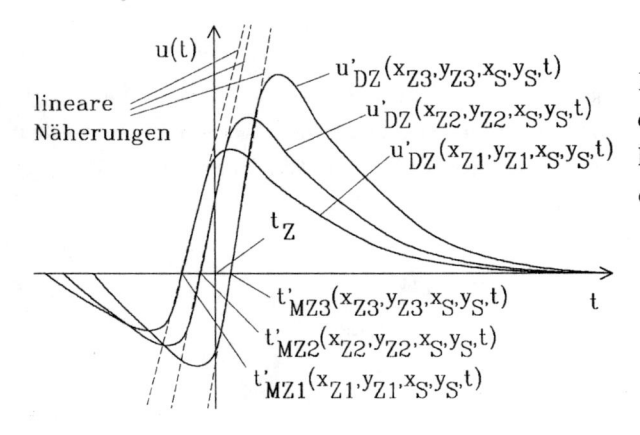

Bild 3.4: Beiträge zum Zielimpuls mit linearer Näherung

Die lineare Näherung lautet:

$$u'_{DZ}(x_Z,y_Z,x_S,y_S,t) \simeq u'_{DZ}(x_Z,y_Z,x_S,y_S,t_Z) + (t - t_Z) \cdot \frac{du'_{DZ}(x_Z,y_Z,x_S,y_S,t)}{dt}\bigg|_{t=t_Z} \quad (3.28)$$

t_Z ist der gemeinsame Entwicklungspunkt für alle Einzelimpulse. Damit der Fehler der linearen Näherung nicht zu groß wird, muß vorausgesetzt werden, daß t_Z für alle Taylorreihen gültig ist, d.h. die Impulse dürfen zeitlich nicht zu weit auseinander liegen. Nach /15/ entspricht der maximale Gültigkeitsbereich der linearen Näherung ungefähr der Anstiegszeit t_r des empfangenen Laserimpulses. Daraus kann mit Gleichung 3.29 die für die lineare Näherung zulässige Konturtiefe Δz berechnet werden.

$$\Delta z \simeq \frac{1}{2} \cdot c_0 \cdot t_r \quad (3.29)$$

Nimmt man $t_r = 2$ ns an, so beträgt Δz ungefähr 0.3 m.

Auch wenn der Abstand größer ist als dieser Wert, können zwei Empfangsimpulse soweit ineinander laufen, daß sie nicht aufzulösen sind. Der zur Auflösung zweier hintereinander liegender Meßziele erforderliche theoretische Mindestabstand, bei dem gerade eben ein zweiter Nulldurchgamg von $u_{DZ}(t)$ entsteht, entspricht bei den in Bild 2.4 dargestellten Laserimpulsen ungefähr der in Abschnitt 1.3.2.2 angegebenen Impulsbreite /15/.

Der Nulldurchgang $t'_{MZ}(x_Z,y_Z,x_S,y_S)$ des Einzelimpulses ergibt sich durch Umstellen.

$$u_{DZ}(t) = 0 \Rightarrow t = t'_{MZ}(x_Z,y_Z,x_S,y_S) \quad (3.30)$$

$$t'_{MZ}(x_Z,y_Z,x_S,y_S) = t_Z - \frac{u_{DZ}(t_Z)}{\frac{du_{DZ}(t)}{dt}\bigg|_{t=t_Z}} \quad (3.31)$$

Mit der erwähnten Einschränkung des Abstandes der Einzelbeiträge erhält man durch Integration über die Kontur eine lineare Näherung für das ganze Empfangssignal.

Man überlagert die Differenzsignale aller von der Abtastapertur erfaßten Flächenelemente der Kontur. Infolge der inkohärenten Beleuchtung, der diffusen Streuung durch die rauhen Oberflächen und der geringen Abhängigkeit der Grauwerte vom Blickwinkel verändert sich das Summensignal von Sensorposition zu Sensorposition nur wenig. Als Ergebnis der Konturvermessung sind daher verschliffene Abbilder der Form und des Grauwertverlaufs der Kontur zu erwarten.

Schwierigere Verhältnisse herrschen beispielsweise in der Radartechnik. Die Beleuchtung ist kohärent, d.h. bei der Überlagerung innerhalb einer Auflösungszelle können Auslöschungen durch Interferenz der einzelnen Beiträge auftreten. Aufgrund der relativ großen Wellenlänge erscheinen die Oberflächen der Konturen im allgemeinen nicht rauh, sondern aus spiegelnden Facetten zusammengesetzt. Die dadurch bedingte starke Abhängigkeit der Empfangsfeldstärke vom Blickwinkel kann zusammen mit den Interferenzeffekten zu einem von Sensorposition zu Sensorposition statistisch schwankenden Verlauf der Meßwerte für Entfernung und Grauwert führen.

$$\begin{aligned} u_{DZ}(x_S,y_S,t) \simeq & \iint_{x_Z y_Z} u_{DZ}'(x_Z,y_Z,x_S,y_S,t_Z) dx_Z dy_Z \\ & + (t-t_Z) \cdot \iint_{x_Z y_Z} \frac{du_{DZ}'(x_Z,y_Z,x_S,y_S,t)}{dt} \bigg|_{t=t_Z} dx_Z dy_Z \end{aligned} \qquad (3.32)$$

Der Nulldurchgangszeitpunkt $t_{MZ}(x_S,y_S)$ dieser Geraden wird wieder durch Umstellen bestimmt.

$$u_{DZ}(x_S,y_S,t) = 0 \quad \Rightarrow \quad t = t_{MZ}(x_S,y_S) \qquad (3.33)$$

$$t_{MZ}(x_S,y_S) = t_Z - \frac{\iint_{x_Z y_Z} u_{DZ}'(x_Z,y_Z,x_S,y_S,t) dx_Z dy_Z}{\iint_{x_Z y_Z} \frac{du_{DZ}'(x_Z,y_Z,x_S,y_S,t)}{dt} \bigg|_{t=t_Z} dx_Z dy_Z} \qquad (3.34)$$

Nach Gleichung 3.35 kann unter Annahme der linearen Näherung der Spannungswert des Einzelimpulses am gemeinsamen Entwicklungspunkt t_Z als Funktion des Nulldurchgangszeitpunktes und der Steigung im Entwicklungspunkt geschrieben werden.

$$u'_{DZ}(x_Z,y_Z,x_S,y_S,t_Z) = \left[t_Z - t'_{MZ}(x_Z,y_Z,x_S,y_S)\right] \cdot \frac{du'_{DZ}(x_Z,y_Z,x_S,y_S,t)}{dt}\bigg|_{t=t_Z} \quad (3.35)$$

Diese Beziehung wird in Gleichung 3.34 eingesetzt und ergibt:

$$t_{MZ}(x_S,y_S) = \frac{\displaystyle\iint_{x_Z y_Z} t'_{MZ}(x_Z,y_Z,x_S,y_S) \frac{du'_{DZ}(x_Z,y_Z,x_S,y_S,t)}{dt}\bigg|_{t=t_Z} dx_Z dy_Z}{\displaystyle\iint_{x_Z y_Z} \frac{du'_{DZ}(x_Z,y_Z,x_S,y_S,t)}{dt}\bigg|_{t=t_Z} dx_Z dy_Z} \quad (3.36)$$

Die Zeit $t'_{MZ}(x_Z,y_Z,x_S,y_S)$ setzt sich aus einem konstanten Anteil t_{Zkonst} und einem von der Entfernung $z(x_Z,y_Z)$ des Konturelementes dA_Z abhängigen Anteil $2/c_0 \cdot z(x_Z,y_Z)$ zusammen.

$$t'_{MZ}(x_Z,y_Z,x_S,y_S) = t_{Zkonst} + 2/c_0 \cdot z(x_Z,y_Z) \quad (3.37)$$

Gleichung 3.36 läßt sich damit aufspalten.

$$t_{MZ}(x_S,y_S) = t_{Zkonst} + \frac{\displaystyle\iint_{x_Z y_Z} \frac{2}{c_0} z(x_Z,y_Z) \frac{du'_{DZ}(x_Z,y_Z,x_S,y_S,t)}{dt}\bigg|_{t=t_Z} dx_Z dy_Z}{\displaystyle\iint_{x_Z y_Z} \frac{du'_{DZ}(x_Z,y_Z,x_S,y_S,t)}{dt}\bigg|_{t=t_Z} dx_Z dy_Z} \quad (3.38)$$

Für den Ausdruck $\dfrac{du'_{DZ}(x_Z,y_Z,x_S,y_S,t)}{dt}\bigg|_{t=t_Z}$ gilt folgende Proportionalitätsbeziehung:

$$\frac{du'_{DZ}(x_Z,y_Z,x_S,y_S,t)}{dt}\bigg|_{t=t_Z} \sim g(x_Z,y_Z) a\left[x_Z-x_S, y_Z-y_S, z(x_Z,y_Z)\right] \quad (3.39)$$

Der Proportionalitätsfaktor kann aus den Integralen herausgezogen und gekürzt werden.

$$t_{MZ}(x_S,y_S) = t_{Zkonst}$$

$$+ \frac{2}{c_0} \cdot \frac{\displaystyle\iint_{x_Z y_Z} z(x_Z,y_Z) g(x_Z,y_Z) a\left[x_Z-x_S, y_Z-y_S, z(x_Z,y_Z)\right] dx_Z dy_Z}{\displaystyle\iint_{x_Z y_Z} g(x_Z,y_Z) a\left[x_Z-x_S, y_Z-y_S, z(x_Z,y_Z)\right] dx_Z dy_Z} \qquad (3.40)$$

3.3.4 Entfernungsbild als Ergebnis der Konturvermessung

Die gemessene Entfernung $z_M(x_S,y_S)$ erhält man nach Subtraktion der Referenz– und der Offsetlaufzeit.

$$z_M(x_S,y_S) = \frac{\displaystyle\iint_{x_Z y_Z} z(x_Z,y_Z) g(x_Z,y_Z) a\left[x_Z-x_S, y_Z-y_S, z(x_Z,y_Z)\right] dx_Z dy_Z}{\displaystyle\iint_{x_Z y_Z} g(x_Z,y_Z) a\left[x_Z-x_S, y_Z-y_S, z(x_Z,y_Z)\right] dx_Z dy_Z} \qquad (3.41)$$

Erweitert man diesen Ausdruck mit $\iint a(x_Z,y_Z,z_{norm}) dx_Z dy_Z$, dann läßt sich Gleichung 3.41 umschreiben und es tritt wieder die normierte Abtastapertur auf. Im Nenner steht jetzt der gemessene Grauwert $g_M(x_S,y_S)$ nach Gleichung 3.21.

$$z_M(x_S,y_S) = \frac{1}{g_M(x_S,y_S)} \iint_{x_Z y_Z} z(x_Z,y_Z) g(x_Z,y_Z) a_N\left[x_Z-x_S, y_Z-y_S, z(x_Z,y_Z)\right] dx_Z dy_Z \qquad (3.42)$$

Wenn die Tiefe Δz der gesamten Kontur sehr klein wird, dann kann wie in Abschnitt 3.3.1 die Abhängigkeit der Abtastapertur von der Entfernung vernachlässigt werden und man erhält das Verhältnis zweier zweidimensionaler Kreuzkorrelationsfunktionen.

$$z_M(x_S,y_S) = \frac{\int\int_{x_Z y_Z} z(x_Z,y_Z)g(x_Z,y_Z)a_N(x_Z-x_S,y_Z-y_S)dx_Zdy_Z}{\int\int_{x_Z y_Z} g(x_Z,y_Z)a_N(x_Z-x_S,y_Z-y_S)}$$ (3.43)

$$z_M(x_S,y_S) = \frac{1}{g_M(x_S,y_S)} \cdot \int\int_{x_Z y_Z} z(x_Z,y_Z)g(x_Z,y_Z)a_N(x_Z-x_S,y_Z-y_S)dx_Zdy_Z$$ (3.44)

Bei der Simulation läßt sich die Abtastapertur in unterschiedlichen Zielentfernungen durch Berechnung des Produkts aus Sende- und Empfangsleistungsdichte ermitteln. Da die numerische Berechnung nur für endlich viele Zielentfernungen durchgeführt werden kann, müssen Zwischenwerte interpoliert werden.

Für Meßversuche verwendet man die gemessene Abtastapertur. Um sie zu ermitteln, vermißt man die Sende- und die Empfangsflecke in einer Reihe von Zielentfernungen (siehe Abschnitt 2.6.1) und multipliziert die gemessenen Verteilungen elementweise. Die Normierung der hintereinanderliegenden einzelnen Aperturen geschieht unter Verwendung der Meßkurve aus Bild 2.22.

3.4 Fehlerbehandlung

Bisher wurde die systemtheoretische Beschreibung der Konturvermessung unter idealen Bedingungen betrachtet. Reale Meßergebnisse sind im Gegensatz dazu grundsätzlich durch Störungen verfälscht. Auch bei Simulationsrechnungen gibt es Unsicherheiten, z.B. durch Quantisierungseffekte, die bei der numerischen Verarbeitung auf dem Rechner auftreten, selbst wenn keine Modellierungsfehler vorliegen.

Zur vollständigen Beschreibung eines Meßvorgangs gehört daher immer die Betrachtung der auftretenden Meßfehler.

Wie z.B. in /59/, /71/ und /72/ erläutert, können Störungen starken Einfluß auf die Anwendbarkeit der in Kapitel 4 beschriebenen Algorithmen zur Verbesserung der Ergebnisse der Konturvermessung haben.

3.4.1 Deterministische Fehler

Deterministische Fehler treten zum einen in der Meßhardware, zum anderen bei der Modellierung des Sensorsystems auf.

Typische Fehlerursachen in der Meßhardware sind:

— Driften der Bauelementeeigenschaften, z.B. durch Temperatureinflüsse oder Alterung
— Nichtlinearitäten der Bauelemente
— Modenabhängigkeit der Erzeugung des optischen Referenzsignals

Die wesentlichen Modellierungsfehler sind:

— Zu starke Vereinfachung der optischen Abbildung (siehe Abschnitt 2.6.1)
— Zu grob angenäherte Glasfasereigenschaften
— Lineare Näherung bei der Beschreibung der Laufzeitmessung
— Vernachlässigung der Ladungsabhängigkeit des Komparators im CFT
— Fehler bei der Modellierung der Photodiode und des nachgeschalteten Verstärkers

Diese Fehler verursachen Diskrepanzen zwischen dem nach der systemtheoretischen Beschreibung zu erwartenden und dem realen Meßergebnis. Bei den in Kapitel 4 beschriebenen Algorithmen brauchen über die Art der Meßfehler im Prinzip keine speziellen Annahmen getroffen werden. Es können damit auch, zumindest bis zu einem gewissen Grad, Modellierungsfehler, d.h. deterministische Fehler, zugelassen werden. (siehe auch Abschnitt 4.6.5 und 4.6.7).

3.4.2 Statistische Fehler

Statistische Fehler sind grundsätzlich jedem Meßvorgang überlagert, auch wenn keine deterministischen oder systematischen Fehler vorliegen. Im allgemeinen werden diese statistischen Fehler als Rauschen bezeichnet. Man unterscheidet zwischen weißem und farbigem Rauschen. Das idealisierte weiße Rauschen ist durch ein unendlich breites, konstantes Leistungsdichtespektrum gekennzeichnet /73/. Weißes Rauschen stellt ein Signal dar, das weder mit sich selbst, noch mit dem Meßsignal korreliert ist /74/. Farbiges Rauschen ist bandbegrenzt und mit sich selbst korreliert. Die Korrelation bzw. Kovarianz wird durch die Autokorrelations— bzw. Autokovarianzfunktion /74/

beschrieben. Beim weißen Rauschen wird sie zu einem Diracstoß, dessen Fläche der Varianz des Rauschens entspricht.

Die Konturvermessung liefert ein Grauwertbild nach Abschnitt 3.3.1. Dabei tritt das sogenannte Grauwertrauschen $\epsilon_G(x_S,y_S)$ auf, das die statistischen Fehler bei der Messung der Amplitude des Empfangsimpulses erfaßt. Hauptursachen sind die Schwankungen der Form und der zeitlichen Lage des Laserimpulses /25/, das Schrotrauschen der Photodiode /30/ und das thermische Rauschen des Verstärkers /30/. Dazu kommt das Quantisierungsrauschen, das durch die Quantisierung der Empfangsamplitude mit 4 Bit verursacht wird /16/. Durch Mittelung über mehrere Einzelmessungen wird die effektive Quantisierung noch verfeinert. Da der Empfangskanal in Wirklichkeit bandbegrenzt ist, ist das Rauschen streng genommen korreliert. Aufgrund der Unempfindlichkeit der Algorithmen in Kapitel 4 (siehe Abschnitt 4.6.5 und 4.6.7) wird jedoch wie in /22/ vereinfachend additives, unkorreliertes, mittelwertfreies, gaußverteiltes Grauwertrauschen mit der Varianz σ_G^2 angenommen.

Das gestörte Grauwertbild $g_{MR}(x_S,y_S)$ lautet damit:

$$g_{MR}(x_S,y_S) = g_M(x_S,y_S) + \epsilon_G(x_S,y_S) \qquad (3.45)$$

Das Entfernungsrauschen $\epsilon_Z(x_S,y_S)$ entsteht durch die Auswirkungen der oben erwähnten Rauschvorgänge auf die Laufzeitmessung. Dazu kommt das durch die Zeitquantisierung verursachte Quantisierungsrauschen. In /15/ werden die Rauscheinflüsse ausführlicher untersucht und daraufhin der CFT so dimensioniert, daß näherungsweise ein gaußverteilter Zeit- bzw. Entfernungsfehler entsteht. In der vorliegenden Arbeit wird wie in /22/ ortsinvariantes, additiv verknüpftes, mittelwertfreies, weißes Entfernungsrauschen mit der Varianz σ_Z^2 angenommen.

Das gestörte Entfernungsbild $z_{MR}(x_S,y_S)$ lautet:

$$z_{MR}(x_S,y_S) = z_M(x_S,y_S) + \epsilon_Z(x_S,y_S) \qquad (3.46)$$

Bei der Simulation wird gaußverteiltes Rauschen durch mehrfache Überlagerung von mit einem Zufallszahlengenerator erzeugtem gleichverteiltem Rauschen angenähert.

3.5 Simulationsbeispiele

Es werden die Ergebnisse verschiedener Simulationen der Konturvermessung verglichen.

3.5.1 Simulation der Vermessung ebener Konturen

Das ebene Simulationsmodell liefert relativ leicht zu beurteilende graphische Darstellungen. Es werden folgende Fälle miteinander verglichen:

— **Fall 1:** Simulation unter Annahme einer entfernungsabhängigen Abtastapertur.

 Der Verlauf des Zielimpulses wird nach Abschnitt 3.2 unter Annahme einer entfernungsabhängigen Abtastapertur berechnet. Die Laufzeit wird nach Abschnitt 2.3.3, der Grauwert nach Abschnitt 3.3.1 bestimmt.

— **Fall 2:** Simulation unter Annahme einer entfernungsunabhängigen Abtastapertur.

 Im Unterschied zu Fall 1 wird die Abtastapertur bei der mittleren Zielentfernung verwendet.

— **Fall 3:** Simulation unter Annahme einer entfernungsabhängigen Abtastapertur mit linearisierter Bestimmung des Entfernungs— und des Grauwertbildes.

 Die Bestimmung der gemessenen Zielentfernung erfolgt nach Abschnitt 3.3.4, die des Grauwertes nach Abschnitt 3.3.1.

— **Fall 4:** Simulation unter Annahme einer entfernungsunabhängigen Abtastapertur mit linearisierter Bestimmung des Entfernungs— und des Grauwertbildes.

 Im Unterschied zu Fall 3 wird wieder die Abtastapertur bei der mittleren Zielentfernung verwendet.

Die räumliche Abtastung der simulierten Kontur entspricht in allen vier Fällen derjenigen der Lichtflecke bzw. der Abtastapertur. Die gleiche Quantisierung gilt auch für die schrittweise Verschiebung des Sensorkopfs über der Kontur. Die Simulationssoftware erlaubt bei Bedarf jedoch auch eine allgemeinere Formulierung.

Bild 3.5 zeigt die simulierte räumliche Abtastapertur $a_N(x_Z-x_S, y_Z-y_S)$ der in Abschnitt 2.6.1 untersuchten Spiegeloptik in normierter Form bei einer Meßentfernung von 90 cm.

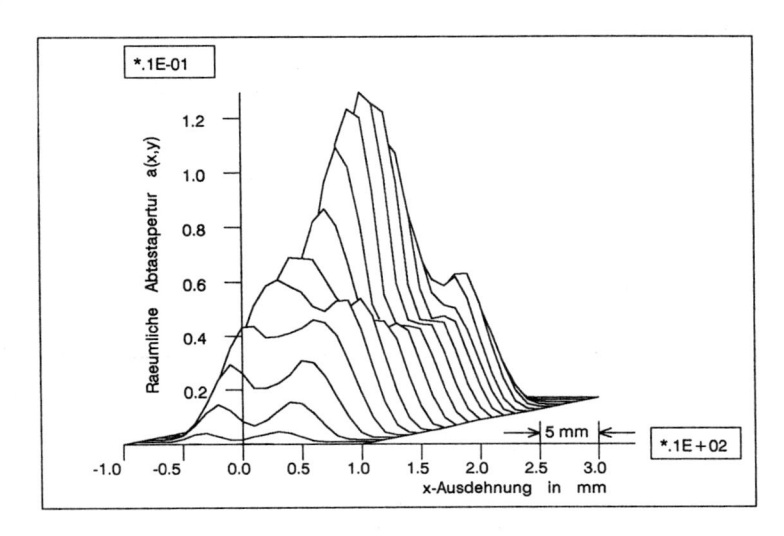

Bild 3.5: Simulierte räumliche Abtastapertur

Bild 3.6 zeigt die in x–Richtung aufintegrierte und normierte ebene Version $a_N(y_Z-y_S)$ der Abtastapertur aus Bild 3.5.

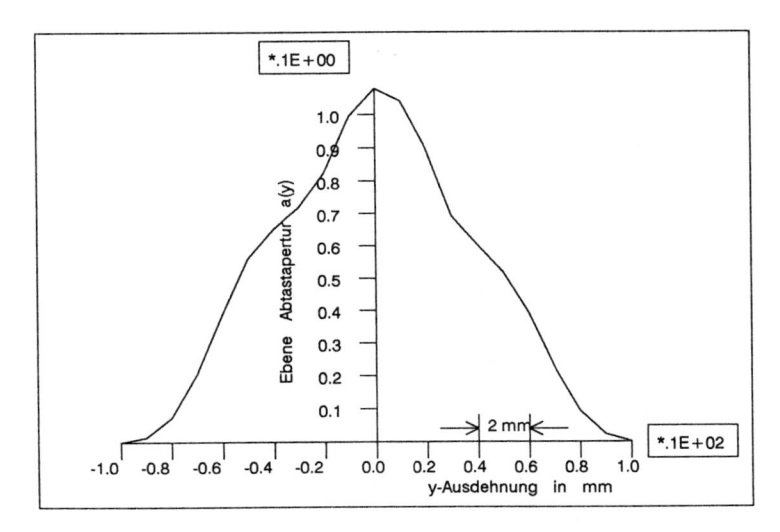

Bild 3.6: Simulierte ebene Abtastapertur

Bild 3.7 zeigt die Form und den Grauwertverlauf der für die Simulation verwendeten ebenen Kontur.

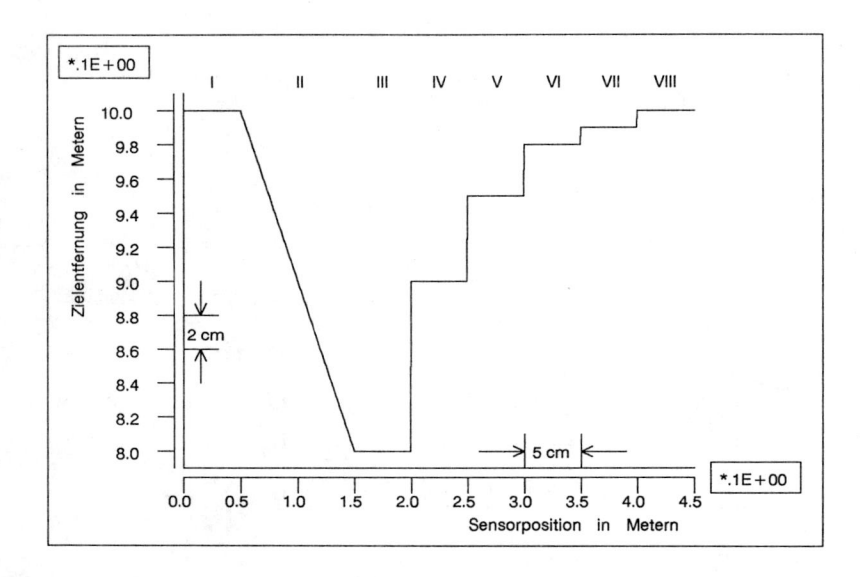

Bild 3.7a: Form der Kontur

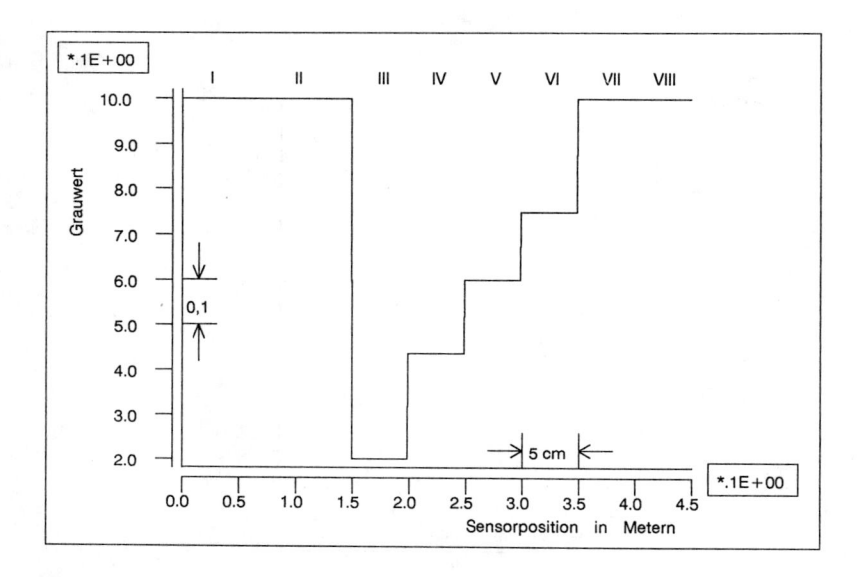

Bild 3.7b: Grauwertverlauf der Kontur

Durch die unterschiedlichen Stufentiefen läßt sich der Gültigkeitsbereich der systemtheoretischen Beschreibung abschätzen. Die Zielentfernung liegt zwischen 80 cm und 1 m. Für die Fälle 1 und 2 findet der in Bild 2.4 dargestellte, am Ende einer 30 m langen Glasfaser gemessene Laserimpuls mit ca. 2 Nanosekunden Anstiegszeit Verwendung.

Um Unterschiede zwischen den einzelnen Simulationsergebnissen besser erkennen zu können, werden jeweils zwei Kurven zusammen in einem Diagramm dargestellt.

1. **Darstellung von Fall 1 zusammen mit Fall 2**

Da in beiden Fällen die Laufzeitbestimmung ohne Linearisierung simuliert wird, lassen sich anhand der Unterschiede die Auswirkungen der Vereinfachung durch Einführung der entfernungsunabhängigen Abtastapertur überprüfen.

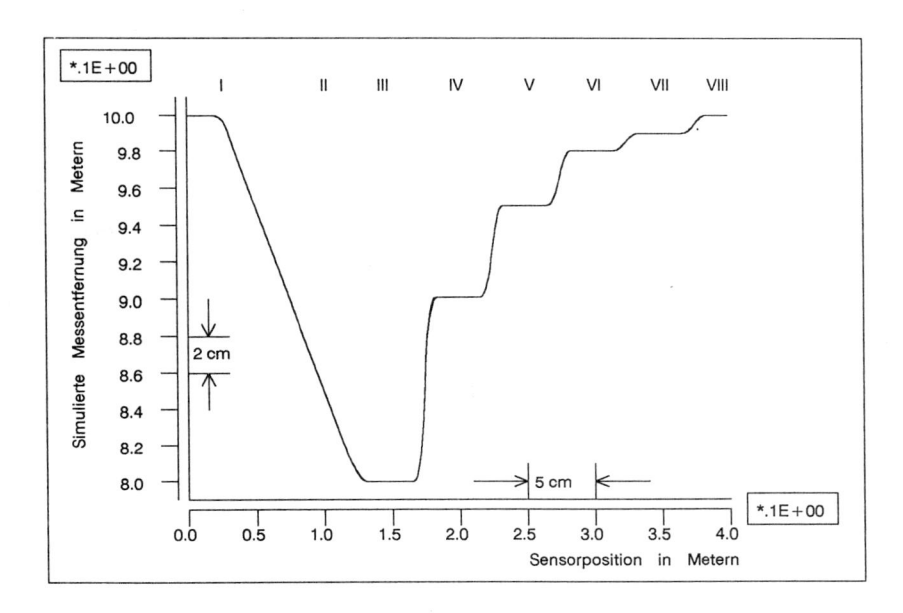

Bild 3.8a: Entfernungsbilder

Die Kurven sind praktisch deckungsgleich. Der Übergang von der entfernungsabhängigen auf die entfernungsunabhängige Abtastapertur wirkt sich also nur unwesentlich auf das resultierende Entfernungsbild aus.

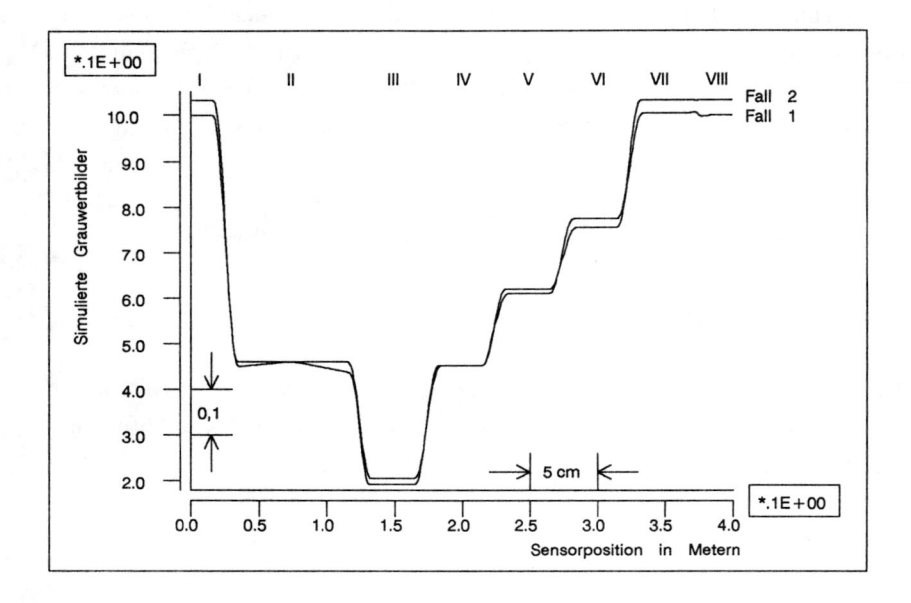

Bild 3.8b: Grauwertbilder

Im Bereich der mittleren Zielentfernung stimmen die beiden Grauwertbilder gut überein. Man erkennt jedoch merkliche Unterschiede bei größeren und kleineren Entfernungen.

Berücksichtigt man, daß die Empfangsleistung bei einer bestimmten Zielentfernung dem Integral über die Abtastapertur proportional ist, so läßt sich die Größenordnung der Abweichungen im Grauwertbild schon aus dem Verlauf der Empfangsleistung über der Meßentfernung in Bild 2.22 ablesen. Diese Kurve kann auch als Korrekturkennlinie dienen. Außerdem lasssen sich mit ihrer Hilfe Entfernungsbereiche finden, in denen die Abweichungen der Grauwertbilder minimal werden.

2. Darstellung von Fall 1 zusammen mit Fall 3

In beiden Fällen wird die entfernungsabhängige Abtastapertur verwendet. Im Gegensatz zu Fall 1 wird in Fall 3 die Laufzeit– und die Amplitudenmessung linearisiert. An den Unterschieden zwischen den Simulationsergebnissen lassen sich daher die Auswirkungen der Linearisierung ablesen.

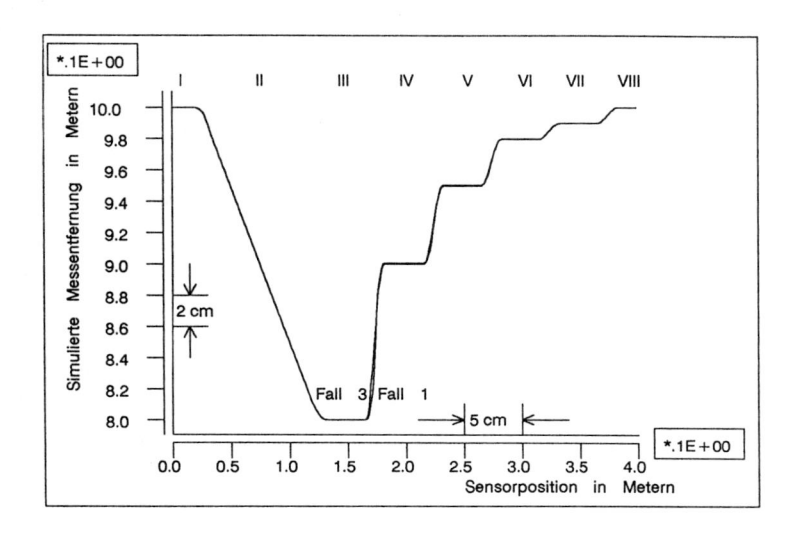

Bild 3.9a: Entfernungsbilder

Die an Kontursprüngen entstehenden verschliffenen Flanken unterscheiden sich geringfügig, wobei die Unterschiede mit steigender Stufentiefe deutlicher werden.

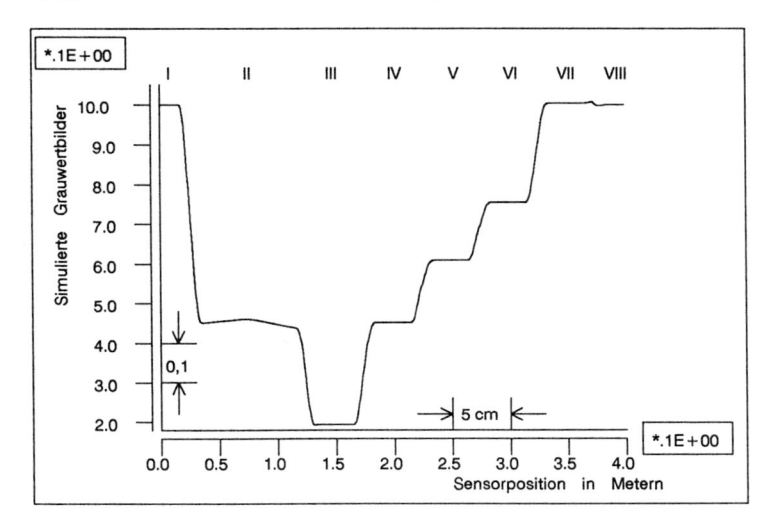

Bild 3.9b: Grauwertbilder

Aufgrund des relativ breiten Maximums des verwendeten Laserimpulses wird das resultierende Grauwertbild durch die Linearisierung praktisch nicht beeinflußt.

3. Darstellung von Fall 3 zusammen mit Fall 4

Im Unterschied zu 1. wird jetzt die Amplituden- und die Laufzeitmessung linearisiert. Die entfernungsunabhängige Abtastapertur hat die gleiche Auswirkung wie in 1..

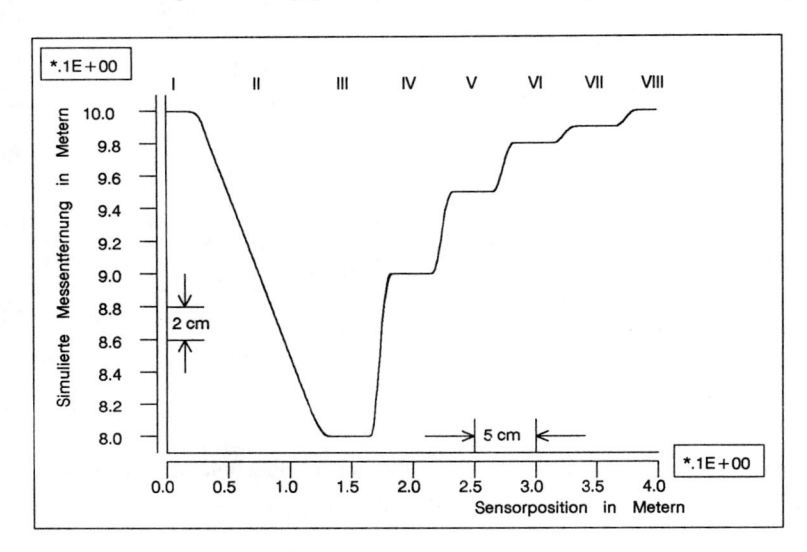

Bild 3.10a: Entfernungsbilder

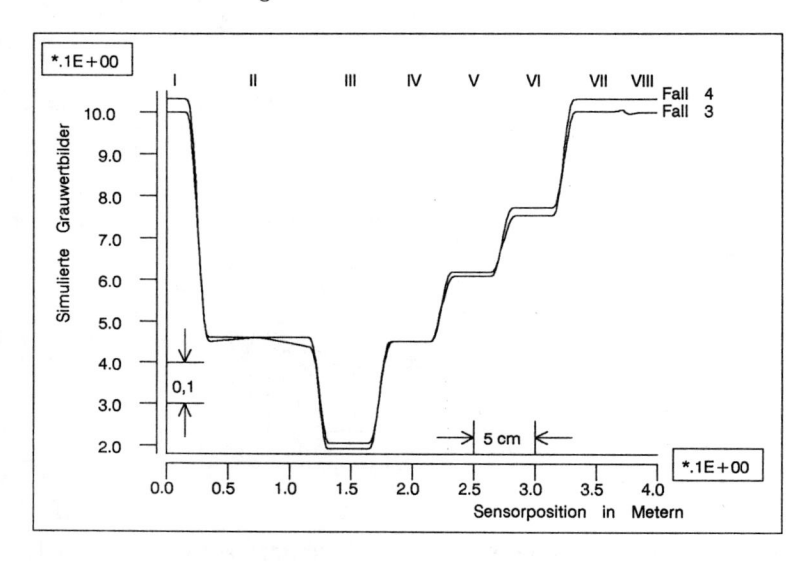

Bild 3.10b: Grauwertbilder

4. Darstellung von Fall 2 zusammen mit Fall 4

Im Unterschied zu 2. wird die entfernungsunabhängige Abtastapertur verwendet. Die Linearisierung der Amplituden– und der Laufzeitmessung wirkt sich genauso aus wie in 2.

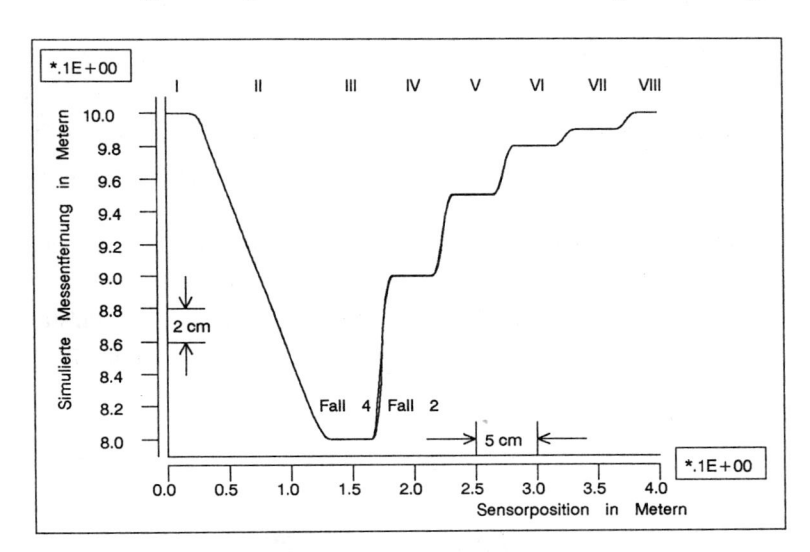

Bild 3.11a: Entfernungsbilder

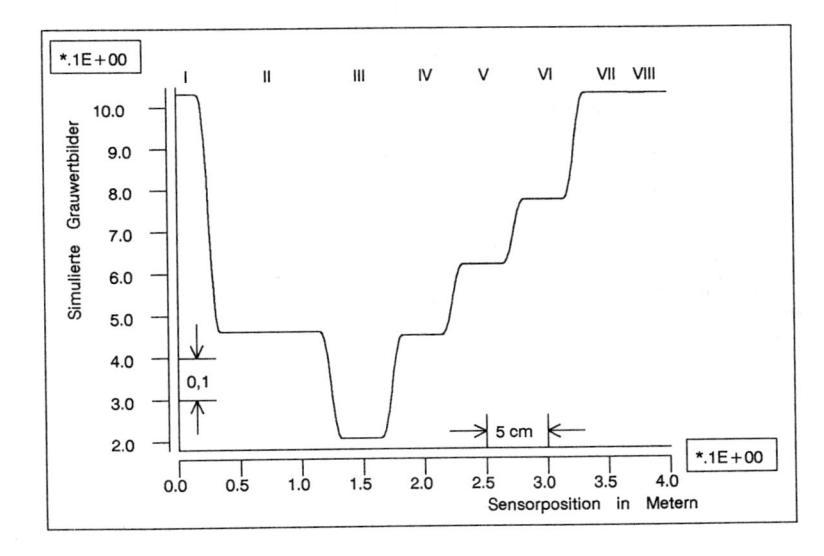

Bild 3.11b: Grauwertbilder

3.5.2 Simulation der Vermessung räumlicher Konturen

Nun wird zum Vergleich eine räumliche Simulation durchgeführt, die den 4 Fällen in Abschnitt 3.5.1 entspricht.

Die Entfernungs- und Grauwertbestimmung erfolgt jeweils wie in Abschnitt 3.5.1. Aufgrund der besseren Anschaulichkeit werden anstelle der Entfernungsverläufe $z(x_Z,y_Z)$ und $z_M(x_S,y_S)$ die Verläufe $1\,m - z(x_Z,y_Z)$ und $1\,m - z_M(x_S,y_S)$, anstelle der Grauwertverläufe $g(x_Z,y_Z)$ und $g_M(x_S,y_S)$ die Verläufe $1 - g(x_Z,y_Z)$ und $1 - g_M(x_S,y_S)$ dargestellt.

Um einen direkten Vergleich zu ermöglichen, werden jeweils die vier Simulationsergebnisse, der Originalverlauf und die simulierte Abtastapertur in einem Diagramm zusammengefaßt. Die Abmessungen der verschiedenen Signalverläufe stimmen im Maßstab überein. Man erhält daher einen guten Eindruck vom Grad der Signalverfälschung durch die Abtastapertur.

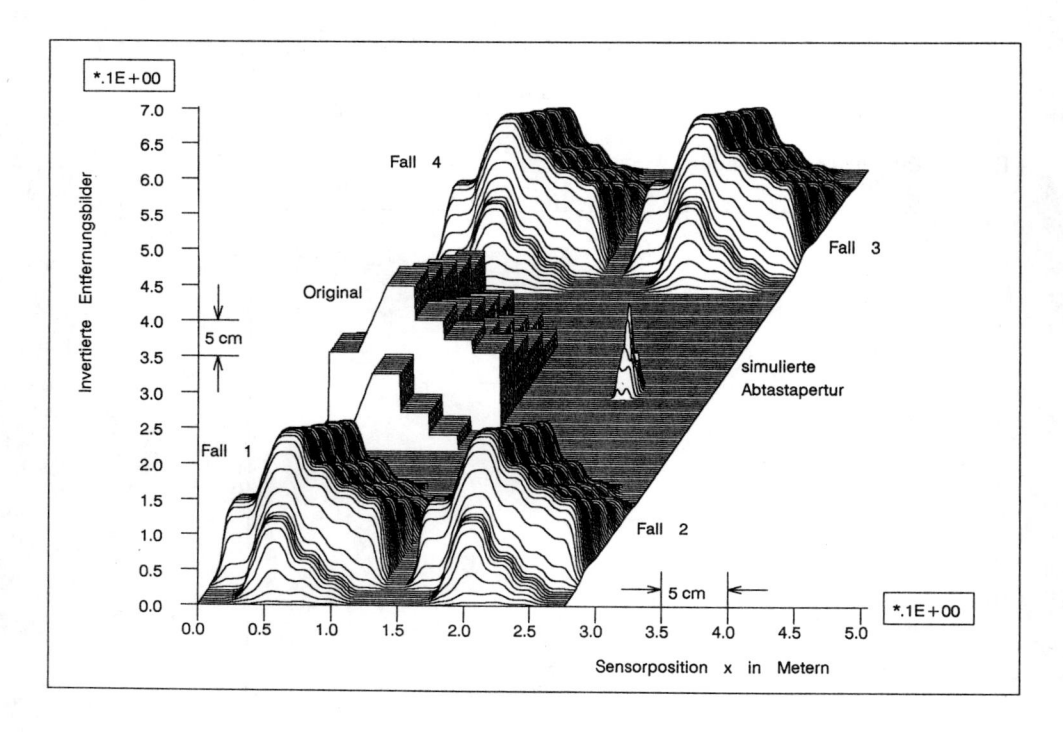

Bild 3.12a: Simulation der Entfernungsmessung

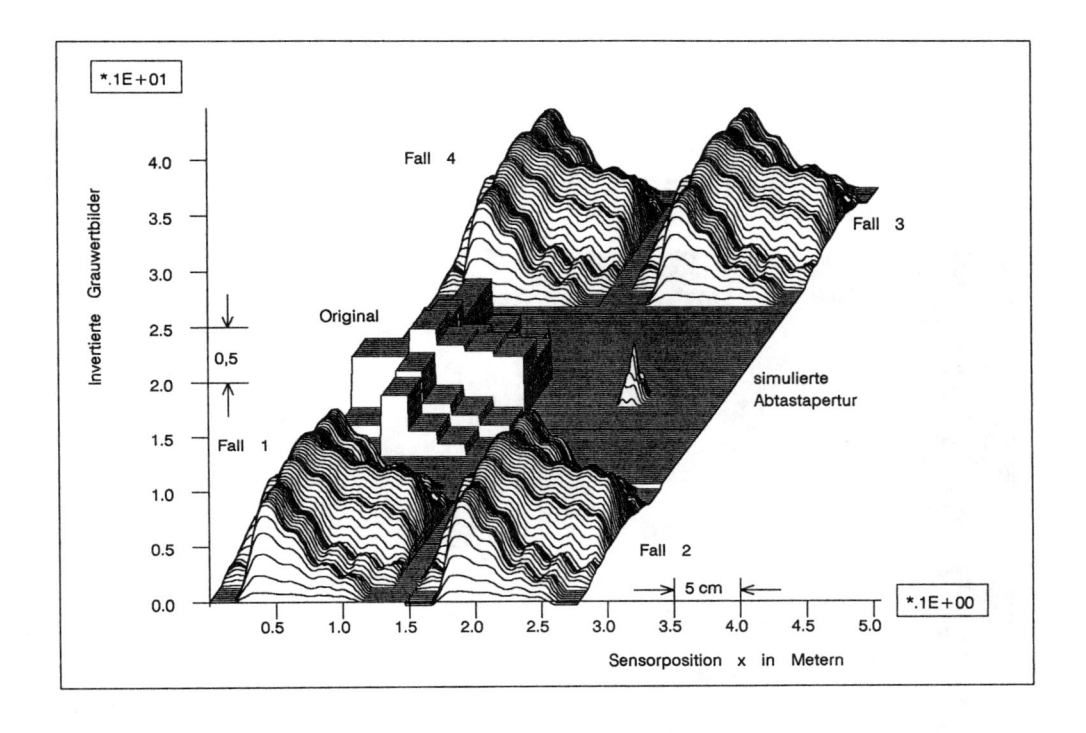

Bild 3.12b: Simulation der Grauwertmessung

Man erkennt, daß die verschiedenen Simulationsergebnisse sich nur wenig voneinander unterscheiden. Trotz der relativ großen Konturtiefe von 20 cm sind im vorliegenden Fall also auch die einfacheren Modellierungsarten zur Simulation der 3D–Konturvermessung gut geeignet.

Bei einer allgemeinen Anwendung ist jeweils vorher der Gültigkeitsbereich der entfernungsunabhängigen Abtastapertur und der Linearisierung der Amplituden– bzw. der Laufzeitmessung abzuschätzen.

3.6 Meßbeispiel

Um den Zeit— und Speicherplatzaufwand in Grenzen zu halten sowie aufgrund der übersichtlicheren graphischen Darstellung wurden die Testmessungen für den ebenen Fall durchgeführt. Die Ausdehnung der Kontur in x—Richtung beträgt 10 cm. Das ist ausreichend für die komplette Ausdehnung der Abtastapertur. Form und Grauwertverlauf der Kontur entsprechen denen in Bild 3.7a,b. Die Zielentfernung liegt wie bei der Simulation zwischen 80 cm und 1 m.

Bild 3.13 zeigt in einer photographischen Aufnahme den Meßaufbau, bestehend aus Sensorkopf, Scanvorrichtung und Kontur. Die Oberfläche ist mit matter weißer Farbe gestrichen, die in guter Näherung einen Lambertstrahler realisiert. Die Graustufen wurden durch Abtönen mit beigemischter schwarzer Farbe erzeugt.

Bild 3.13: Meßaufbau zur Durchführung der Konturvermessung

Bild 3.14 zeigt die normierte gemessene räumliche Abtastapertur $a_N(x_Z-x_S, y_Z-y_S)$ der in Abschnitt 2.6.1 untersuchten Spiegeloptik bei einer Meßentfernung von 90 cm.

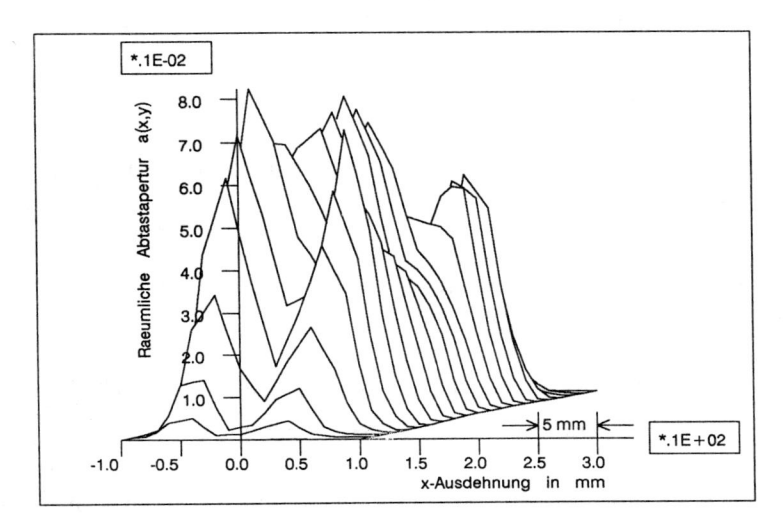

Bild 3.14: Gemessene räumliche Abtastapertur

Bild 3.15 zeigt die in x–Richtung aufintegrierte und normierte ebene Version $a_N(y_Z-y_S)$ der Abtastapertur aus Bild 3.14.

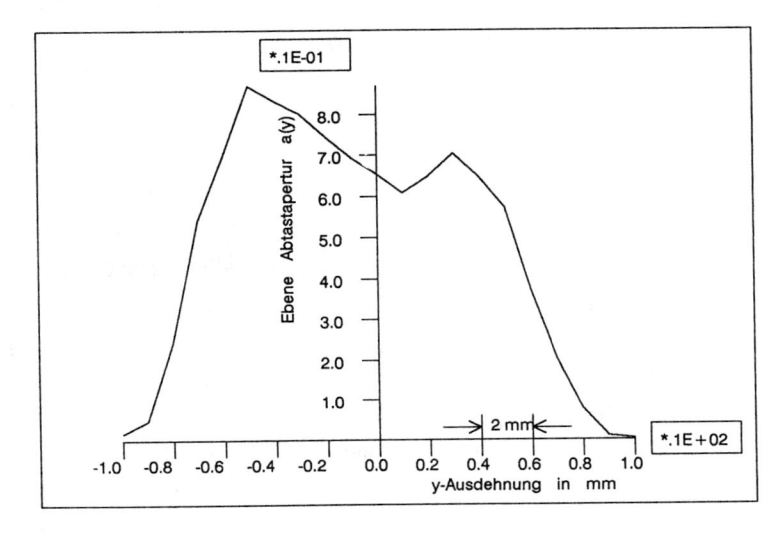

Bild 3.15: Gemessene ebene Abtastapertur

Die Amplitudenregelung des Zielimpulses wurde ausgeschaltet und die Dämpfungsscheibe von Hand auf einen festen Wert eingestellt, so daß der Dynamikbereich des CFT nicht überschritten wurde. Es werden folgende Signale verglichen:

— **Fall 1:**   Ergebnis der Konturvermessung.

— **Fall 2:**   Simulation unter Berücksichtigung der gemessenen, entfernungsabhängigen Abtastapertur.

— **Fall 3:**   Simulation unter Berücksichtigung der gemessenen, entfernungsunabhängigen Abtastapertur bei der mittleren Zielentfernung.

— **Fall 4:**   Simulation unter Berücksichtigung der gemessenen, entfernungsabhängigen Abtastapertur mit linearisierter Entfernungs— und Grauwertmessung.

— **Fall 5:**   Simulation unter Berücksichtigung der gemessenen, entfernungsunabhängigen Abtastapertur bei der mittleren Zielentfernung mit linearisierter Entfernungs— und Grauwertmessung.

Um Unterschiede zwischen dem Meßergebnis und den verschiedenen Simulationsergebnissen besser erkennen zu können, wird jeweils das Meßergebnis zusammen mit einem der Fälle 2 bis 5 dargestellt. Die Fälle 2 bis 5 entsprechen den Fällen 1 bis 4 in Abschnitt 3.5.1; es werden jedoch die gemessenen Abtastaperturen verwendet.

Man erkennt, daß die Ergebnisse der Grauwertmessung insgesamt recht gut mit den verschiedenen Simulationsergebnissen übereinstimmen. Die Abweichungen zwischen Messung und Simulation liegen in der gleichen Größenordnung wie die Abweichungen zwischen den verschiedenen Simulationsarten.

Bei der Entfernungsmessung tritt in einem Abstand von ca. 95 cm von der Optik ein Meßfehler von etwa 3 mm auf. Da er sowohl bei der Schrägen als auch bei der Stufe in dieser Entfernung auftritt, kann er weder in der Verzerrung der Abtastapertur durch die Schräge, noch in der linearen Interpolation zwischen den bei 80 cm, 90 cm und bei 1 m gemessenen Abtastaperturen begründet liegen. Vermutlich tritt an dieser Stelle ein Fehler in der Sensorelektronik auf.

1. **Darstellung von Fall 1 zusammen mit Fall 2**

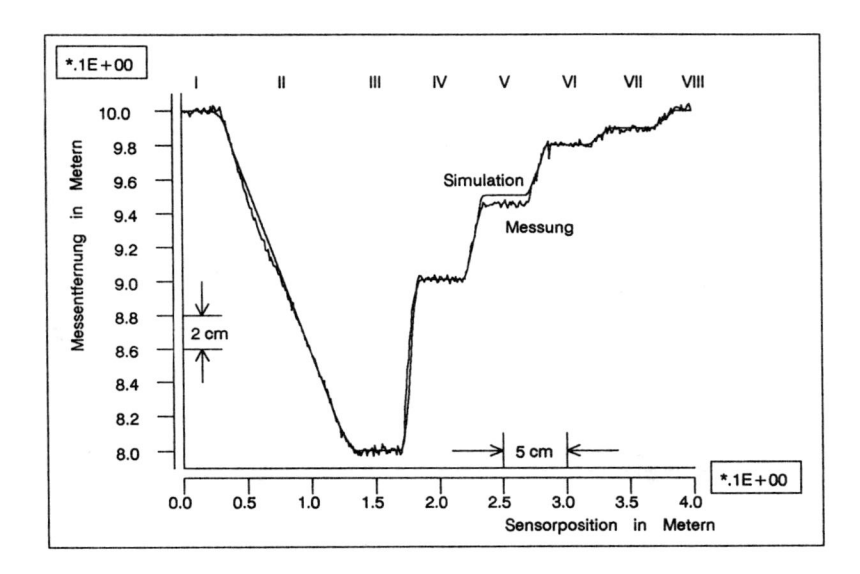

Bild 3.16a: Entfernungsbilder

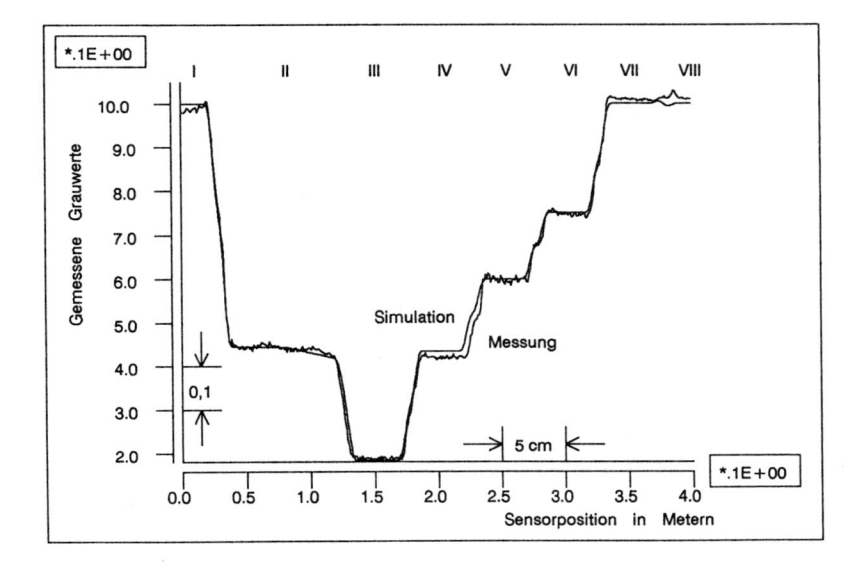

Bild 3.16b: Grauwertbilder

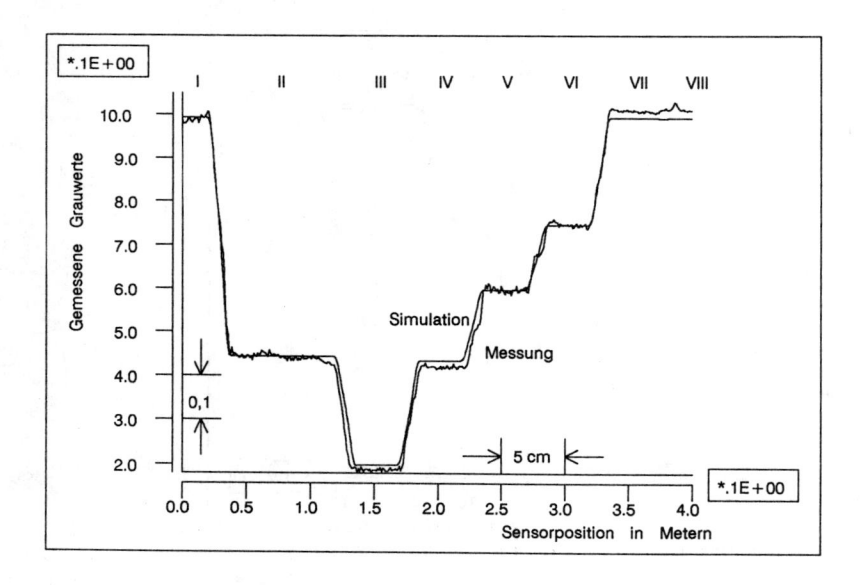

2. Darstellung von Fall 1 zusammen mit Fall 3

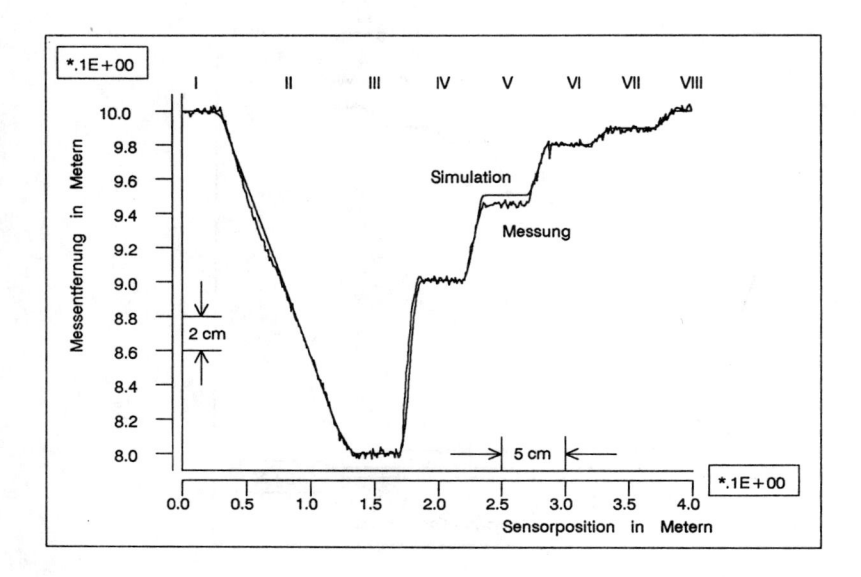

Bild 3.17a: Entfernungsbilder

Bild 3.17b: Grauwertbilder

3. Darstellung von Fall 1 zusammen mit Fall 4

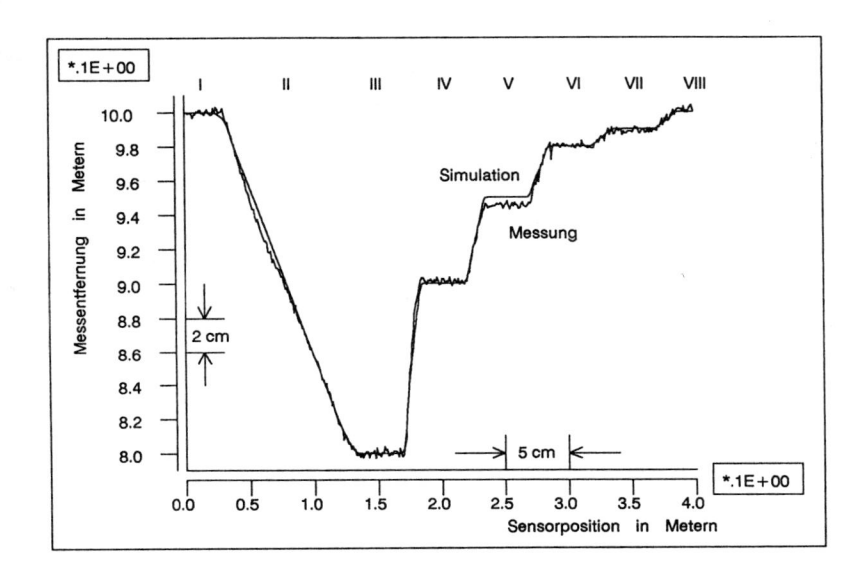

Bild 3.18a: Entfernungsbilder

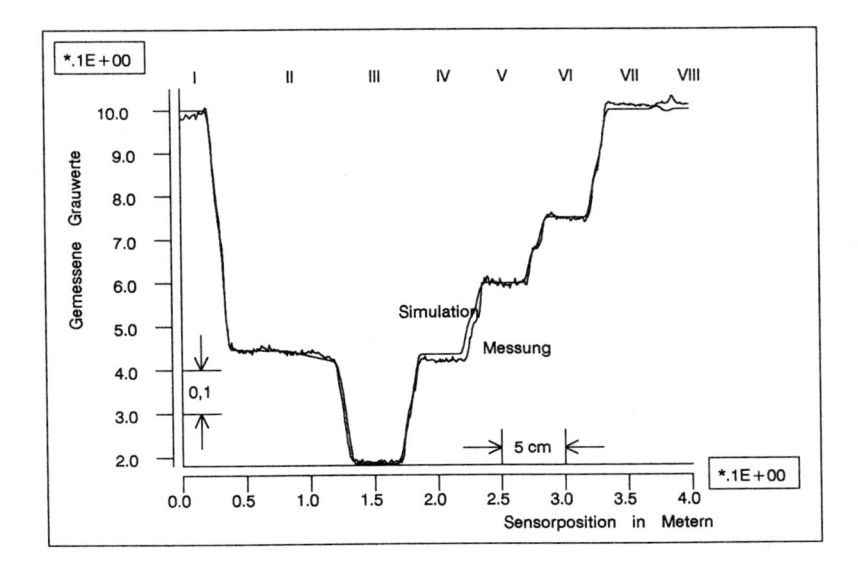

Bild 3.18b: Grauwertbilder

4. Darstellung von Fall 1 zusammen mit Fall 5

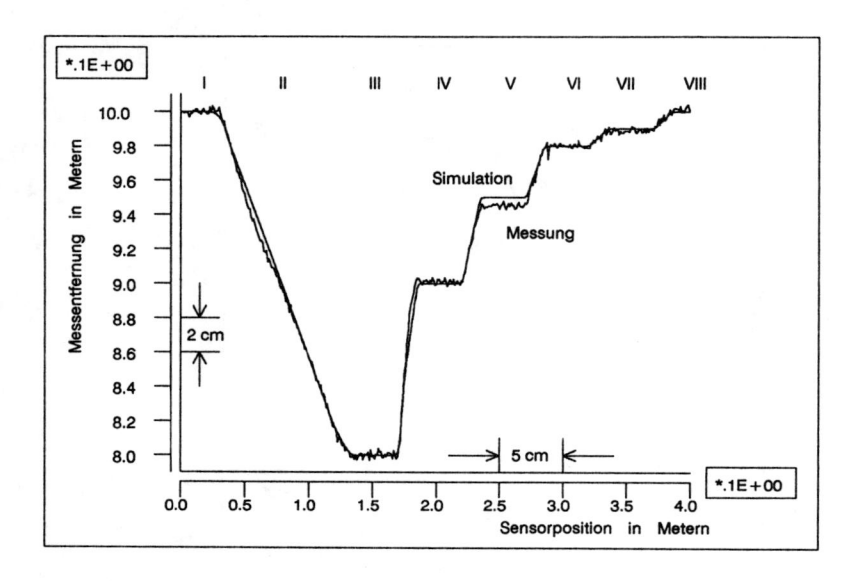

Bild 3.19a: Entfernungsbilder

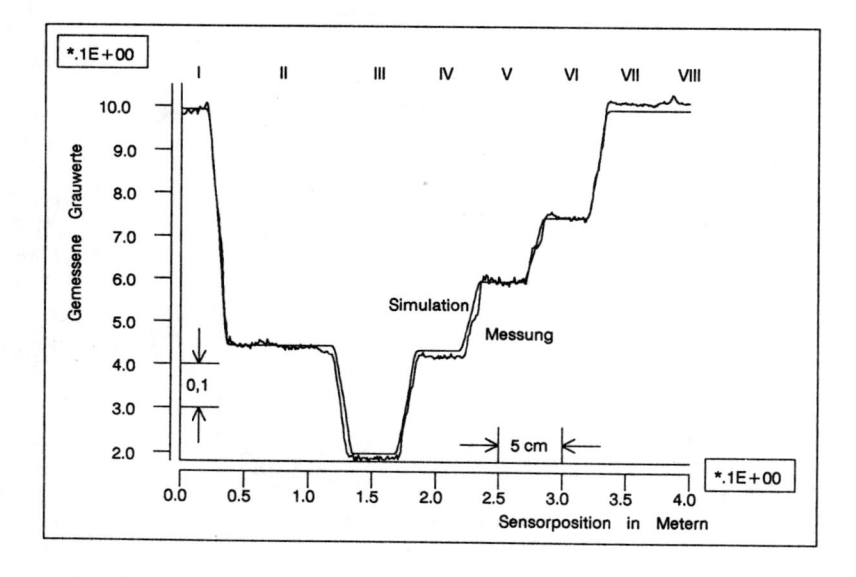

Bild 3.19b: Grauwertbilder

3.7 Systemtheoretische Beschreibung weiterer Sensorsysteme

Neben dem bisher erläuterten Pulslaufzeitverfahren existiert noch eine Vielzahl anderer Verfahren zur Konturvermessung mit Laufzeitsensoren, von denen hier nur einige Beispiele aufgeführt werden können.

- Schwerpunktlaufzeitverfahren /21/,
- CW-Verfahren mit Sinusmodulation /13/,
- CW-Verfahren mit Pseudo-Noise-Modulation /75/,
- Korrelationsverfahren (matched filter) /76/,
- Maximum-Likelihood-Verfahren /77/,
- Maximum-Entropie-Verfahren /78/.

Als einfache Beispiele werden im folgenden das Schwerpunktlaufzeit-Verfahren und das CW-Verfahren mit Sinusmodulation mit Hilfe der Abtastapertur systemtheoretisch beschrieben.

3.7.1 Abstandssensor mit Schwerpunktlaufzeitbestimmung

In /21/ wird als Möglichkeit zur Bestimmung des Eintreffzeitpunktes des Zielimpulses unter anderem die Detektion des zeitlichen Schwerpunktes des Impulses, auch "Pulse Centroid"-Verfahren genannt, vorgeschlagen.

Das Grauwertbild $g_M(x_S, y_S)$ kann aus der Fläche A_E des Zielimpulses gewonnen werden.

$$A_E = \int_{-\infty}^{\infty} u_{EZ}(t)dt \qquad (3.47)$$

Mit dem Zielsignal $u_{EZ}(x_S, y_S, t)$ aus Gleichung 3.12 folgt:

$$A_E = \int_{-\infty}^{\infty} P_S(t) * h_M(x_S, y_S, t) * h_{FZ}(t) * h_{PE}(t)dt \qquad (3.48)$$

In /79/ wird gezeigt, daß die Fläche des Faltungsprodukts zweier Funktionen dem Produkt der Flächen der beiden Funktionen entspricht. Somit gilt:

$$A_E = A_{ES} \cdot A_{EF} \cdot A_{EP} \cdot A_{EM}(x_S, y_S) \qquad (3.49)$$

A_{ES}, A_{EF} und A_{EP} hängen nicht von der Meßstrecke ab. Die Fläche $A_{EM}(x_S,y_S)$ der zeitlichen Stoßantwort $h_M(x_S,y_S,t)$ der Meßstrecke lautet:

$$A_{EM}(x_S,y_S) = \int_{-\infty}^{\infty} h_M(x_S,y_S,t)dt \qquad (3.50)$$

Setzt man $h_M(x_S,y_S,t)$ aus Gleichung 3.11 in 3.50 ein, so ergibt sich:

$$A_{EM}(x_S,y_S) =$$

$$\int_{-\infty}^{\infty}\int\int_{x_Z y_Z} g(x_Z,y_Z)a\left[x_Z-x_S,y_Z-y_S,z(x_Z,y_Z)\right]\delta\left[t - \frac{2z(x_Z,y_Z)}{c_0} - t_{LZ}\right]dx_Z dy_Z dt \qquad (3.51)$$

Mit der Verschiebungseigenschaft des Diracstoßes gilt:

$$A_{EM}(x_S,y_S) = \int\int_{x_Z y_Z} g(x_Z,y_Z)a\left[x_Z-x_S,y_Z-y_S,z(x_Z,y_Z)\right]dx_Z dy_Z \qquad (3.52)$$

Dieser Ausdruck ist dem gemessenen Grauwert nach Gleichung 3.20 direkt proportional.

Die Zielentfernung läßt sich aus dem zeitlichen Schwerpunkt t_S des Verlaufs $u_{EZ}(t)$ des Zielimpulses ermitteln.

$$t_S = \frac{\int_{-\infty}^{\infty} t \cdot u_{EZ}(t)dt}{\int_{-\infty}^{\infty} u_{EZ}(t)dt} \qquad (3.53)$$

Es wird das Zielsignal $u_{EZ}(x_S,y_S,t)$ aus Gleichung 3.12 eingesetzt.

$$t_S = \frac{\int_{-\infty}^{\infty} t \cdot P_S(t) * h_M(x_S,y_S,t) * h_{FZ}(t) * h_{PE}(t)dt}{\int_{-\infty}^{\infty} P_S(t) * h_M(x_S,y_S,t) * h_{FZ}(t) * h_{PE}(t)dt} \qquad (3.54)$$

Ebenfalls in /79/ wird gezeigt, daß der zeitliche Schwerpunkt des Faltungsproduktes zweier Funktionen der Summe der zeitlichen Schwerpunkte der beiden einzelnen Funktionen entspricht. Damit erhält man:

$$t_S = t_{SS} + t_{SF} + t_{SP} + t_{SM}(x_S, y_S) \tag{3.55}$$

t_{SS}, t_{SF} und t_{SP} sind konstante Beiträge, die nicht von der Meßstrecke abhängen. Der Schwerpunkt $t_{SM}(x_S, y_S)$ der zeitlichen Stoßantwort $h_M(x_S, y_S, t)$ der Meßstrecke lautet:

$$t_{SM}(x_S, y_S) = \frac{\int_{-\infty}^{\infty} t \cdot h_M(x_S, y_S, t) \, dt}{\int_{-\infty}^{\infty} h_M(x_S, y_S, t) \, dt} \tag{3.56}$$

Setzt man $h_M(x_S, y_S, t)$ aus Gleichung 3.11 in 3.56 ein, so ergibt sich:

$$t_{SM}(x_S, y_S) =$$

$$\frac{\int_{-\infty}^{\infty} \iint_{x_Z y_Z} t \cdot g(x_Z, y_Z) a\left[x_Z - x_S, y_Z - y_S, z(x_Z, y_Z)\right] \delta\left[t - \frac{2z(x_Z, y_Z)}{c_0} - t_{LZ}\right] dx_Z dy_Z dt}{\int_{-\infty}^{\infty} \iint_{x_Z y_Z} g(x_Z, y_Z) a\left[x_Z - x_S, y_Z - y_S, z(x_Z, y_Z)\right] \delta\left[t - \frac{2z(x_Z, y_Z)}{c_0} - t_{LZ}\right] dx_Z dy_Z dt} \tag{3.57}$$

Mit der Ausblendeigenschaft des Diracstoßes vereinfacht sich dieser Ausdruck zu:

$$t_{SM}(x_S, y_S) =$$

$$\frac{\iint_{x_Z y_Z} \left[\frac{2z(x_Z, y_Z)}{c_0} + t_{LZ}\right] g(x_Z, y_Z) a\left[x_Z - x_S, y_Z - y_S, z(x_Z, y_Z)\right] dx_Z dy_Z}{\iint_{x_Z y_Z} g(x_Z, y_Z) a\left[x_Z - x_S, y_Z - y_S, z(x_Z, y_Z)\right] dx_Z dy_Z} \tag{3.58}$$

Das Integral im Zähler läßt sich in zwei Summanden aufspalten und die konstante Offsetlaufzeit t_{LZ} vor das Integral ziehen.

$$t_{SM}(x_S,y_S) = t_{LZ} + \frac{2}{c_0} \cdot \frac{\iint\limits_{x_Z y_Z} z(x_Z,y_Z) g(x_Z,y_Z) a\left[x_Z-x_S, y_Z-y_S, z(x_Z,y_Z)\right] dx_Z dy_Z}{\iint\limits_{x_Z y_Z} g(x_Z,y_Z) a\left[x_Z-x_S, y_Z-y_S, z(x_Z,y_Z)\right] dx_Z dy_Z} \qquad (3.59)$$

Der zweite Summand ist proportional zur gemessenen Entfernung nach Gleichung 3.41.

$$t_{SM}(x_S,y_S) = t_{LZ} + \frac{2}{c_0} \cdot z_M(x_S,y_S) \qquad (3.60)$$

Die Behandlung zusätzlicher konstanter Laufzeiten und die Berücksichtigung der Referenzmessung erfolgt wie in Abschnitt 3.3.4. Das gleiche gilt für die Spezialfälle.

Bei der Laserentfernungsmessung nach dem Pulse Centroid Verfahren entfällt sowohl für das Entfernungs– als auch für das Grauwertbild die in Abschnitt 3.3 angegebene Begrenzung auf nicht zu tiefe Konturen.

Problematisch ist die hardwaremäßige Realisierung des Verfahrens. Eine Alternative dazu wurde in /80/ untersucht. Dabei wurde der Zeitverlauf des Ziel– und des Referenzimpulses mit einem Samplingoszilloskop abgetastet, digitalisiert und in den Rechner eingelesen. Die Flächen– und Schwerpunktbestimmung erfolgte dann per Software. Für nicht zeitkritische Anwendungen ist dieses Verfahren gut brauchbar. Eine ähnliche Variante eines Laserradars ist in /81/ zu finden.

3.7.2   Abstandssensor nach dem Phasenvergleichsverfahren

Wird der Laser anstatt mit Impulsen mit einem sinusförmigen Signal der Frequenz f_0 moduliert, so läßt sich die Laufzeit bzw. die Entfernung aus der Phasenverschiebung zwischen dem Sende– und dem Empfangssignal bestimmen. Man erhält das sogenannte CW (continuous wave) Verfahren mit Sinusmodulation /13/, /21/, /82/.

Es wird das Signal $P_S(t) = P_0 \cdot \cos(2\pi f_0 t)$ gesendet. Der Beitrag $dP_E(x_Z,y_Z,x_S,y_S,t)$ vom Flächenelement $dA_Z = dx_Z dy_Z$ an der Stelle $z(x_Z,y_Z)$ zum Empfangssignal $P_E(x_S,y_S,t)$ kann durch Faltung des Sendesignals mit der Stoßantwort des Konturelements nach Gleichung 3.10 berechnet werden. Zusatzlaufzeiten werden der Einfachheit halber weggelassen, da sie keinen Einfluß auf das Meßprinzip haben.

$$dP_E(x_Z,y_Z,x_S,y_S,t) = P_S(t) * dh_M(x_Z,y_Z,x_S,y_S,t) \qquad (3.61)$$

$$dP_E(x_Z,y_Z,x_S,y_S,t) =$$

$$P_0 \cdot g(x_Z,y_Z) a\left[x_Z-x_S, y_Z-y_S, z(x_Z,y_Z)\right] \cos\left[2\pi f_0\left(t - \frac{2z(x_Z,y_Z)}{c_0}\right)\right] dx_Z dy_Z \qquad (3.62)$$

Das gesamte Empfangssignal $P_E(x_S,y_S,t)$ ergibt sich durch Integration über die Kontur.

$$P_E(x_S,y_S,t) =$$

$$P_0 \cdot \iint_{x_Z y_Z} g(x_Z,y_Z) a\left[x_Z-x_S, y_Z-y_S, z(x_Z,y_Z)\right] \cos\left[2\pi f_0\left(t - \frac{2z(x_Z,y_Z)}{c_0}\right)\right] dx_Z dy_Z \qquad (3.63)$$

Unter Verwendung von z.B. in /44/ nachzulesenden Additionstheoremen kann man Gleichung 3.63 umformen.

$$P_E(x_S,y_S,t) =$$

$$P_0 \cdot \iint_{x_Z y_Z} g(x_Z,y_Z) a\left[x_Z-x_S, y_Z-y_S, z(x_Z,y_Z)\right] \cos\left[2\pi f_0 \frac{2z(x_Z,y_Z)}{c_0}\right] \cos(2\pi f_0 t) dx_Z dy_Z +$$

$$P_0 \cdot \iint_{x_Z y_Z} g(x_Z,y_Z) a\left[x_Z-x_S, y_Z-y_S, z(x_Z,y_Z)\right] \sin\left[2\pi f_0 \frac{2z(x_Z,y_Z)}{c_0}\right] \sin(2\pi f_0 t) dx_Z dy_Z \qquad (3.64)$$

Zieht man die von der Meßstrecke unabhängigen Terme aus den Integralen heraus, so erhält man folgenden Ausdruck:

$$P_E(x_S,y_S,t) = a_S \cdot \cos(2\pi f_0 t) + b_S \cdot \sin(2\pi f_0 t) \qquad (3.65)$$

mit den Abkürzungen:

$$a_S = P_0 \cdot \iint_{x_Z y_Z} g(x_Z,y_Z) a\left[x_Z-x_S, y_Z-y_S, z(x_Z,y_Z)\right] \cos\left[2\pi f_0 \frac{2z(x_Z,y_Z)}{c_0}\right] dx_Z dy_Z$$

$$b_S = P_0 \cdot \iint_{x_Z y_Z} g(x_Z,y_Z) a\left[x_Z-x_S, y_Z-y_S, z(x_Z,y_Z)\right] \sin\left[2\pi f_0 \frac{2z(x_Z,y_Z)}{c_0}\right] dx_Z dy_Z$$

Gleichung 3.65 wird nun in die Cosinusform umgeformt:

$$P_E(x_S,y_S,t) = d_S \cdot \cos(2\pi f_0 t - \varphi_S) \qquad (3.66)$$

mit: $\quad d_S = \sqrt{a_S^2 + b_S^2} \quad$ und $\quad \varphi_S = \arctan\left[\frac{b_S}{a_S}\right]$

Die resultierende Phasenverschiebung φ_S zwischen Sende- und Empfangssignal lautet:

$$\varphi_S = \arctan \frac{\iint_{x_Z y_Z} g(x_Z,y_Z) a\left[x_Z-x_S, y_Z-y_S, z(x_Z,y_Z)\right] \sin\left[2\pi f_0 \frac{2z(x_Z,y_Z)}{c_0}\right] dx_Z dy_Z}{\iint_{x_Z y_Z} g(x_Z,y_Z) a\left[x_Z-x_S, y_Z-y_S, z(x_Z,y_Z)\right] \cos\left[2\pi f_0 \frac{2z(x_Z,y_Z)}{c_0}\right] dx_Z dy_Z} \qquad (3.67)$$

Für die trigonometrischen Funktionen werden die bekannten Näherungen für kleine Argumente benutzt.

$$\sin x \simeq x \quad \text{für } x \ll 1$$
$$\cos x \simeq 1 \quad \text{für } x \ll 1$$
$$\arctan x \simeq x \quad \text{für } x \ll 1$$

Diese Näherungen können eingeführt werden, da beim CW-Verfahren im allgemeinen PLL's als Phasendetektoren benutzt werden und damit im eingeschwungenen Zustand automatisch kleine Argumente der trigonometrischen Funktionen vorliegen.

Mit den Näherungen ergibt sich für die Phasenverschiebung:

$$\varphi_S \simeq \frac{4\pi f_0}{c_0} \cdot \frac{\iint\limits_{x_Z y_Z} z(x_Z,y_Z) g(x_Z,y_Z) a\left[x_Z-x_S, y_Z-y_S, z(x_Z,y_Z)\right] dx_Z dy_Z}{\iint\limits_{x_Z y_Z} g(x_Z,y_Z) a\left[x_Z-x_S, y_Z-y_S, z(x_Z,y_Z)\right] dx_Z dy_Z} \qquad (3.68)$$

Dieser Ausdruck ist proportional zur gemessenen Zielentfernung nach Gleichung 3.41.

$$\varphi_S \simeq \frac{4\pi f_0}{c_0} \cdot z_M(x_S,y_S) \qquad (3.69)$$

Das Grauwertbild $g_M(x_Z,y_Z)$ kann aus der Amplitude d_S des Empfangssignals nach Gleichung 3.66 gewonnen werden.

$$d_S = P_0 \cdot \left[\left[\iint\limits_{x_Z y_Z} g(x_Z,y_Z) a\left[x_Z-x_S, y_Z-y_S, z(x_Z,y_Z)\right] \cos\left[2\pi f_0 \frac{2z(x_Z,y_Z)}{c_0}\right] dx_Z dy_Z \right]^2 \right.$$

$$\left. + \left[\iint\limits_{x_Z y_Z} g(x_Z,y_Z) a\left[x_Z-x_S, y_Z-y_S, z(x_Z,y_Z)\right] \sin\left[2\pi f_0 \frac{2z(x_Z,y_Z)}{c_0}\right] dx_Z dy_Z \right]^2 \right]^{\frac{1}{2}} \qquad (3.70)$$

Mit den Näherungen für die trigonometrischen Funktionen ergibt sich:

$$d_S \simeq P_0 \cdot \left[\left[\iint\limits_{x_Z y_Z} g(x_Z,y_Z) a\left[x_Z-x_S, y_Z-y_S, z(x_Z,y_Z)\right] dx_Z dy_Z \right]^2 \right.$$

$$\left. + \left[\frac{4\pi f_0}{c_0}\right]^2 \cdot \left[\iint\limits_{x_Z y_Z} z(x_Z,y_Z) g(x_Z,y_Z) a\left[x_Z-x_S, y_Z-y_S, z(x_Z,y_Z)\right] dx_Z dy_Z \right]^2 \right]^{\frac{1}{2}} \qquad (3.71)$$

Es wurde vorausgesetzt, daß das Argument der trigonometrischen Funktionen klein gegenüber 1 sein sollte. Damit kann der zweite Summand unter der Wurzel vernachlässigt werden und man erhält einen Ausdruck, der proportional zum Grauwertbild nach Gleichung 3.20 ist.

$$d_S \simeq P_0 \cdot \iint_{x_Z y_Z} g(x_Z,y_Z) a\left[x_Z-x_S,y_Z-y_S,z(x_Z,y_Z)\right] dx_Z dy_Z \qquad (3.72)$$

Der Gültigkeitsbereich der systemtheoretischen Beschreibung ist hier wieder auf nicht zu tiefe Konturen begrenzt. Der Nulldurchgang des Sinussignals bzw. das Maximum des Cosinussignals muß bei der mittleren Zielentfernung liegen. Bei Verwendung einer PLL als Phasendetektor und nicht zu tiefen Konturen ist dies jedoch immer gewährleistet.

Zusätzliche Laufzeiten bzw. Phasenverschiebungen sowie eine eventuelle Referenzmessung sind hier nicht mitberücksichtigt, da sie nur einen konstanten Entfernungsoffset verursachen.

Es bleibt festzustellen, daß sich beim CW–Verfahren, ebenso wie beim Pulslaufzeitverfahren, näherungsweise eine Schwerpunktmessung in Bezug auf die Entfernung und eine Mittelwertbildung in Bezug auf den Grauwert ergibt. Dies gilt allerdings auch hier nur solange die Kontur nicht zu tief ist, d.h., solange alle überlagerten trigonometrischen Funktionen, die an den einzelnen Konturelementen erzeugt werden, näherungsweise im linearen Bereich liegen.

In der Praxis wählt man den Meßbereich und die Modulationsfrequenz eines CW–Systems immer so, daß der ganze Meßbereich im linearen Teil der Phasendetektorkennlinie liegt /82/. Damit sind die Voraussetzungen für die angegebenen Näherungen gut erfüllt.

4. Die Konturrestauration

Im vorhergehenden Kapitel wurde die Entstehung der Grauwert- und Entfernungsmeßwerte theoretisch beschrieben. Es stellt sich nun die Frage, inwieweit es möglich ist, diese Kenntnis der Eigenschaften des Meßsystems zur nachträglichen Verbesserung der räumlichen Auflösung der Konturvermessung zu verwenden, d.h. aus den Meßdaten auf die Originalkontur zurückzurechnen.

4.1 Das inverse Problem

Die Bestimmung des Eingangssignals eines Systems aus dem gemessenen Ausgangssignal und den bekannten Systemeigenschaften stellt ein sogenanntes "inverses Problem" dar. Dieser Problemkreis wird z.B. in /83/ und /84/ theoretisch grundlegend behandelt. Ein Kennzeichen inverser Probleme ist die Instabilität ihrer Lösungen, die u.a. darin begründet liegt, daß relativ große Änderungen des Eingangssignals eines Systems eventuell nur minimale oder gar keine Änderungen des Ausgangssignals zur Folge haben.

Man nennt ein solches instabiles Problem auch "schlecht konditioniert", im Englischen "ill conditioned problem". Zusätzliche Schwierigkeiten entstehen, wenn das Meßsignal und/oder die Kenntnis der Systemeigenschaften fehlerbehaftet ist. Ein eindeutiges Zurückrechnen auf das Eingangssignal ist dann überhaupt nicht mehr möglich /83/.

Zu den Gebieten, auf denen inverse Probleme auftreten, gehört die zwei- oder dreidimensionale **Computertomographie** /85/, deren Anwendungsschwerpunkt im medizinischen Bereich liegt. Ihr Ziel ist es, aus einer Anzahl von Projektionen die innere Struktur des untersuchten Körpers zu bestimmen. Da dieser in der Regel von allen Seiten zugänglich ist, tritt prinzipiell keine Begrenzung der Meßapertur auf. Aus verschiedenen Gründen (Strahlenbelastung, Meßzeit) läßt sich die Anzahl der Projektionen jedoch nicht beliebig erhöhen, was die räumliche Auflösung begrenzt. Verbreitete Verfahren sind die Ultraschalltomographie /86/, bei der auch die Phaseninformation des Meßsignals ausgewertet wird, und die Röntgentomographie /87/, die aufgrund der inkohärenten Beleuchtung nur mit Intensitäten arbeitet.

In der **Geophysik** treten in größerem mechanischem Maßstab ähnliche Problemstellungen wie in der Computertomographie auf. Man versucht, durch Messungen an der Oberfläche der Erde Informationen über deren inneren Aufbau zu gewinnen. Das Meßobjekt ist zumindest theoretisch ebenfalls von allen Seiten zugänglich. Die Meßapertur ist daher nicht begrenzt. In der Praxis ist die Anzahl der zur Verfügung stehenden Meßpunkte und damit die räumliche Auflösung natürlich beschränkt. Man arbeitet üblicherweise mit Schallwellen als Informationsträger, so daß auch hier die Phaseninformation zur Verfügung steht. Typische Anwendungen sind die Lagerstättensuche und die Erdbebenortung.

In der **Astronomie** steht grundsätzlich nur eine endliche Meßapertur zur Verfügung. Zu unterscheiden sind die optische Astronomie, die nur mit Intensitäten arbeitet, und die Radioastronomie, die auch die Phase der empfangenen Strahlung auswertet. Ein inverses Problem der optischen Astronomie ist z.B. die nachträgliche Kompensation der durch atmosphärische Fluktuationen verursachten Verwischung von Himmelsaufnahmen /88/. Ein bekanntes inverses Problem der Radioastronomie ist die Erhöhung der Winkelauflösung durch interferometrische Verfahren /89/.

Als weiteres Gebiet, auf dem inverse Probleme auftreten, ist die **Fernerkundung** zu nennen. Ein Anwendungsbeispiel im Mikrowellenbereich ist das SAR, bei dem durch Auswertung von Phaseninformation eine vergrößerte synthetische Meßapertur erzeugt wird /76/. Im optischen Bereich, z.B. bei der Bildentzerrung, arbeitet man auch hier mit Intensitäten. Die Meßapertur ist grundsätzlich begrenzt.

Die **Bildverarbeitung** ist ebenfalls durch eine begrenzte Meßapertur und das Fehlen von Phaseninformation gekennzeichnet. Ein Anwendungsbeispiel ist die Korrektur von durch Defokussierung /90/ oder durch Bewegung während der Aufnahme /91/ verursachten Bildverfälschungen.

Die Lösung zweidimensionaler inverser Probleme wird in der Literatur oft als "Image Restoration" oder Bildrestauration bezeichnet. Wenn das Systemverhalten durch eine Faltungsoperation beschrieben werden kann, spricht man auch von "Deconvolution" oder Rückfaltung. Die in Abschnitt 3.3 hergeleitete zweidimensionale Kreuzkorrelation läßt sich als Faltung mit der an den Koordinatenachsen gespiegelten Abtastapertur formulieren. Zumindest für den vereinfachten, linearen und ortsinvarianten Fall lassen sich daher die z.B. aus der Bildverarbeitung bekannten Restaurationsalgorithmen auf die 3D–Konturvermessung anwenden.

Da man die Kontur auch als räumliche Dichtefunktion $g'(x_Z,y_Z,z)$ beschreiben kann, ist das hier behandelte inverse Problem eigentlich dreidimensionaler Natur. Mit den in Abschnitt 2.2 vorgenommenen Einschränkungen der Kontureigenschaften ist $g'(x_Z,y_Z,z_Z)$ jedoch proportional zur δ–Fläche /92/ $\delta(z(x_Z,y_Z))$.

$$g'(x_Z,y_Z,z_Z) = g(x_Z,y_Z) \cdot \delta(z(x_Z,y_Z)) \tag{4.1}$$

Mit den Herleitungen in Kapitel 3 läßt sich das dreidimensionale Problem in zwei zweidimensionale Probleme zerlegen. Der Bedarf an Rechenzeit und Speicherplatz wird dadurch deutlich geringer. Zu restaurieren ist zum einen der Grauwert $g(x_Z,y_Z)$, zum anderen die Zielentfernung $z(x_Z,y_Z)$. Gegeben sind die gestörten Meßdaten nach Gleichung 3.45 und 3.46. Die abstrakte Formulierung lautet:

$$g_{MR}(x_S,y_S) = F_G\left[x_S,y_S,g(x_Z,y_Z),z(x_Z,y_Z)\right] + \epsilon_G(x_S,y_S) \tag{4.2a}$$

$$z_{MR}(x_S,y_S) = F_Z\left[x_S,y_S,g(x_Z,y_Z),z(x_Z,y_Z)\right] + \epsilon_Z(x_S,y_S) \tag{4.2b}$$

In Abschnitt 3.3 wurde festgestellt, daß sich weder die Laufzeit noch die Amplitude des Zielimpulses allgemeingültig analytisch formulieren läßt. Deshalb kann über die Funktionen F_G und F_Z hier noch keine nähere Aussage getroffen werden.

4.2 Das Adaptive Least Squares Verfahren

In der einschlägigen Literatur wird eine Vielzahl von Bildrestaurationsverfahren angegeben, z.B. /88/, /91/, /93/, /94/, /95/, /96/, /97/, /98/, /99/ /100/, /101/, /102/, /103/, /104/, /105/, /106/. Ein Teil davon ist nur für bestimmte Klassen von Signalen gut geeignet (z.B. /94/ für impulsförmige Signale). Teilweise sind sie aufgrund des enormen Bedarfs an Rechenzeit auch nur von theoretischem Interesse. Andere liefern nur bei extrem günstigen Signal–/Rauschverhältnissen brauchbare Ergebnisse, wie z.B. /88/. Als geeignet für die Konturrestauration, auch bei stark gestörten Meßdaten, hat sich das vom Verfasser aus den Ansätzen nach /83/ und /98/ entwickelte **Adaptive Least Squares Verfahren** erwiesen.

Zur allgemeinen Erläuterung des Verfahrens geht man zunächst von einer diskretisierten Eingangsfunktion x(i,j) eines beliebigen Systems aus. Das Ausgangssignal y(k,l) als Funktion von x(i,j) mit überlagerten Störungen ϵ(k,l), die im vorliegenden Fall vorwiegend durch das Meßrauschen verursacht werden (siehe auch Abschnitt 3.4), lautet:

$$y(k,l) = \text{Fkt}\Big[x(i,j)\Big] + \epsilon(k,l) \qquad \forall\, i,j \qquad (4.3)$$

Das geschätzte Eingangssignal wird mit $\hat{x}$(i,j) bezeichnet. Setzt man $\hat{x}$(i,j) anstelle von x(i,j) ein, so resultiert daraus das geschätzte Ausgangssignal $\hat{y}$(k,l). Die Summe der Quadrate der Abweichungen, auch quadratischer Fehler genannt, lautet:

$$E = \sum_k \sum_l \Big[y(k,l) - \hat{y}(k,l)\Big]^2 = \sum_k \sum_l \Big[y(k,l) - \text{Fkt}\big[\hat{x}(i,j)\big]\Big]^2 = \sum_k \sum_l \hat{\epsilon}^2(k,l) \qquad \forall\, i,j \qquad (4.4)$$

Der so definierte quadratische Fehler entspricht der Leistung des aus dem geschätzten Nutzsignal $\hat{x}$ resultierenden Störsignals $\hat{\epsilon}$. Die Least Squares Lösung des inversen Problems entspricht dem Signal $\hat{x}$, für das der quadratische Fehler minimal wird. Sie führt damit auf eine minimale, im Extremfall verschwindende, geschätzte Störleistung.

Anders ausgedrückt: Man sucht das Signal $\hat{x}$, das zu einem Ausgangssignal $\hat{y}$ führt, das nach dem Least Squares Kriterium am besten zu den Meßwerten paßt.

Es muß gelten: $\qquad E(\hat{x}) = \text{Minimum}$

Das Least Squares Kriterium ist natürlich nur eine Möglichkeit aus einer Vielzahl weiterer Optimierungskriterien /84/. Es hat jedoch den Vorteil, daß es, auf lineare Systeme angewandt, stets auf lineare Gleichungssysteme führt.

Tritt als Störung weißes, gaußverteiltes, mittelwertfreies Rauschen mit konstanter Varianz auf, so entspricht die Least Squares Lösung auch derjenigen nach dem Maximum Likelihood Kriterium, das aus dem Bayes'schen Theorem abgeleitet werden kann /84/.

Die analytische Lösung des Minimierungsproblems basiert auf den partiellen Ableitungen des quadratischen Fehlers nach dem zu bestimmenden Signal $\hat{x}$.

$$\frac{dE}{d\hat{x}(p,q)} = 0 \qquad \forall\, p,q \tag{4.5}$$

$$\frac{d}{d\hat{x}(p,q)} \sum_k \sum_l \left[y(k,l) - \text{Fkt}\left[\hat{x}(i,j)\right] \right]^2 = 0 \tag{4.6}$$

$$2 \sum_k \sum_l \left[y(k,l) - \text{Fkt}\left[\hat{x}(i,j)\right] \right] \frac{d}{d\hat{x}(p,q)} \left[y(k,l) - \text{Fkt}\left[\hat{x}(i,j)\right] \right] = 0 \tag{4.7}$$

$$\sum_k \sum_l y(k,l) \frac{d}{d\hat{x}(p,q)} \text{Fkt}\left[\hat{x}(i,j)\right] = \sum_k \sum_l \text{Fkt}\left[\hat{x}(i,j)\right] \frac{d}{d\hat{x}(p,q)} \text{Fkt}\left[\hat{x}(i,j)\right] \tag{4.8}$$

Da für p und q alle Indizes des Signals $\hat{x}$ eingesetzt werden, definiert Gleichung 4.8 ein Gleichungssystem, dessen Anzahl an Unbekannten und Gleichungen der Anzahl von Punkten des Signals $\hat{x}$ entspricht.

4.2.1 Die Glättungsfunktion

Sind die Störungen ϵ in Gleichung 4.3 vernachlässigbar klein, so stellt die Lösung $\hat{x}$ des Gleichungssystems nach Gleichung 4.8, die zu der minimalen Leistung des geschätzten Störsignals $\hat{\epsilon}$ führt, sogar die exakte Restauration des Signals x dar /107/.

Die Vernachlässigbarkeit der Störungen ist bei <u>realen</u> Meßergebnissen im allgemeinen jedoch nicht gegeben und stellt daher einen hypothetischen Fall dar.

Wird realistischerweise eine endliche Störleistung P_ϵ, d.h., $E(\hat{x}) = P_\epsilon$, angenommen, dann existieren unendlich viele Signale $\hat{x}$, die diese Bedingung erfüllen. Eine Lösung dieses Mehrdeutigkeitsproblems besteht nun darin, aus der Vielzahl von Möglichkeiten ein möglichst "glattes" Signal $\hat{x}$ auszuwählen.

In /83/ oder auch /98/ wird der zu minimierende Ausdruck daher um die Glättungs- bzw. Regularisierungsfunktion $r(\hat{x}(i,j))$ erweitert.

$$E = \sum_k \sum_l \left[y(k,l) - \text{Fkt}\left[\hat{x}(i,j)\right] \right]^2 + \sum_i \sum_j r\left[\hat{x}(i,j)\right] \qquad (4.9)$$

Der quadratische Fehler läßt sich aufspalten.

$$E = E' + E'' \qquad (4.10)$$

mit: $$E' = \sum_k \sum_l \left[y(k,l) - \text{Fkt}\left[\hat{x}(i,j)\right] \right]^2 \qquad (4.11a)$$

$$E'' = \sum_i \sum_j r\left[\hat{x}(i,j)\right] \qquad (4.11b)$$

In /83/ wird für $r(\hat{x}(i,j))$ beispielsweise die gewichtete Überlagerung der Summen der Quadrate der Ableitungen $\hat{x}(i,j)$ verschiedener Ordnung vorgeschlagen.

$$r\left[\hat{x}(i,j)\right] = \sum_\nu w_\nu(i,j) \left[\hat{x}^{(\nu)}(i,j)\right]^2 \qquad (4.12)$$

Mit den Funktionen $w_\nu(i,j)$ wird der Grad der Glättung von $\hat{x}$ gewichtet. Bei zu großen Werten wird das Restaurationsergebnis sehr homogen; es können jedoch feine Einzelheiten verloren gehen. Bei zu kleinen Werten ergibt sich ein stark gestörter Verlauf.

Im Vorgriff auf Abschnitt 4.3 zeigt Bild 4.1 exemplarisch drei Restaurationsergebnisse mit verschieden großen konstanten Gewichtungsfaktoren, zusammen mit dem Originalsignal. Aufgrund der besseren Übersichtlichkeit der graphischen Darstellung werden eindimensionale Signale benutzt.

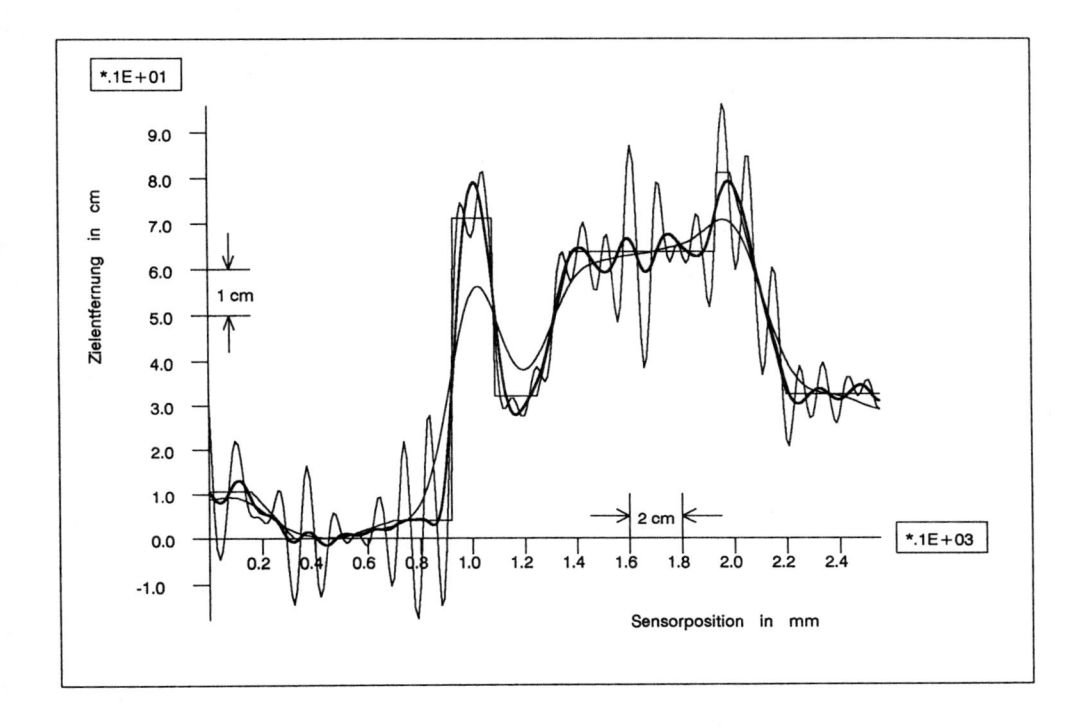

Bild 4.1: Restaurationsergebnisse mit unterschiedlichen Gewichtungsfaktoren

In /98/ wurde für die Restauration eindimensionaler Signale beispielsweise $r(\hat{x}(t)) = w_2 \cdot d^2\hat{x}(t)/dt^2$ gewählt, in /108/ $r(\hat{x}(t)) = w_3 \cdot d^3\hat{x}(t)/dt^3$. Bei der praktischen Anwendung läßt sich der optimale Wert von w_ν durch Versuche oder durch Auswertung von a–priori–Information bestimmen, z.B. aus den statistischen Eigenschaften des Störsignals.

Es können auch andere Glättungsfunktionen verwendet werden, z.B. die lokale Varianz in der Nachbarschaft eines Konturpunktes. Die Auswahl richtet sich nach dem jeweils zu bearbeitenden Problem. In der vorliegenden Arbeit wird die Summe der Quadrate der ersten Ableitungen in Richtung der Koordinatenachsen benutzt. In /109/ wurde mittels Monte–Carlo–Simulationen die Wirkung verschiedener Glättungsfunktionen verglichen und dabei mit dieser Variante die besten Ergebnisse erzielt.

$$E'' = \sum_i \sum_j w(i,j) \left[\left[\hat{x}(i,j) - \hat{x}(i,j-1)\right]^2 + \left[\hat{x}(i,j) - \hat{x}(i-1,j)\right]^2 \right] \qquad (4.13)$$

$$\frac{dE''}{d\hat{x}(p,q)} = 2 \sum_i \sum_j w(i,j) \left[\hat{x}(i,j) - \hat{x}(i,j-1)\right] \frac{d}{d\hat{x}(p,q)} \hat{x}(i,j)$$

$$- 2 \sum_i \sum_j w(i,j) \left[\hat{x}(i,j) - \hat{x}(i,j-1)\right] \frac{d}{d\hat{x}(p,q)} \hat{x}(i,j-1)$$

$$+ 2 \sum_i \sum_j w(i,j) \left[\hat{x}(i,j) - \hat{x}(i-1,j)\right] \frac{d}{d\hat{x}(p,q)} \hat{x}(i,j)$$

$$- 2 \sum_i \sum_j w(i,j) \left[\hat{x}(i,j) - \hat{x}(i-1,j)\right] \frac{d}{d\hat{x}(p,q)} \hat{x}(i-1,j) \qquad (4.14)$$

Für die partiellen Ableitungen gilt:

$$\frac{d}{d\hat{x}(p,q)} \hat{x}(i,j) = \begin{cases} 1, & \text{für } i=p \land j=q \\ 0 & \text{für } i \neq p \lor j \neq q \end{cases} \qquad (4.15a)$$

$$\frac{d}{d\hat{x}(p,q)} \hat{x}(i,j-1) = \begin{cases} 1, & \text{für } i=p \land j=q+1 \\ 0 & \text{für } i \neq p \lor j \neq q+1 \end{cases} \qquad (4.15b)$$

$$\frac{d}{d\hat{x}(p,q)} \hat{x}(i-1,j) = \begin{cases} 1, & \text{für } i=p+1 \land j=q \\ 0 & \text{für } i \neq p+1 \lor j \neq q \end{cases} \qquad (4.15c)$$

Setzt man diese Beziehungen in Gleichung 4.14 ein, so ergibt sich:

$$\frac{dE''}{d\hat{x}(p,q)} = -2\hat{x}(p,q-1)w(p,q) - 2\hat{x}(p-1,q)w(p,q)$$

$$+ 2\hat{x}(p,q) \left[2w(p,q) + w(p,q+1) + w(p+1,q)\right]$$

$$- 2\hat{x}(p,q+1)w(p,q+1) - 2\hat{x}(p+1,q)w(p+1,q) \qquad (4.16)$$

Wird diese partielle Ableitung mit Gleichung 4.8 zusammengefaßt, so erhält man ein erweitertes Gleichungssystem zur Bestimmung von x̂.

$$-\hat{x}(p,q-1)w(p,q) - \hat{x}(p-1,q)w(p,q) + \hat{x}(p,q)\Big[2w(p,q) + w(p,q+1) + w(p+1,q)\Big]$$

$$-\hat{x}(p,q+1)w(p,q+1) - \hat{x}(p+1,q)w(p+1,q) + \sum_k \sum_l \text{Fkt}\Big[\hat{x}(i,j)\Big]\frac{d}{d\hat{x}(p,q)}\text{Fkt}\Big[\hat{x}(i,j)\Big]$$

$$-\sum_k \sum_l y(k,l)\frac{d}{d\hat{x}(p,q)}\text{Fkt}\Big[\hat{x}(i,j)\Big] = 0 \qquad (4.17)$$

4.2.2 Die Gewichtungsfunktion

Die einfachste denkbare Gewichtungsfunktion w(i,j) ist eine Konstante; siehe auch /98/, /108/. In Bild 4.2 ist eine simulierte eindimensionale Kontur zusammen mit ihrer Restauration dargestellt. Der konstante Wert für w ist dabei so eingestellt, daß das resultierende geschätzte Rauschen die korrekte Varianz besitzt.

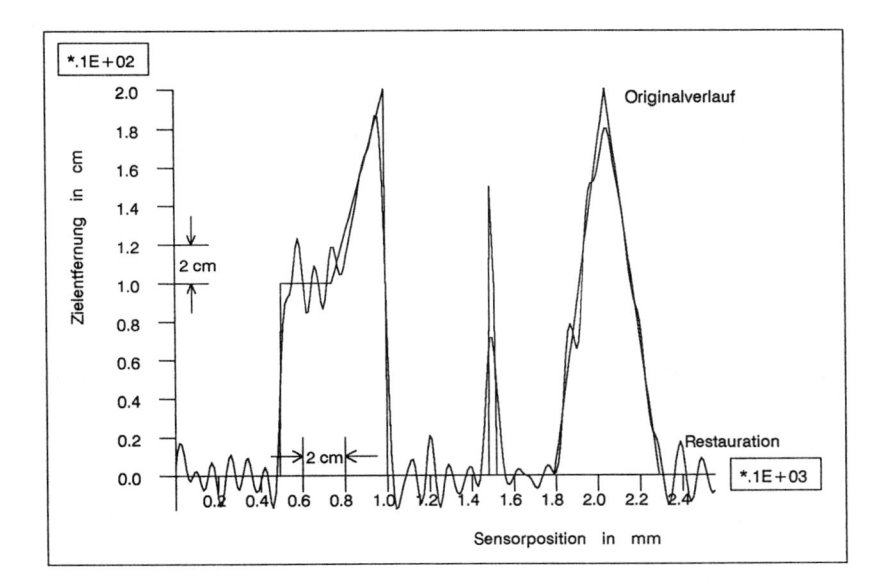

Bild 4.2: Originalkontur und Restauration

Man erkennt, daß einerseits die Restauration glatter Segmente zu wellig ist, andererseits Sprünge verschliffen bleiben. Die optimale Konstante w stellt daher immer eine Kompromißlösung dar. Verkleinert man ihren Wert, so werden glatte Segmente zwar besser, Sprünge dafür um so schlechter restauriert. Im umgekehrten Fall werden Sprünge besser restauriert; glatte Segmente erscheinen aber um so welliger.

Es liegt nahe, wie in Gleichung 4.12 angedeutet, eine datenabhängige Gewichtungsfunktion zu verwenden. In Bereichen mit homogenem Signalverlauf kann somit mehr Wert auf Glätte gelegt werden. w(i,j) wird an diesen Stellen relativ groß. An Unstetigkeitsstellen muß w(i,j) dagegen verkleinert werden, um die Datentreue stärker zu gewichten.

Da das zu restaurierende Signal nicht von vornherein bekannt ist, muß die Gewichtungsfunktion aus den Meßdaten geschätzt werden. Wird das Gleichungssystem nach Gleichung 4.17 iterativ gelöst, so besteht auch die Möglichkeit, aus den Zwischenergebnissen nach und nach immer bessere Schätzungen für w(i,j) zu gewinnen. Dieses Verfahren basiert auf der Annahme, daß im Lauf der Iteration das geschätzte Eingangssignal $\hat{x}$ dem Original x immer ähnlicher wird. Nach dem μ–ten Iterationsschritt folgt allgemein:

$$w_{\mu+1}(i,j) = F\left[\hat{x}_{\mu}(i+i',j+j')\right] \quad \forall\, i',j' \tag{4.18}$$

Es gibt eine Reihe von Möglichkeiten zur Realisierung der Funktion $F\left[\hat{x}_{\mu}(i+i',j+j')\right]$ /110/, /111/. In der vorliegenden Arbeit wird sie nach Gleichung 4.19 bestimmt.

$$w_{\mu+1}(i,j) = w_0 \cdot \frac{\overline{\Delta x_{\mu}^2}}{\overline{\Delta x_{\mu}^2}'} \tag{4.19}$$

mit:
$$\overline{\Delta x_{\mu}^2} = \frac{1}{N} \cdot \left[\sum_{i}\sum_{j} \left[\hat{x}_{\mu}(i,j) - \hat{x}_{\mu}(i,j-1)\right]^2 + \sum_{i}\sum_{j} \left[\hat{x}_{\mu}(i,j) - \hat{x}_{\mu}(i-1,j)\right]^2 \right] \tag{4.20a}$$

$$\overline{\Delta x_{\mu}^2}' = \frac{1}{N'} \cdot \left[\sum_{i'}\sum_{j'} \left[\hat{x}_{\mu}(i+i',j+j') - \hat{x}_{\mu}(i+i',j+j'-1)\right]^2 \right.$$
$$\left. + \sum_{i'}\sum_{j'} \left[\hat{x}_{\mu}(i+i',j+j') - \hat{x}_{\mu}(i+i'-1,j+j')\right]^2 \right] \tag{4.20b}$$

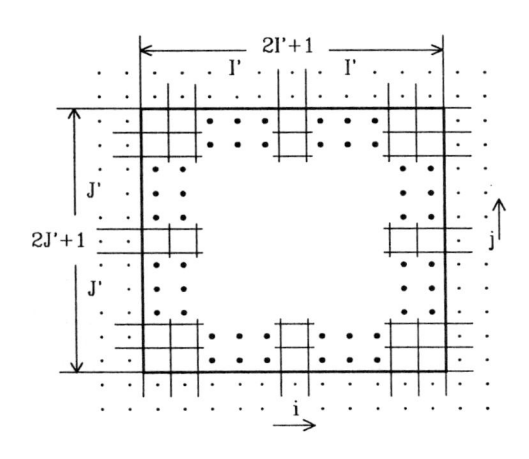

$N = I(J-1)+J(I-1)$ ist die Anzahl der Differenzen des ganzen Signals $\hat{x}_\mu$; $N' = 2I'(2J'+1)+2J'(2I'+1)$ ist die Anzahl in dem in Bild 4.3 skizzierten rechteckigen Ausschnitt um den Punkt $\hat{x}_\mu(i,j)$ herum, mit der Länge $2I'+1$ und der Breite $2J'+1$. Der Normierungsfaktor w_0 kann durch eine vorherige Simulation oder auch aus dem Signal-/Rauschverhältnis der Meßdaten ermittelt werden (siehe dazu Abschnitt 4.6.4).

Bild 4.3: Rechteckfenster für die Gewichtungsfunktion

Im Zähler steht der Mittelwert der Differenzquadrate des kompletten Signals $\hat{x}_\mu$ in x- und y-Richtung, im Nenner hingegen der Mittelwert der Differenzquadrate in dem erwähnten rechteckigen Ausschnitt. Bild 4.4 zeigt als Beispiel eine ebene Kontur zusammen mit dem reziproken Verlauf der daraus bestimmten Gewichtungsfunktion.

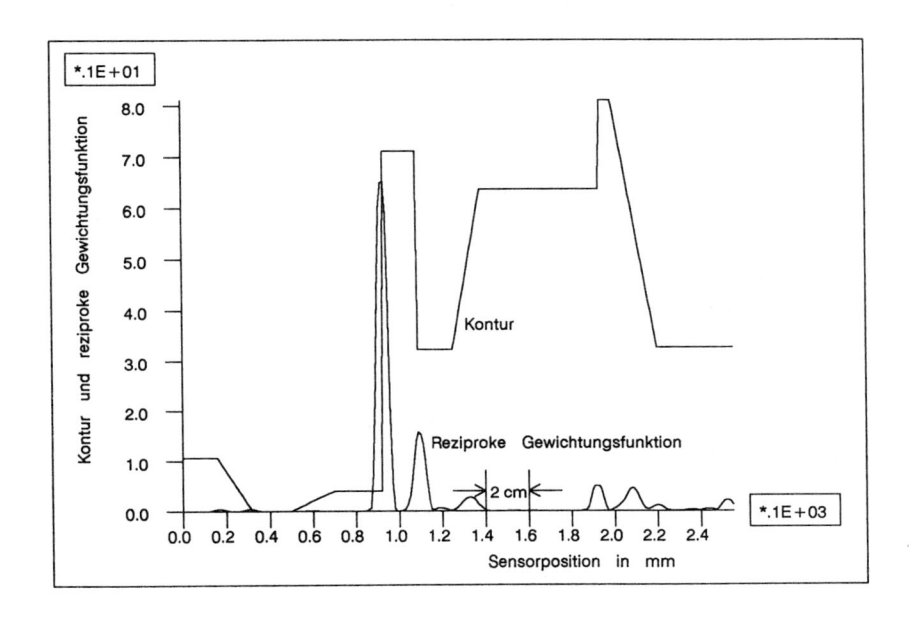

Bild 4.4: Kontur mit reziproker Gewichtungsfunktion

Man erkennt, daß Sprünge sehr gut detektiert werden. Probleme treten dagegen an Knickstellen auf. Im allgemeinen halten sich die dadurch verursachten Restaurationsfehler jedoch in erträglichen Grenzen.

Eine weitere mögliche Gewichtungsfunktion ist die Varianz der ganzen Kontur bezogen auf die Varianz im Rechteckfenster. Diese Funktion erfaßt ebenfalls Sprünge sehr gut, Knickstellen jedoch eher schlechter als das mittlere Differenzenquadrat.

Benutzt man das mittlere Quadrat der Abweichungen von der Ausgleichsgeraden bzw. –ebene, so erhält man eine Funktion, die gut auf Knicke und Spitzen reagiert, an Sprüngen allerdings Probleme bereitet. Selbstverständlich sind auch noch andere Funktionen denkbar. Die Auswahl muß sich nach der Art des jeweils zu restaurierenden Signals richten.

4.3 Räumlich und zeitlich lineare Beschreibung der Konturvermessung

Nach Abschnitt 3.3 kann unter Voraussetzung begrenzter Tiefe der Kontur die Messung des Grauwertes und der Zielentfernung als zweidimensionale Kreuzkorrelation mit der entfernungsunabhängigen Abtastapertur formuliert werden. Da die Abtastapertur in diesem Fall weder von der Kontur selbst, noch von der x/y–Position des Sensorkopfes abhängt, ist die **räumliche** Linearität und Ortsinvarianz gewährleistet.

Zusätzlich dürfen die Anstiegszeit und die Dachbreite des Empfangsimpulses nicht kürzer sein, als die durch die Konturtiefe verursachte Laufzeitdifferenz. Nur dann sind die bei der Laufzeit– und der Amplitudenvermessung eingeführten linearen Näherungen gültig, so daß die Konturvermessung auch **zeitlich** linear wird. Nimmt man gleiche Abtastintervalle für Kontur und Meßbereich an, so gelten die Gleichungen 3.21 und 3.43 in diskretisierter Form.

4.3.1 Interpolation und Extrapolation

In Bild 4.5 ist eine Anordnung zur Konturvermessung skizziert. Aufgrund der besseren Anschaulichkeit wurde eine ebene Darstellung gewählt.

Der Meßbereich ist immer als Ausschnitt aus einer unendlich weit ausgedehnten Kontur definiert. In ihrer Ausdehnung begrenzte Konturen können dadurch realisiert werden, daß man sie als auf einer unendlich ausgedehnten ebenen Platte liegend annimmt. Der Entfernungs- und Grauwertverlauf dieser Grundplatte ist bekannt. Der Einfachheit halber werden bei Simulation und Messung dafür jeweils konstante Werte vorgegeben.

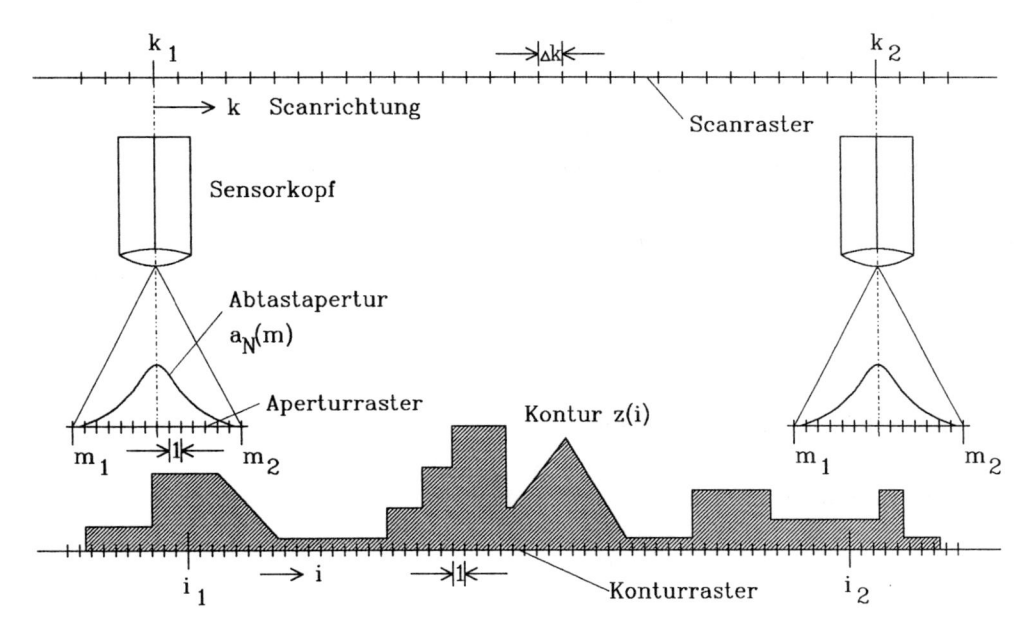

Bild 4.5: Konturvermessung in ebener Darstellung

Die gemessenen Grauwerte und Zielentfernungen in diskretisierter Form lauten:

$$g_{MR}(k',l') = \sum_i \sum_j g(i,j) a_N(i-k,j-l) + \epsilon_G(k',l') \qquad (4.21a)$$

$$z_{MR}(k',l') = \frac{\sum_i \sum_j g(i,j) z(i,j) a_N(i-k,j-l)}{\sum_i \sum_j g(i,j) a_N(i-k,j-l)} + \epsilon_Z(k',l') \qquad (4.21b)$$

mit: $\quad k = k_1 + (k'-1)\Delta k \qquad 1 \leq k' \leq K'$
$\quad\quad l = l_1 + (l'-1)\Delta l \qquad 1 \leq l' \leq L'$

Die Kontur wird mit einer Schrittweite $\Delta i = \Delta j = 1$ abgetastet. Es gilt: $-\infty < i,j < \infty$.

Die Eckpunkte des als rechteckig angenommenen Meßbereichs besitzen die Indizes k_1, l_1 bzw. k_2, l_2, mit: $k_2 = k_1 + (K'-1)\Delta k$ und $l_2 = l_1 + (L'-1)\Delta l$. K' ist die Anzahl der Meßpunkte in x–Richtung, L' diejenige in y–Richtung. Insgesamt existieren $K' \cdot L'$ Meßpunkte. Die Abtastintervalle Δk und Δl sind ganzzahlige Vielfache von Δi und Δj.

Das Meßraster kann also grober sein als das Konturraster. Dadurch besteht die Möglichkeit, Meßpunkte einzusparen und die Auflösung durch Interpolation zu erhöhen.

Die Ausdehnung der Abtastapertur reicht in x–Richtung von m_1 bis m_2, mit: $m_1 \leq 0$, $m_2 \geq 0$, in y–Richtung von n_1 bis n_2, mit: $n_1 \leq 0$, $n_2 \geq 0$. Die Anzahl der Elemente in x–Richtung beträgt damit $M = m_2 - m_1 + 1$, in y–Richtung $N = n_2 - n_1 + 1$. Die Abtastintervalle entsprechen denen der Kontur.

Die Konturpunkte lassen sich in drei Kategorien einteilen:

1. Punkte mit Indizes im Bereich:

$$i \leq k_1 + m_1 \ \lor \ i \geq k_2 + m_2 \ \lor \ j \leq l_1 + n_1 \ \lor \ j \geq l_2 + n_2$$

Diese Punkte werden von der Abtastapertur nicht berührt. Da über sie keinerlei Information vorliegt, können sie auch nicht extrapoliert werden.

2. Punkte mit Indizes im Bereich:

$$k_1 + m_2 \leq i \leq k_2 + m_1 \ \land \ l_1 + n_2 \leq j \leq l_2 + n_1$$

Diese Punkte liegen im zentralen Bereich. Sie werden grundsätzlich von allen Elementen der Abtastapertur überstrichen, und brauchen, da über sie die maximal verfügbare Information vorliegt, nicht extrapoliert zu werden.

3. Punkte im Zwischenbereich:

In diesem Bereich liegende Punkte werden immer nur von einem Teil der Abtastapertur erfaßt. Je weiter außen sie liegen, um so weniger Information ist über sie verfügbar, zumal die Randelemente der Abtastapertur im allgemeinen auch noch die geringsten Intensitätswerte aufweisen. Falls es dennoch gelingt, Konturpunkte im Zwischenbereich zu restaurieren, so wird dadurch automatisch eine Extrapolation durchgeführt. Wenn der Zwischenbereich sich nur auf die Grundplatte mit ihren bekannten Daten erstreckt, dann ist die Extrapolation natürlich trivial.

Das Adaptive Least Squares Verfahren läßt sich, zumindest formal, ohne weiteres mit interpolierenden und/oder extrapolierenden Eigenschaften herleiten. Ob diese Eigenschaften wirklich brauchbare Restaurationsergebnisse liefern, wird in den Abschnitten 4.6.4.3 und 4.6.4.4 überprüft. Es besteht auch die Möglichkeit, nur bestimmte, interessierende Ausschnitte einer Kontur zu restaurieren.

4.3.2 Aufstellung der Gleichungssysteme

Da zwei Signale zu restaurieren sind, sind auch zwei quadratische Fehler, der Grauwertfehler E_G und der Entfernungsfehler E_Z, zu minimieren.

Die beiden quadratischen Fehler lassen sich, wie in Abschnitt 4.2 erläutert, jeweils in einen Anteil für die Datentreue und die Glättung unterteilen.

$$E_G = E_G' + E_G'' \tag{4.22a}$$

$$E_Z = E_Z' + E_Z'' \tag{4.22b}$$

4.3.2.1   Gleichungssystem für die Grauwerte

Mit dem geschätzten Grauwert $\hat{g}(i,j)$ gilt für die beiden Anteile des quadratischen Grauwertfehlers:

$$E_G' = \sum_{k'}\sum_{l'}\left[g_{MR}(k',l') - \sum_i\sum_j \hat{g}(i,j)a_N(i-k,j-l)\right]^2 \tag{4.23a}$$

$$E_G'' = \sum_i\sum_j w_G(i,j)\left[\left[\hat{g}(i,j)-\hat{g}(i,j-1)\right]^2 + \left[\hat{g}(i,j)-\hat{g}(i-1,j)\right]^2\right] \tag{4.23b}$$

Die Minimierung erfolgt durch Nullsetzen der partiellen Ableitung des kombinierten quadratischen Grauwertfehlers nach dem geschätzten Grauwert ĝ.

$$\frac{dE_G}{d\hat{g}(p,q)} = \frac{dE'_G}{d\hat{g}(p,q)} + \frac{dE''_G}{d\hat{g}(p,q)} = 0 \quad \forall\, p,q \quad (4.24)$$

Die partiellen Ableitungen werden nach dem in Abschnitt 4.2 erläuterten Schema berechnet. Man erhält daraus für die Grauwerte ein ähnliches Gleichungssystem wie in Gleichung 4.17.

$$\hat{g}(p,q)\Big[2w_G(p,q) + w_G(p,q+1) + w_G(p+1,q)\Big]$$

$$-\hat{g}(p,q-1)w_G(p,q) - \hat{g}(p-1,q)w_G(p,q) - \hat{g}(p,q+1)w_G(p,q+1) - \hat{g}(p+1,q)w_G(p+1,q)$$

$$+ \sum_i \sum_j \hat{g}(i,j) \sum_{k'} \sum_{l'} a_N(p-k,q-l)a_N(i-k,j-l) = \sum_{k'} \sum_{l'} g_{MR}(k',l')a_N(p-k,q-l) \quad (4.25)$$

4.3.2.2   Gleichungssystem für die Zielentfernungen

Mit der geschätzten Zielentfernung ẑ(i,j) gilt:

$$E'_Z = \sum_{k'}\sum_{l'} \left[z_{MR}(k',l') - \frac{\sum_i \sum_j \hat{g}(i,j)\hat{z}(i,j)a_N(i-k,j-l)}{\sum_i \sum_j \hat{g}(i,j)a_N(i-k,j-l)} \right]^2 \quad (4.26a)$$

$$E''_Z = \sum_i \sum_j w_Z(i,j)\left[\big[\hat{z}(i,j)-\hat{z}(i,j-1)\big]^2 + \big[\hat{z}(i,j)-\hat{z}(i-1,j)\big]^2 \right] \quad (4.26b)$$

Die Minimierung erfolgt durch Nullsetzen der partiellen Ableitungen des kombinierten Entfernungsfehlers nach der geschätzten Zielentfernung ẑ.

$$\frac{dE_Z}{d\hat{z}(p,q)} = \frac{dE'_Z}{d\hat{z}(p,q)} + \frac{dE''_Z}{d\hat{z}(p,q)} = 0 \quad \forall\, p,q \quad (4.27)$$

Daraus resultiert für die Zielentfernungen ein Gleichungssystem ähnlich dem in Gleichung 4.17.

$$\hat{z}(p,q)\left[2w_Z(p,q) + w_Z(p,q+1) + w_Z(p+1,q)\right]$$

$$-\hat{z}(p,q-1)w_Z(p,q) - \hat{z}(p-1,q)w_Z(p,q) - \hat{z}(p,q+1)w_Z(p,q+1) - \hat{z}(p+1,q)w_Z(p+1,q)$$

$$+ \sum_i \sum_j \hat{z}(i,j) \sum_{k'} \sum_{l'} a_N(p-k,q-l)a_N(i-k,j-l) \frac{\hat{g}(i,j)}{\hat{g}_M(k',l')} \cdot \frac{\hat{g}(p,q)}{\hat{g}_M(k',l')}$$

$$= \sum_{k'} \sum_{l'} z_{MR}(k',l')a_N(p-k,q-l) \frac{\hat{g}(p,q)}{\hat{g}_M(k',l')} \qquad (4.28)$$

Zur Abkürzung der Schreibweise dient das geschätzte ungestörte Grauwertbild $\hat{g}_M(k',l')$:

$$\hat{g}_M(k',l') = \sum_i \sum_j \hat{g}(i,j)a_N(i-k,j-l) \qquad (4.29)$$

Damit ist auch das Gleichungssystem für die Zielentfernungen definiert. Die Gleichungssysteme sind, da die Grauwerte in beiden vorkommen, verkoppelt. Betrachtet man die Grauwerte im Gleichungssystem für die Zielentfernungen jedoch als Konstante, so wird dieses ebenfalls linear.

4.3.3 Iterative Lösung über Teilgleichungssysteme

Da beim vorliegenden Problem die Anzahl der Variablen sehr groß ist, kommen nur iterative Lösungsverfahren in Frage. Als Beispiel diene eine zu restaurierende Kontur mit 64×64 Punkten. Die Anzahl der Unbekannten in jedem Gleichungssystem beträgt dann 64×64 = 4096. Das bedeutet, daß zur direkten Lösung jeweils eine 4096×4096–Matrix invertiert werden müßte. Die dazu erforderliche Rechenzeit ist auf dem zur Verfügung stehenden Rechner, einer DEC Microvax II, untragbar hoch, da schon die Invertierung einer 256×256–Matrix ca. 15 Minuten dauert und die Rechenzeit ungefähr mit der dritten Potenz der Anzahl der Unbekannten ansteigt.

Schnellere Lösungsverfahren für umfangreiche Gleichungssysteme /112/ beruhen immer darauf, daß eine oder mehrere Unbekannte als variabel betrachtet werden, der Rest jedoch auf dem aktuellen Wert bleibt und als Konstante wirkt. Man erhält damit Teilgleichungssysteme relativ niedriger Ordnung, die einzeln sehr schnell gelöst werden können. Wie in Bild 4.6 skizziert, wird bei der Definition eines Teilgleichungssystems ein rechteckiger Ausschnitt aus dem gesuchten Grauwert- bzw. Entfernungsverlauf als variabel angesehen. Die Variablen des Teilgleichungssystems der Ordnung $P' \cdot Q'$ umfassen folgende Indizes des zu lösenden großen Gleichungssystems:

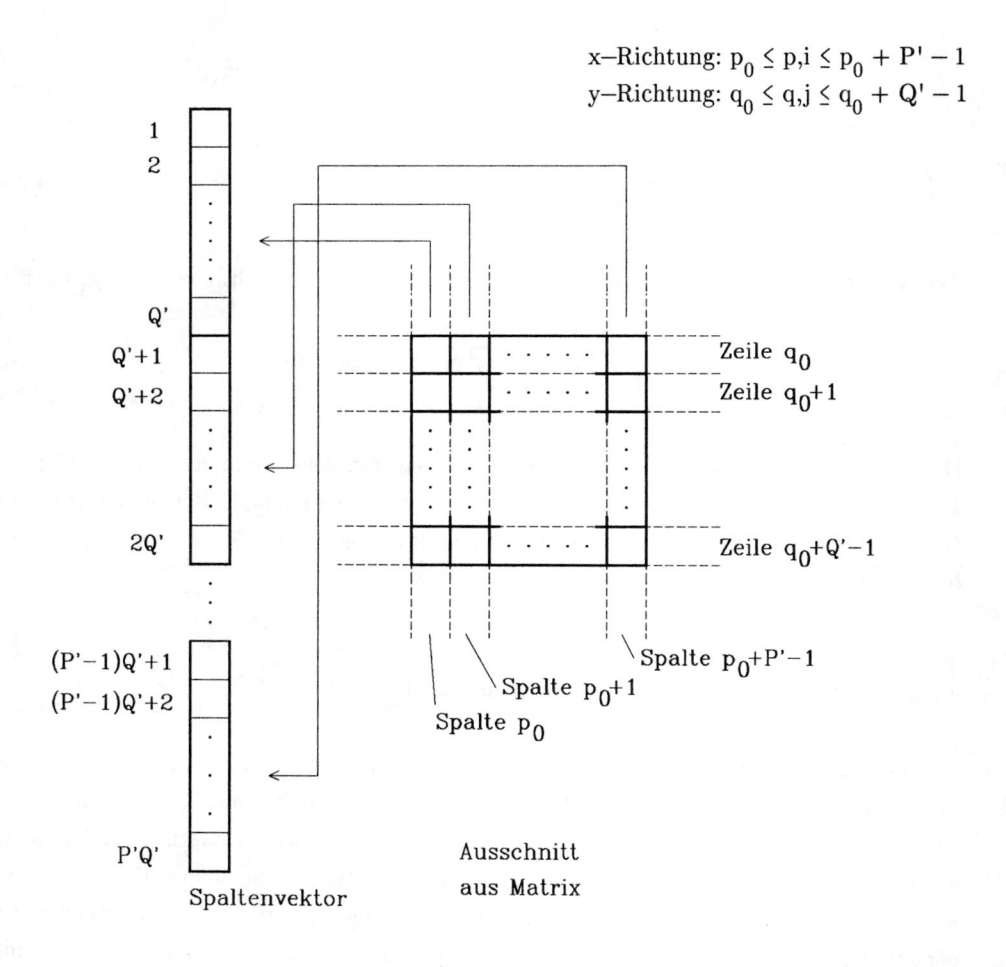

x–Richtung: $p_0 \leq p, i \leq p_0 + P' - 1$
y–Richtung: $q_0 \leq q, j \leq q_0 + Q' - 1$

Bild 4.6: Erzeugung eines Teilgleichungssystems.

Zur besseren Übersichtlichkeit wird eine Reihe von Abkürzungen benutzt. Der Index μ gibt die Nummer des aktuellen Iterationsschrittes an.

Indizes der Kontur:

$$p = p_0 + p' - 1, \qquad 1 \leq p' \leq P'$$
$$q = q_0 + q' - 1, \qquad 1 \leq q' \leq Q'$$

$$i = p_0 + i' - 1, \qquad 1 \leq i' \leq P'$$
$$j = q_0 + j' - 1, \qquad 1 \leq j' \leq Q'$$

Indizes des Meßbereichs:

$$k = k_1 + (k'-1)\Delta k, \qquad 1 \leq k' \leq K'$$
$$l = l_1 + (l'-1)\Delta l, \qquad 1 \leq l' \leq L'$$

Geschätztes ungestörtes Grauwertbild:

$$\hat{g}_{M\mu}(k',l') = \sum_i \sum_j \hat{g}_\mu(i,j) a_N(i-k,j-l) \qquad (4.30)$$

Geschätztes Differenz–Grauwertbild:

$$\Delta \hat{g}_{M\mu}(k',l') = g_{MR}(k',l') - \hat{g}_{M\mu}(k',l') \qquad (4.31)$$

Geschätztes ungestörtes Entfernungsbild:

$$\hat{z}_{M\mu}(k',l') = \frac{1}{\hat{g}_{M\mu}(k',l')} \sum_i \sum_j \hat{g}_\mu(i,j) \hat{z}_\mu(i,j) a_N(i-k,j-l) \qquad (4.32)$$

Geschätztes Differenz–Entfernungsbild:

$$\Delta \hat{z}_{M\mu}(k',l') = z_{MR}(k',l') - \hat{z}_{M\mu}(k',l') \qquad (4.33)$$

4.3.3.1 Serielles Verfahren

Da in Gleichung 4.25 die Zielentfernung nicht vorkommt, können die beiden Gleichungssysteme nacheinander gelöst werden. Zuerst bestimmt man iterativ die geschätzten Grauwerte $\hat{g}(p,q)$ als Lösung des ersten Gleichungssystems. Diese dienen bei der anschließenden Berechnung der geschätzten Zielentfernungen $\hat{z}(p,q)$ als Konstante. Mit den oben eingeführten Abkürzungen ergibt sich nach dem μ–ten Iterationsschritt folgendes Teilgleichungssystem für die Grauwerte:

$$\sum_{i'}\sum_{j'}\hat{g}_{\mu+1}(i,j)\sum_{k'}\sum_{l'}a_N(p-k,q-l)a_N(i-k,j-l)$$

$$+ \hat{g}_\mu(p,q)\Big[2w_G(p,q)+w_G(p,q+1)+w_G(p+1,q)\Big]$$

$$-\hat{g}_\mu(p,q-1)w_G(p,q) - \hat{g}_\mu(p-1,q)w_G(p,q) - \hat{g}_\mu(p,q+1)w_G(p,q+1) - \hat{g}_\mu(p+1,q)w_G(p+1,q)$$

$$= \sum_{k'}\sum_{l'}\Delta\hat{g}_{M\mu}(p,q)a_N(p-k,q-l) + \sum_{i'}\sum_{j'}\hat{g}_\mu(i,j)\sum_{k'}\sum_{l'}a_N(p-k,q-l)a_N(i-k,j-l) \quad (4.34)$$

Nach jeder Lösung von Gleichung 4.34 werden die neuen Grauwerte in das geschätzte ungestörte Grauwertbild eingesetzt.

$$\hat{g}_{M\mu+1}(k',l') = \hat{g}_{M\mu}(k',l') + \sum_{i'}\sum_{j'}\Big[\hat{g}_{\mu+1}(i,j) - \hat{g}_\mu(i,j)\Big]a_N(i-k,j-l) \quad (4.35)$$

mit: $\quad p_0 + m_1 \leq k' \leq p_0 + P' - 1 + m_2, \quad q_0 + n_1 \leq l' \leq q_0 + Q' - 1 + n_2$

Der Spezialfall $P' = Q' = 1$ führt auf ein Teilgleichungssystem mit nur einer Unbekannten und der Lösung:

$$\hat{g}_{\mu+1}(p,q) = \Big[2w_G(p,q) + w_G(p,q+1) + w_G(p+1,q) + \sum_{k'}\sum_{l'}a_N^2(p-k,q-l)\Big]^{-1} \cdot$$

$$\Big[\hat{g}_\mu(p,q-1)w_G(p,q) + \hat{g}_\mu(p-1,q)w_G(p,q) + \hat{g}_\mu(p,q+1)w_G(p,q+1) + \hat{g}_\mu(p+1,q)w_G(p+1,q)$$

$$+ \sum_{k'}\sum_{l'}\Delta\hat{g}_{M\mu}(k',l')a_N(p-k,q-l) + \hat{g}_\mu(p,q)\sum_{k'}\sum_{l'}a_N^2(p-k,q-l)\Big] \quad (4.36)$$

Dieses Zwischenergebnis wird wie oben in das geschätzte ungestörte Grauwertbild eingesetzt.

$$\hat{g}_{M\mu+1}(k',l') = \hat{g}_{M\mu}(k',l') + \left[\hat{g}_{\mu+1}(p,q) - \hat{g}_{\mu}(p,q)\right]a_N(p-k,q-l) \qquad (4.37)$$

mit: $\quad p + m_1 \leq k' \leq p + m_2$
$\qquad q + n_1 \leq l' \leq q + n_2$

Als Startschätzung $\hat{g}_0(p,q)$ der Iteration dienen die Meßdaten $g_{MR}(p,q)$, gegebenenfalls mit zusätzlichen, linear interpolierten und/oder extrapolierten Werten.

Das Teilgleichungssystem für die Zielentfernungen lautet:

$$\sum_{i'}\sum_{j'}\hat{z}_{\mu+1}(i,j)\sum_{k'}\sum_{l'}a_N(p-k,q-l)a_N(i-k,j-l)\frac{\hat{g}(i,j)}{\hat{g}_M(k',l')}\cdot\frac{\hat{g}(p,q)}{\hat{g}_M(k',l')}$$

$$-\hat{z}_{\mu}(p,q-1)w_Z(p,q) - \hat{z}_{\mu}(p-1,q)w_Z(p,q) - \hat{z}_{\mu}(p,q+1)w_Z(p,q+1) - \hat{z}_{\mu}(p+1,q)w_Z(p+1,q)$$

$$+ \hat{z}_{\mu}(p,q)\left[2w_Z(p,q) + w_Z(p,q+1) + w_Z(p+1,q)\right]$$

$$= \sum_{k'}\sum_{l'}\Delta\hat{z}_{M\mu}(p,q)\cdot a_N(p-k,q-l)\frac{\hat{g}(p,q)}{\hat{g}_M(k',l')}$$

$$+ \sum_{i'}\sum_{j'}\hat{z}_{\mu}(i,j)\sum_{k'}\sum_{l'}a_N(p-k,q-l)a_N(i-k,j-l)\frac{\hat{g}(i,j)}{\hat{g}_M(k',l')}\cdot\frac{\hat{g}(p,q)}{\hat{g}_M(k',l')} \qquad (4.38)$$

Nach jeder Lösung von Gleichung 4.38 werden die neuen Zielentfernungen in das geschätzte ungestörte Entfernungsbild eingesetzt.

$$\hat{z}_{M\mu+1}(k',l') = \hat{z}_{M\mu}(k',l') + \sum_{i'}\sum_{j'}\left[\hat{z}_{\mu+1}(i,j) - \hat{z}_{\mu}(i,j)\right]a_N(i-k,j-l)\frac{\hat{g}(i,j)}{\hat{g}_M(k',l')} \qquad (4.39)$$

Für den Spezialfall P'= Q'= 1 ergibt sich:

$$\hat{z}_{\mu+1}(p,q) = \left[2w_Z(p,q) + w_Z(p,q+1) + w_Z(p+1,q) + \sum_{k'}\sum_{l'} a_N^2(p-k,q-l)\left[\frac{\hat{g}(p,q)}{\hat{g}_M(k',l')}\right]^2\right]^{-1}$$

$$\cdot \left[\hat{z}_\mu(p,q-1)w_Z(p,q) + \hat{z}_\mu(p-1,q)w_Z(p,q) + \hat{z}_\mu(p,q+1)w_Z(p,q+1) + \hat{z}_\mu(p+1,q)w_Z(p+1,q)\right.$$

$$\left.+ \sum_{k'}\sum_{l'} \Delta\hat{z}_{M\mu}(k',l')a_N(p-k,q-l)\frac{\hat{g}(p,q)}{\hat{g}_M(k',l')} + \hat{z}_\mu(p,q)\sum_{k'}\sum_{l'} a_N^2(p-k,q-l)\left[\frac{\hat{g}(p,q)}{\hat{g}_M(k',l')}\right]^2\right]$$

(4.40)

Dieses Zwischenergebnis wird in das geschätzte ungestörte Entfernungsbild eingesetzt.

$$\hat{z}_{M\mu+1}(k',l') = \hat{z}_{M\mu}(k',l') + \left[\hat{z}_{\mu+1}(p,q) - \hat{z}_\mu(p,q)\right]a_N(p-k,q-l)\frac{\hat{g}(p,q)}{\hat{g}_M(k',l')} \qquad (4.41)$$

Als Startschätzung $\hat{z}_0(p,q)$ der Iteration dienen hier die gemessenen Entfernungen $z_{MR}(p,q)$, gegebenenfalls auch mit linear interpolierten und/oder extrapolierten Werten.

4.3.3.2   Paralleles Verfahren

Eine weitere Lösungsmöglichkeit besteht darin, abwechselnd einen Iterationsschritt nach Gleichung 4.34 bzw. 4.36 und nach Gleichung 4.38 bzw. 4.40 durchzuführen. Die Lösungen werden sofort in das geschätzte ungestörte Grauwert– bzw. Entfernungsbild eingesetzt und auf diese Weise schon beim nächsten Iterationsschritt berücksichtigt.

Das Einsetzen der neuen Grauwerte in das geschätzte ungestörte Entfernungsbild geschieht nach folgendem Schema:

$$\hat{z}_{M\mu+1}(k',l') = \hat{z}_{M\mu}(k',l') \cdot \frac{\hat{g}_{M\mu}(k',l')}{\hat{g}_{M\mu+1}(k',l')}$$

$$+ \sum_{i'}\sum_{j'} \left[\hat{g}_{\mu+1}(i,j) - \hat{g}_\mu(i,j)\right] a_N(i-k,j-l) \frac{\hat{z}_\mu(i,j)}{\hat{g}_{M\mu+1}(k',l')} \quad (4.42)$$

mit: $p_0 + m_1 \leq k' \leq p_0 + P' - 1 + m_2$
$\quad\quad q_0 + n_1 \leq l' \leq q_0 + Q' - 1 + n_2$

Für den Spezialfall $P' = Q' = 1$ ergibt sich:

$$\hat{z}_{M\mu+1}(k',l') = \hat{z}_{M\mu}(k',l') \cdot \frac{\hat{g}_{M\mu}(k',l')}{\hat{g}_{M\mu+1}(k',l')}$$

$$+ \left[\hat{g}_{\mu+1}(p,q) - \hat{g}_\mu(p,q)\right] a_N(p-k,q-l) \frac{\hat{z}_\mu(p,q)}{\hat{g}_{M\mu+1}(k',l')} \quad (4.43)$$

mit: $p + m_1 \leq k' \leq p + m_2$
$\quad\quad q + n_1 \leq l' \leq q + n_2$

Das Einsetzen der Grauwertänderungen in das geschätzte ungestörte Grauwertbild und der Entfernungsänderungen in das geschätzte ungestörte Entfernungsbild erfolgt wie beim seriellen Verfahren.

4.4 Zeitlich lineare, räumlich nichtlineare Beschreibung der Konturvermessung

Nach Abschnitt 3.3.4 kann unter Voraussetzung begrenzter Konturtiefe innerhalb der Abtastapertur die gemessene Zielentfernung ebenso wie der gemessene Grauwert in guter Näherung als lineare Überlagerung der Entfernungen bzw. der Grauwerte der einzelnen Konturpunkte innerhalb der Abtastapertur formuliert werden.

Die Auswertung des **Zeit**verlaufs des Empfangsimpulses bei der Laufzeit– bzw. Amplitudenmessung wird damit als **linear** aufgefaßt. Im Unterschied zu Abschnitt 4.3 hängt die Abtastapertur jedoch noch von der Zielentfernung ab. Der **räumliche** Zusammenhang ist deshalb **nichtlinear**.

Damit ergibt sich folgende diskretisierte Beschreibung des Meßvorgangs:

$$g_{MR}(k',l') = \sum_i \sum_j g(i,j) a_N\left[i-k, j-l, z(i,j)\right] + \epsilon_G(k',l') \qquad (4.44a)$$

$$z_{MR}(k',l') = \frac{\sum_i \sum_j g(i,j) z(i,j) a_N\left[i-k, j-l, z(i,j)\right]}{\sum_i \sum_j g(i,j) a_N\left[i-k, j-l, z(i,j)\right]} + \epsilon_Z(k',l') \qquad (4.44b)$$

4.4.1 Langsam veränderliche Meßentfernung

An den verschiedenen Meßpunkten kann nun zwar die Konturtiefe innerhalb der Abtastapertur näherungsweise konstant sein; bezogen auf die ganze Kontur ist die Abtastapertur jedoch eine Funktion der zu messenden Zielentfernung.

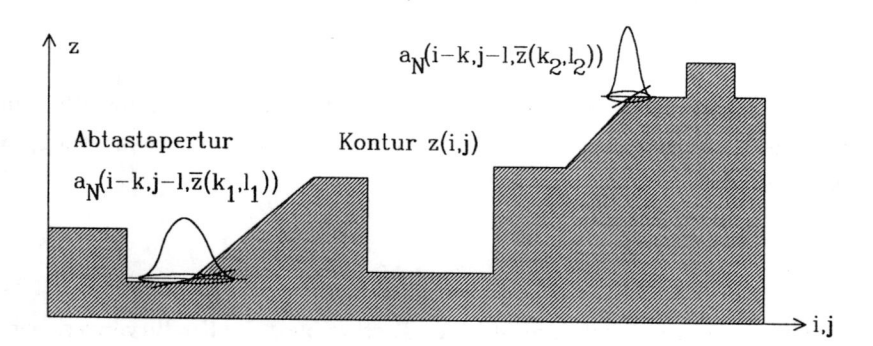

Bild 4.7: Geringe Entfernungsänderung innerhalb der Abtastapertur

Da vorausgesetzt wurde, daß die Zielentfernung sich innerhalb der Abtastapertur nur wenig ändert, kann für die Entfernungsabhängigkeit der Abtastapertur anstelle von $z(i,j)$

näherungsweise die mittlere Zielentfernung $\bar{z}(k,l)$ innerhalb der Abtastapertur eingesetzt werden.

$$a_N\left[i-k,j-l,z(i,j)\right] \simeq a_N\left[i-k,j-l,\bar{z}(k,l)\right] \qquad (4.45)$$

Damit gilt:

$$g_{MR}(k',l') \simeq \sum_i \sum_j g(i,j) a_N\left[i-k,j-l,\bar{z}(k,l)\right] + \epsilon_G(k',l') \qquad (4.46a)$$

$$z_{MR}(k',l') \simeq \frac{\sum_i \sum_j g(i,j) z(i,j) a_N\left[i-k,j-l,\bar{z}(k,l)\right]}{\sum_i \sum_j g(i,j) a_N\left[i-k,j-l,\bar{z}(k,l)\right]} + \epsilon_Z(k',l') \qquad (4.46b)$$

Bei der Konturrestauration kann für die mittlere Zielentfernung $\bar{z}(k,l)$ unter den oben genannten Voraussetzungen näherungsweise auch der gestörte Entfernungsmeßwert $z_{MR}(k',l')$ eingesetzt werden. Bei stark gestörten Daten kann vorher noch eine Rauschfilterung der Meßdaten, z.B. mit einem Medianfilter /113/, vorgenommen werden.

$$a_N\left[i-k,j-l,\bar{z}(k,l)\right] \simeq a_N\left[i-k,j-l,z_{MR}(k',l')\right] \qquad (4.47)$$

Da die Abtastapertur in der Entfernung $z_{MR}(k',l')$ bekannt ist, kann die Konturrestauration nun prinzipiell wie in Abschnitt 4.3 ablaufen. Man ersetzt einfach in sämtlichen Gleichungen die entfernungsunabhängige Abtastapertur $a_N(i-k,j-l)$ durch die entfernungsabhängige Version $a_N\bigl(i-k,j-l,z_{MR}(k',l')\bigr)$.

4.4.2 Schnell veränderliche Meßentfernung

Weist die zu vermessende Kontur beispielsweise Stufen auf, so liegt eine abrupte Änderung der Zielentfernung innerhalb der Abtastapertur vor. Bei nicht zu tiefen Stufen gelten die Näherungen und Restaurationsverfahren nach Abschnitt 4.3 bzw. 4.4.1.

Je nach Auslegung der Sensoroptik kann die Stufentiefe aber auch in einem Bereich liegen, in dem zwar die zeitliche Linearität noch gegeben ist, in dem jedoch die Änderung der Abtastapertur über der Zielentfernung so stark wird, daß die Konturvermessung nach Gleichung 4.44a,b beschrieben werden muß, ohne daß die in Abschnitt 4.4.1 benutzte Näherung gültig ist.

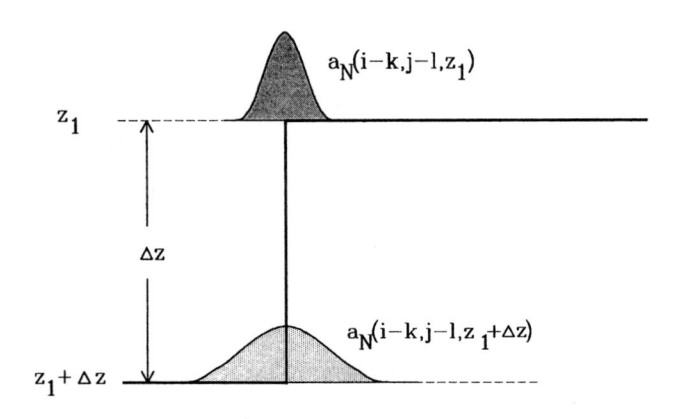

Bild 4.8: Starke Entfernungsänderung innerhalb der Abtastapertur

Nimmt man eine kleine Sensoroptik zur Konturerfassung im Nahbereich an, z.B. in einer Roboterhand, so kann innerhalb eines sehr kurzen Entfernungsintervalls eine starke Änderung der Abtastapertur über der Meßentfernung auftreten, ohne daß die Bedingungen für die Linearisierung der Grauwert- bzw. Entfernungsmessung verletzt werden. In diesem Fall ist der quadratische Entfernungsfehler wie in Gleichung 4.48 zu erweitern.

$$E_Z' = \sum_{k'} \sum_{l'} \left[z_{MR}(k',l') - \frac{\sum_i \sum_j \hat{g}(i,j)\hat{z}(i,j) a_N\left[i-k,j-l,\hat{z}(i,j)\right]}{\sum_i \sum_j \hat{g}(i,j) a_N\left[i-k,j-l,\hat{z}(i,j)\right]} \right]^2 \quad (4.48)$$

Im Gegensatz zu den bisher betrachteten Fällen, muß jetzt auch die Abtastapertur nach der geschätzten Zielentfernung abgeleitet werden.

Mit den in Abschnitt 4.3.1 definierten Abkürzungen ergibt sich:

$$\frac{dE'_Z}{d\hat{z}(p,q)} = 2 \sum_i \sum_j \hat{z}(i,j) \sum_{k'} \sum_{l'} \left[a_N \left[p-k, q-l, \hat{z}(p,q) \right] \right.$$

$$+ \left[\hat{z}(p,q) - \hat{z}_M(k',l') \right] \frac{da_N \left[p-k, q-l, \hat{z}(p,q) \right]}{d\hat{z}(p,q)} \left] a_N \left[i-k, j-l, \hat{z}(i,i) \right] \frac{\hat{g}(i,j)}{\hat{g}_M(k',l')} \cdot \frac{\hat{g}(p,q)}{\hat{g}_M(k',l')}$$

$$- 2 \sum_{k'} \sum_{l'} z_{MR}(k',l') \cdot \left[a_N \left[p-k, q-l, \hat{z}(p,q) \right] \right.$$

$$+ \left[\hat{z}(p,q) - \hat{z}_M(k',l') \right] \frac{da_N \left[p-k, q-l, \hat{z}(p,q) \right]}{d\hat{z}(p,q)} \left] \frac{\hat{g}(p,q)}{\hat{g}_M(k',l')} \quad (4.49)$$

Die Ableitung der Abtastapertur nach der Zielentfernung ist prinzipiell bekannt. Sowohl durch Messung, als auch durch Simulation läßt sie sich zwar nur in endlich vielen Entfernungen bestimmen; Zwischenwerte können jedoch durch Interpolation ermittelt werden.

Faßt man die partiellen Ableitungen zusammen, so entsteht ein nichtlineares Gleichungssystem für die Zielentfernungen, das aber auch mit dem iterativen Verfahren nach Abschnitt 4.3.3.2 gelöst werden kann. Da jetzt auch die Entfernungen im Gleichungssystem für die Grauwerte auftauchen, ist keine serielle Restauration mehr möglich.

Prinzipiell lassen sich mit den angegebenen Erweiterungen Konturen beliebiger Tiefe restaurieren. Es gelten jedoch die oben erwähnten Einschränkungen hinsichtlich Anstiegszeit und Dachbreite des Laserimpulses. Beide Größen können durch Tiefpaßfilterung des Empfangssignals vergrößert werden; dabei ist jedoch der Einfluß der verringerten Systembandbreite auf die Genauigkeit der Entfernungsmessung zu beachten /15/.

4.5 Allgemeine Beschreibung der Konturvermessung

Läßt man ohne Rücksicht auf den Zeitverlauf des Empfangsimpulses beliebige Konturtiefen zu, so ist die in Abschnitt 3.3 durchgeführte Linearisierung nicht mehr gültig, und es gilt die allgemeine Beschreibung der Entstehung des Grauwert- und Entfernungsbildes.

Ausgangspunkt für die Restauration einer Kontur in dieser allgemeinen Form sind die Gleichungen 4.2a und 4.2b. Das Adaptive Least Squares Verfahren liefert auch hier wieder einen möglichen Lösungsansatz.

Man minimiert die quadratischen Fehler wie in Abschnitt 4.3.

Dabei gilt:
$$E'_G = \sum_{k'}\sum_{l'}\left[g_{MR}(k',l') - F_G\left[k',l',\hat{g}(i,j),\hat{z}(i,j)\right]\right]^2 \quad (4.50a)$$

$$E'_Z = \sum_{k'}\sum_{l'}\left[z_{MR}(k',l') - F_Z\left[k',l',\hat{g}(i,j),\hat{z}(i,j)\right]\right]^2 \quad (4.50b)$$

Die partiellen Ableitungen lauten:

$$\frac{dE'_G}{d\hat{g}(p,q)} = -2\sum_{k'}\sum_{l'}\left[g_{MR}(k',l') - F_G\left[k',l',\hat{g}(i,j),\hat{z}(i,j)\right]\right]$$

$$\cdot \frac{d}{d\hat{g}(p,q)} F_G\left[k',l',\hat{g}(p,q),\hat{z}(i,j)\right] \quad (4.51a)$$

$$\frac{dE'_Z}{d\hat{z}(p,q)} = -2\sum_{k'}\sum_{l'}\left[z_{MR}(k',l') - F_Z\left[k',l',\hat{g}(i,j),\hat{z}(i,j)\right]\right]$$

$$\cdot \frac{d}{d\hat{z}(p,q)} F_Z\left[k',l',\hat{g}(i,j),\hat{z}(p,q)\right] \quad (4.51b)$$

Kombiniert man alle partiellen Ableitungen wie in Gleichung 4.17, so ergeben sich zwei nichtlineare Gleichungssysteme.

Voraussetzung für die analytische Differentiation ist eine geschlossene Formulierung der Funktionen F_G und F_Z. Nach Abschnitt 3.3 läßt sich eine solche im allgemeinen Fall jedoch weder für die Amplitude, noch für die Laufzeit des Zielimpulses angeben. Eine prinzipielle Lösungsmöglichkeit besteht darin, F_G und F_Z durch an die Meßdaten angepaßte, analytische Funktionen zu approximieren. Aufgrund der großen Datenmengen, die dafür benötigt würden, ist eine solche Vorgehensweise beim vorliegenden Problem nicht praktikabel. Beispielsweise müßte nach einem eventuellen Auswechseln der Laserdiode der ganze Meß- und Anpaßvorgang wiederholt werden, da der Zeitverlauf des Laserimpulses den Verlauf der Funktionen F_G und F_Z entscheidend beeinflußt.

Damit bleiben zur Lösung dieses inversen Problems nur numerische Methoden, die auch auf nicht analytisch darstellbare Funktionen anwendbar sind.

Die Bestimmung der Signale $\hat{g}(p,q)$ bzw. $\hat{z}(p,q)$ stellt ein mehrdimensionales Minimierungsproblem dar. Gesucht werden die globalen Minima der Funktionen E_G und E_Z. Zu beachten ist dabei, daß die Optimierung nicht auf lokale Minima führen sollte.

Es existiert eine ganze Reihe iterativer Methoden zur Lösung mehrdimensionaler Minimierungsprobleme. Bekannte Verfahren sind:

– Gradientenverfahren /84/, /114/
– Achsenparallele Suche (Gauß–Seidel–Verfahren) /115/, /116/
– Monte–Carlo–Verfahren /117/, /118/
– Evolutionsverfahren /115/

Weitere Algorithmen sind beispielsweise in /119/ zu finden. Es ist auch möglich, verschiedene Verfahren miteinander zu kombinieren.

Das Grundproblem ist in allen Fällen die benötigte Rechenzeit. Wie oben erwähnt, kann eine Kontur aus sehr vielen Punkten bestehen. Bei jeder Variation im Laufe eines der angegebenen iterativen Verfahren ist die Form des Zielimpulses neu zu berechnen sowie die Laufzeit- und die Amplitudenmessung nachzubilden. Je nach benötigter Anzahl von Iterationen müssen daher sehr viele Einzelberechnungen durchgeführt werden, was zu untragbaren Rechenzeiten führen kann.

Im allgemeinen ist die Ausdehnung der Abtastapertur jedoch klein im Vergleich zu derjenigen der Kontur, so daß in mehreren Konturbereichen gleichzeitig unabhängig voneinander gerechnet werden kann. Daher kann durch Parallelverarbeitung die Rechenzeit verringert werden. Je größer die Ausdehnung der Kontur gegenüber der Abtastapertur ist, desto höher kann dabei der Grad der Parallelisierung werden.

Auch bei den in Abschnitt 4.3 angegebenen iterativen Lösungsverfahren kann auf diese Weise durch Parallelverarbeitung der Bedarf an Rechenzeit verringert werden.

4.6 Simulationsbeispiele

Der letztendliche Test der vorher beschriebenen Restaurationsverfahren besteht in der Anwendung auf reale Meßdaten. Um die Auswirkungen der Variation verschiedener Parameter der Meßsignale (z.B. Signal–/Rauschverhältnis) sowie der Algorithmen (z.B. Ordnung der Teilgleichungssysteme) ausführlich untersuchen zu können, ist jedoch die vorherige Anwendung auf simulierte Meßdaten vorteilhafter.

4.6.1 Qualtitätskriterien zur Beurteilung der Restaurationsergebnisse

Die einfachste Methode zur Beurteilung der Restaurationsergebnisse besteht in der visuellen Kontrolle graphisch dargestellter Signale. Um einen schnellen Überblick zu gewinnen, ist dieses Verfahren auch durchaus geeignet. Bei Anwendungen in der Bildverarbeitung, die darauf abzielen, ein Bildsignal für den Betrachter angenehmer oder aussagekräftiger zu machen, ist die visuelle Kontrolle sogar das optimale Qualitätskriterium. Der ausschließliche Test von Algorithmen zur 3D–Konturrestauration durch visuelle Kontrolle der Ergebnisse führt jedoch zu einigen schwerwiegenden Problemen:

– Der visuelle Eindruck ist ein subjektives Kriterium, das vom jeweiligen Betrachter abhängt. Der Vergleich unterschiedlicher Ergebnisse ist daher nur bedingt möglich.

– Die visuelle Kontrolle der Ergebnisse von Reihentests ist für den Betrachter ermüdend und meistens aus Zeitgründen überhaupt nicht durchführbar.

In der vorliegenden Arbeit wird die Graphik deshalb nur zur Darstellung von Beispielen und zur Verdeutlichung charakteristischer Merkmale verwendet.

Ein häufig benutztes objektives Qualitätskriterium, das auch bei der Herleitung des Adaptive Least Squares Verfahrens benutzt wurde, ist die Summe der Quadrate der Abweichungen zwischen Sollwert und Istwert.

Zunächst berechnet man die Abweichung der Meßdaten von der Originalkontur. Die quadratischen Fehler E_{G1} und E_{Z1} der gemessenen Grauwerte und Entfernungen lauten:

$$E_{G1} = \sum_k \sum_l \left[g_{MR}(k,l) - g(k,l) \right]^2 \tag{4.52a}$$

$$E_{Z1} = \sum_k \sum_l \left[z_{MR}(k,l) - z(k,l) \right]^2 \tag{4.52b}$$

Nach der Restauration ergeben sich die absoluten Restaurationsfehler E_{G2} und E_{Z2}.

$$E_{G2} = \sum_i \sum_j \left[\hat{g}(i,j) - g(i,j) \right]^2 \tag{4.53a}$$

$$E_{Z2} = \sum_i \sum_j \left[\hat{z}(i,j) - z(i,j) \right]^2 \tag{4.53b}$$

Als endgültiges Qualitätskriterium dienen die bezogenen Restaurationsfehler E_{GN} und E_{ZN} nach /22/.

$$E_{GN} = \frac{E_{G2}}{E_{G1}} \qquad E_{ZN} = \frac{E_{Z2}}{E_{Z1}} \tag{4.54a,b}$$

Werden die bezogenen Fehler kleiner als 1, so wurde durch die Restauration im Mittel eine Qualitätsverbesserung der Meßergebnisse bewirkt. Im umgekehrten Fall ist eine Verschlechterung eingetreten.

Prinzipiell lassen sich natürlich auch andere Fehlerkriterien definieren. In /113/ wurde beispielsweise zusätzlich zum bezogenen quadratischen Fehler auch die Kreuzkorrelation zwischen dem Originalsignal und den Meß– bzw. Schätzwerten verwendet. Die resultierenden Verbesserungsfaktoren entsprachen jedoch näherungsweise denen des quadratischen Fehlerkriteriums.

4.6.2 Erzeugung der Testkonturen

Die Testkonturen, bestehend aus Entfernungs— und Grauwertverlauf, werden, basierend auf den in Abschnitt 2.2 erläuterten Voraussetzungen, zufällig erzeugt. Zwischen ebenen und räumlichen Konturen ergeben sich dabei einige Unterschiede.

4.6.2.1 Erzeugung der ebenen Testkonturen

Der Entfernungsverlauf der hier verwendeten ebenen Testkonturen besteht immer aus einer Folge von geraden Segmenten mit statistisch gleich verteilter Länge. Die mittlere Segmentlänge liegt bei 16 Abtastintervallen. Die Wahrscheinlichkeit für Sprünge, Schrägen und Waagerechte beträgt jeweils ein Drittel, mit folgenden Einschränkungen:

— Der Entfernungs— bzw. Grauwertverlauf darf nicht mit einem Sprung beginnen oder enden.
— Zwei aufeinanderfolgende Sprünge, bzw. waagerechte Segmente sind nicht zulässig.

Der Grauwertverlauf setzt sich aus einer Reihe waagerechter Segmente mit statistisch gleich verteilten Längen und Grauwerten zusammen. Die mittlere Segmentlänge beträgt wieder 16 Abtastintervalle. Die minimale Segmentlänge liegt bei 2 Abtastintervallen. Bild 4.9 zeigt exemplarisch eine so erzeugte Testkontur.

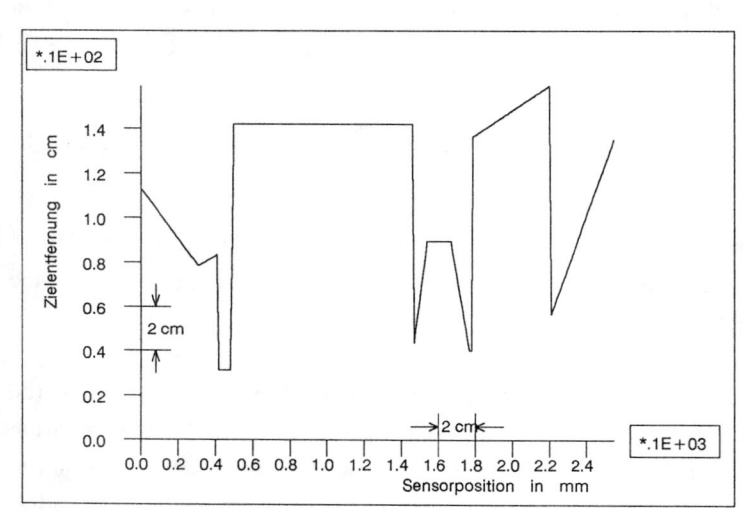

Bild 4.9a: Zufällig erzeugter Entfernungsverlauf

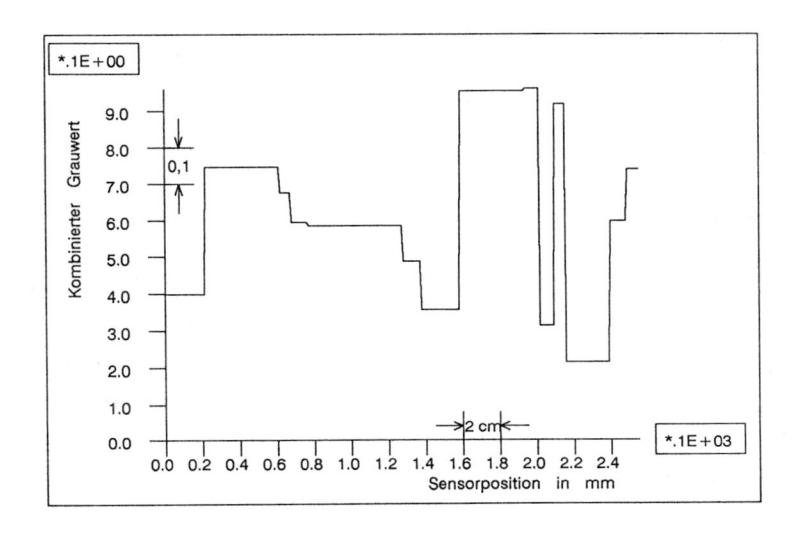

Bild 4.9b: Zufällig erzeugter Grauwertverlauf

Prinzipiell lassen sich natürlich auch kompliziertere Konturen erzeugen. Für die Simulationsuntersuchungen ist dies jedoch nicht notwendig, da die so erzeugten, einfachen Verläufe technischen Konturen recht ähnlich sehen. Die Grauwerte sind immer als kombinierte Grauwerte nach Gleichung 3.3 aufzufassen.

4.6.2.2 Erzeugung der räumlichen Testkonturen

Im Gegensatz zu ebenen Verläufen sind räumliche Konturen durch die Vorgabe einer Reihe von Fixpunkten nicht eindeutig charakterisiert. Um im vorliegenden Fall die Erzeugung solcher Testkonturen nicht unnötig zu komplizieren, werden die räumlichen Verläufe jeweils separierbar, d.h., als geometrisches Mittel zweier ebener Konturen in x– und y–Richtung definiert. Da bei der Restauration die Separierbarkeit nicht vorausgesetzt wird, ist die dadurch bedingte Vereinfachung zulässig. Es gilt:

$$z_{3D}(x,y) = \sqrt{z_{2D}(x) \cdot z_{2D}(y)} \qquad (4.55a)$$

$$g_{3D}(x,y) = \sqrt{g_{2D}(x) \cdot g_{2D}(y)} \qquad (4.55b)$$

Die beiden ebenen Verläufe werden wie in Abschnitt 4.6.2.1 beschrieben erzeugt. Die mittleren Segmentlängen liegen bei 5 Abtastintervallen. Die Wahrscheinlichkeit für Sprünge und Waagerechte beträgt jeweils 45%, für Schrägen 10%.

4.6.3 Entstehung der gestörten Meßdaten

Bei den Simulationsuntersuchungen findet zunächst die Formulierung der Entstehung der ungestörten Daten nach Gleichung 3.21 und 3.43 in diskretisierter Form Verwendung. Als Abtastapertur wird der normierte Verlauf der nach Abschnitt 2.6.1 simulierten Optik, teils in der räumlichen, teils in der ebenen Variante, eingesetzt (siehe Bild 3.5 bzw. 3.6). Da die Zielentfernung immer zwischen 80 cm und 1 m liegt, benutzt man zweckmäßigerweise die Abtastapertur in 90 cm Entfernung von der Optik.

Die frei wählbaren Signal–/Rauschverhältnisse des Grauwert– und Entfernungsbildes sind als Verhältnis der Varianz der ungestörten Meßwerte zur Varianz des Rauschens definiert. Es wird somit nur die Wechselleistung berücksichtigt, da in ihr die eigentliche Information über den Verlauf der Kontur enthalten ist.

$$\text{SNR}_G = \frac{1}{\sigma_G^2} \sum_{k'} \sum_{l'} \left[g_M(k,l) - \bar{g}_M \right]^2 \qquad (4.56a)$$

$$\text{SNR}_Z = \frac{1}{\sigma_Z^2} \sum_{k'} \sum_{l'} \left[z_M(k,l) - \bar{z}_M \right]^2 \qquad (4.56b)$$

Die Varianz des zu überlagernden Rauschens ergibt sich nach der Erzeugung der ungestörten Verläufe durch Umstellen der Gleichungen 4.56a,b.

4.6.4 Monte–Carlo–Simulation der Restauration ebener Konturen

Um aussagekräftige Simulationsergebnisse zu gewinnen, muß immer eine ganze Reihe von Testkonturen restauriert werden. Ansonsten besteht die Gefahr, daß Parameteroptimierungen nur auf ein einzelnes Beispiel abgestimmt werden. Schlimmstenfalls kann dann die Anwendung auf andere Signale zu völlig unbrauchbaren Ergebnissen führen. Im folgenden wird jede untersuchte Parameterkombination daher auf 100 verschiedene, zufällig erzeugte Testkonturen angewandt. Als Ergebnis erhält man den mittleren bezogenen quadratischen Grauwert– bzw. Entfernungsfehler und seine Standardabweichung. Jeder Testkontur wird zufällig erzeugtes Grauwert– bzw. Entfernungsrauschen mit einer Varianz nach Abschnitt 4.6.3 überlagert. Um die Rechenzeit in Grenzen zu halten, werden die Monte–Carlo–Simulationen zunächst für ebene Konturen (siehe auch Abschnitt 2.7) durchgeführt. Die Konturen bestehen aus 256, die Abtastapertur aus 21 Punkten, so daß sich maximal 256 + 21 − 1 sinnvolle Meßpunkte ergeben. Die Breite eines Abtastintervalls beträgt jeweils 1 mm.

4.6.4.1 Einfluß des Normierungsfaktors der Gewichtungsfunktion

Wie schon am Anfang von Kapitel 4 erwähnt, sind einige bekannte Restaurationsverfahren, beispielsweise das simple Inversfilter /88/, dadurch gekennzeichnet, daß sie nur bei sehr günstigen Signal–/Rauschverhältnissen (SNR) brauchbar sind. Infolge der zusätzlichen Glättungsfunktion ist das Adaptive Least Squares Verfahren in seiner Anwendbs - keit weniger eingeschränkt.

Das Signal–/Rauschverhältnis für die Grauwerte und die Zielentfernungen wird jeweils von 3 dB bis 30 dB in 3 dB–Schritten erhöht. Es werden gleiche Werte für beide Signale angenommen. Zusätzlich wird jeweils der in Abschnitt 4.2.2 definierte Normierungsfaktor w_0 der Gewichtungsfunktion in einem Bereich von 10^{-3} bis $5 \cdot 10^2$ verändert. Das Fenster zur Berechnung der Gewichtungsfunktion ist vorläufig auf eine Breite von 7 Werten eingestellt. Die Konturen werden als räumlich begrenzt angenommen. Der Meßbereich ist soweit ausgedehnt, daß jeder Konturpunkt von jedem Punkt der Abtastapertur erfaßt wird. Es findet somit weder eine Interpolation, noch eine Extrapolation statt, sondern eine einfache Kreuzkorrelation räumlich begrenzter Signale. Die Ordnung der Teilgleichungssysteme wird zunächst auf 1 gesetzt. Da das parallele Verfahren praktisch zu den gleichen Ergebnissen führt, wird für die Simulationen in diesem Abschnitt durchweg das serielle Iterationsverfahren verwendet.

Tabelle 4.1a zeigt die mittleren bezogenen Entfernungsfehler und ihre Standardabweichung als Funktion von w_0 und SNR, Tabelle 4.1b die entsprechenden Grauwertfehler.

$w_0 \backslash \frac{SNR}{dB}$	3	6	9	12	15	18	21	24	27	30
$1 \cdot 10^{-3}$								300 ±18.7	157 ±8.39	85.4 ±4.16
$2 \cdot 10^{-3}$							389 ±21.6	226 ±11.8	170 ±8.14	74.5 ±4.01
$5 \cdot 10^{-3}$						389 ±20.2	230 ±11.4	137 ±8.16	75.1 ±4.16	48.0 ±2.82
$1 \cdot 10^{-2}$					441 ±25.4	265 ±17.1	153 ±8.53	79.8 ±4.73	50.0 ±3.20	36.4 ±1.73
$2 \cdot 10^{-2}$				382 ±15.8	256 ±13.3	151 ±10.3	97.7 ±6.51	54.1 ±3.70	35.9 ±2.14	27.0 ±1.39
$5 \cdot 10^{-2}$			254 ±10.4	187 ±8.68	126 ±6.98	86.3 ±5.21	42.4 ±2.40	31.9 ±1.61	**25.5** **±1.17**	**22.6** **±1.02**
$1 \cdot 10^{-1}$		170 ±7.07	131 ±5.37	92.4 ±4.53	67.4 ±3.27	42.1 ±2.61	33.2 ±1.37	**26.5** **±1.25**	26.2 ±1.22	24.0 ±1.13
$2 \cdot 10^{-1}$	99.6 ±2.75	87.9 ±3.66	68.1 ±2.84	52.9 ±2.02	40.7 ±1.74	34.3 ±1.28	**27.9** **±1.25**	28.2 ±1.35	26.3 ±1.22	26.1 ±1.13
$5 \cdot 10^{-1}$	50.3 ±1.49	43.8 ±1.44	37.2 ±1.23	32.9 ±1.00	**32.7** **±1.10**	**32.4** **±1.34**	30.1 ±1.28	31.3 ±1.24	30.4 ±1.42	29.1 ±1.25
$1 \cdot 10^{0}$	33.1 ±0.97	31.8 ±0.97	32.6 ±1.05	**32.6** **±1.24**	33.1 ±1.06	32.7 ±1.51	33.5 ±1.27	34.6 ±1.49	32.9 ±1.57	36.7 ±1.71
$2 \cdot 10^{0}$	25.0 ±0.73	26.9 ±0.63	**29.2** **±0.78**	33.6 ±1.10	36.5 ±1.35	36.8 ±1.49	37.6 ±1.46	37.2 ±1.32	39.8 ±1.70	41.2 ±1.58
$5 \cdot 10^{0}$	**19.7** **±0.63**	**24.1** **±0.88**	31.7 ±0.96	37.3 ±1.23	43.1 ±1.49	43.8 ±1.46	46.5 ±1.52	45.2 ±1.72	47.9 ±1.75	48.4 ±1.78
$1 \cdot 10^{1}$	20.1 ±0.67	25.5 ±0.91	32.5 ±1.20	41.2 ±1.44	46.5 ±1.75	51.8 ±1.93	53.4 ±1.92	56.9 ±2.03	59.1 ±2.47	
$2 \cdot 10^{1}$	19.9 ±0.70	27.6 ±0.95	36.7 ±1.29	45.1 ±1.51	54.5 ±1.66	57.4 ±1.86	62.1 ±1.96			
$5 \cdot 10^{1}$	20.6 ±0.74	29.4 ±0.99	41.0 ±1.33	52.8 ±1.61	62.7 ±2.10					
$1 \cdot 10^{2}$	24.1 ±0.87	33.3 ±1.19	43.5 ±1.55	59.4 ±1.77						
$2 \cdot 10^{2}$	26.1 ±0.86	36.0 ±1.24	48.3 ±1.73	64.0 ±1.88						
$5 \cdot 10^{2}$	28.6 ±0.98	38.6 ±1.21	54.5 ±1.67	67.2 ±2.29						

Tab. 4.1a: Bezogene Entfernungsfehler der seriellen Iteration in Prozent

$w_0 \backslash \frac{SNR}{dB}$	3	6	9	12	15	18	21	24	27	30
$1 \cdot 10^{-3}$								207 ±9.13	129 ±4.55	78.5 ±2.02
$2 \cdot 10^{-3}$							263 ±10.8	154 ±5.63	120 ±4.28	62.2 ±1.40
$5 \cdot 10^{-3}$						281 ±11.6	171 ±7.19	95.5 ±3.53	65.8 ±1.93	51.4 ±1.23
$1 \cdot 10^{-2}$					313 ±13.7	180 ±7.24	111 ±4.63	72.5 ±2.39	50.1 ±1.45	42.9 ±0.92
$2 \cdot 10^{-2}$				285 ±11.1	206 ±8.38	112 ±4.54	72.7 ±2.89	53.9 ±1.38	41.0 ±1.00	39.1 ±0.91
$5 \cdot 10^{-2}$			223 ±8.04	156 ±7.06	96.1 ±4.26	66.9 ±2.63	49.7 ±1.60	**41.7 ±1.08**	**39.3 ±1.04**	**35.4 ±0.87**
$1 \cdot 10^{-1}$		153 ±5.15	117 ±4.40	87.3 ±3.26	67.2 ±2.26	48.6 ±1.56	44.2 ±1.26	41.9 ±0.90	39.7 ±1.01	38.9 ±1.00
$2 \cdot 10^{-1}$	96.8 ±2.74	79.8 ±2.69	66.1 ±2.08	56.8 ±1.34	49.1 ±1.13	**47.8 ±0.95**	**43.8 ±0.95**	46.4 ±0.98	43.4 ±0.99	44.2 ±1.04
$5 \cdot 10^{-1}$	52.2 ±1.44	47.2 ±1.12	46.9 ±1.17	49.1 ±1.02	**47.2 ±0.97**	49.8 ±1.09	49.0 ±1.06	50.7 ±1.10	49.4 ±0.98	50.3 ±1.15
$1 \cdot 10^{0}$	36.8 ±0.90	40.6 ±0.93	43.1 ±0.83	**48.2 ±1.08**	51.2 ±1.08	52.0 ±1.02	52.5 ±0.82	55.9 ±1.08	53.2 ±1.05	54.0 ±1.26
$2 \cdot 10^{0}$	30.5 ±0.73	37.5 ±0.85	**42.0 ±0.89**	49.8 ±1.04	53.6 ±0.95	57.5 ±1.10	58.7 ±1.12	59.5 ±1.03	59.2 ±0.90	61.6 ±1.15
$5 \cdot 10^{0}$	28.2 ±0.71	38.0 ±1.01	46.2 ±1.21	55.7 ±1.20	62.8 ±1.11	65.7 ±1.31	70.0 ±1.40	69.7 ±1.30	68.7 ±1.21	70.2 ±1.25
$1 \cdot 10^{1}$	**28.5 ±0.77**	**37.4 ±0.92**	50.7 ±1.43	61.0 ±1.25	67.8 ±1.24	72.2 ±1.32	75.9 ±1.28	78.7 ±1.22	78.2 ±1.30	
$2 \cdot 10^{1}$	30.3 ±0.92	42.6 ±1.27	53.4 ±1.43	66.4 ±1.56	77.2 ±1.45	81.6 ±1.44	84.5 ±1.44			
$5 \cdot 10^{1}$	32.7 ±0.99	47.5 ±1.60	59.3 ±1.47	76.3 ±1.77	87.1 ±1.73					
$1 \cdot 10^{2}$	35.1 ±1.19	49.0 ±1.53	64.6 ±1.58	83.8 ±1.76						
$2 \cdot 10^{2}$	38.2 ±1.28	52.3 ±1.53	69.9 ±1.63	86.3 ±1.91						
$5 \cdot 10^{2}$	36.7 ±1.16	56.2 ±1.66	75.6 ±1.63	92.3 ±1.90						

Tab. 4.1b: Bezogene Grauwertfehler der seriellen Iteration in Prozent

Der optimale Wert von w_0 wird mit steigendem SNR immer kleiner. Es bietet sich daher an, ihn, wie in Gleichung 4.57 angegeben, umgekehrt proportional zu SNR zu machen.

$$w_0 = \frac{w_0'}{\text{SNR}} \qquad (4.57)$$

Das Optimum von w_0' liegt sowohl für die Grauwerte, als auch für die Zielentfernungen etwa bei 20. Dieser Wert wird auch bei allen weiteren Restaurationen eingesetzt. Die genaue Einstellung ist unkritisch. Sogar eine Variation um den Faktor 5 führt zu keiner gravierenden Änderung der Restaurationsergebnisse.

Die SNR–Werte können aus den Meßdaten geschätzt werden. Ein einfaches Schätzverfahren wird in /120/ beschrieben. Man ermittelt zuerst näherungsweise die Rauschleistung P_N. Zusammen mit der Leistung P_M der gestörten Meßdaten ergibt sich:

$$\text{SNR} \simeq \frac{P_M - P_N}{P_N} \qquad (4.58)$$

Um P_N zu schätzen, transformiert man die gestörten Meßdaten mittels FFT in den Frequenzbereich und bestimmt die Leistung im hochfrequentesten Viertel des Spektrums. Nimmt man ein konstantes Leistungsdichtespektrum des Rauschens an, und setzt man ferner voraus, daß die Leistung des ungestörten Signals in diesem Frequenzbereich schon hinreichend abgeklungen ist, dann entspricht die auf diese Weise berechnete Rauschleistung ungefähr einem Viertel der gesamten Rauschleistung P_N.

Bei den im Rahmen der Simulationsuntersuchungen verwendeten Testkonturen und der angegebenen Abtastapertur liefert das Verfahren SNR–Schätzwerte, die um nicht mehr als 2 dB vom wahren SNR abweichen, was für die Einstellung von w_0 ausreichend genau ist. Eine weitere Möglichkeit zur SNR–Bestimmung besteht in einer vorhergehenden Bestimmung der Varianzen der Rauschvorgänge durch Analyse von gemessenen oder simulierten Entfernungs– und Grauwertmeßdaten.

Bild 4.10a zeigt exemplarisch den restaurierten Entfernungsverlauf, die Originaldaten und die simulierten Meßdaten einer willkürlich herausgegriffenen Kontur, Bild 4.10b die zugehörigen Grauwertverläufe. Das Signal–/Rauschverhältnis beträgt jeweils 20 dB.

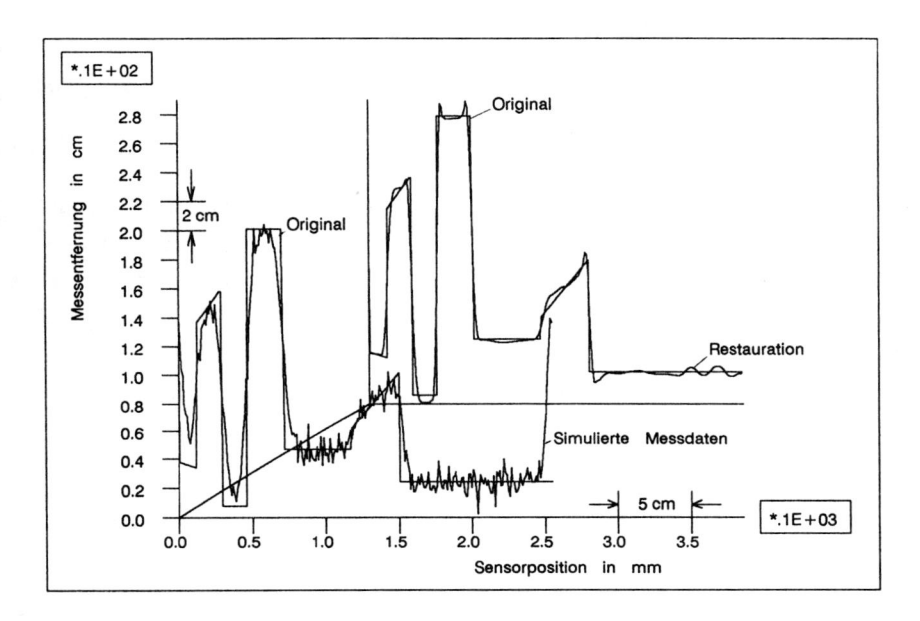

Bild 4.10a: Restaurierte Entfernungen im Vergleich zum Original und zu den Meßdaten

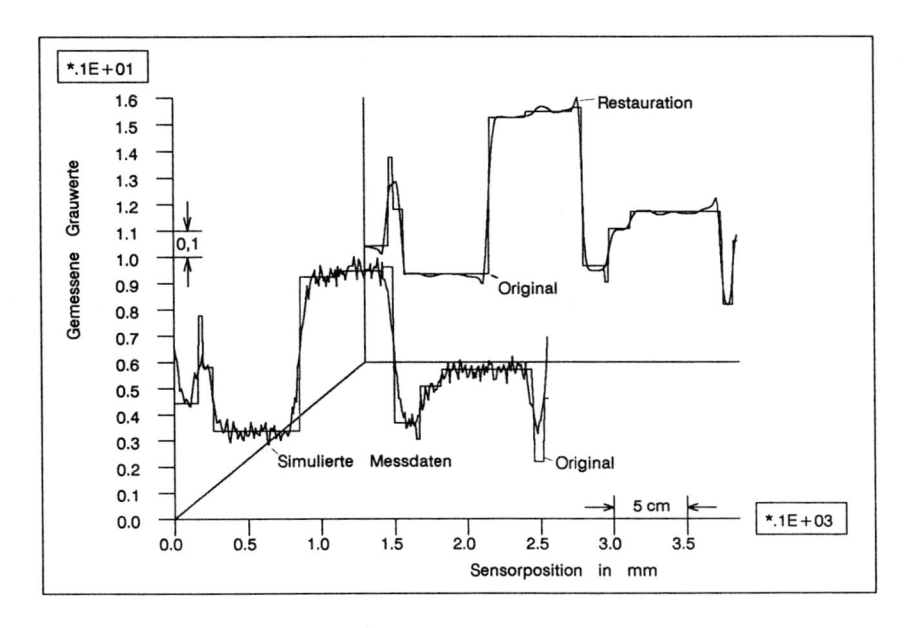

Bild 4.10b: Restaurierte Grauwerte im Vergleich zum Original und zu den Meßdaten

4.6.4.2 Einfluß der Ausdehnung der Gewichtungsfunktion

In Abschnitt 4.2.2 wurden die Ausdehnungen $b_X = 2I'+1$ und $b_Y = 2J'+1$ der Gewichtungsfunktion in x− bzw. y−Richtung definiert. Es ist nun zu untersuchen, wie sich eine Variation von b_Y auf die Restauration in x−Richtung unendlich ausgedehnter und konstanter Konturen auswirkt. b_X entfällt dabei. Das Signal−/Rauschverhältnis für die Grauwerte und die Entfernungen wird wie in Abschnitt 4.6.4.1 zwischen 3 und 30 variiert. w_0 wird nach Gleichung 4.57 mit $w_0' = 20$ bestimmt. Alle anderen Einstellungen bleiben unverändert.

Tabelle 4.2a zeigt die mittleren bezogenen Entfernungsfehler und ihre Standardabweichung als Funktion von b_Y und SNR, Tabelle 4.2b die entsprechenden Grauwertfehler.

b_Y \ $\frac{SNR}{dB}$	3	6	9	12	15	18	21	24	27	30
3	90.8 ±3.54	113 ±5.13	117 ±4.77	113 ±3.97	107 ±4.22	87.0 ±4.52	72.9 ±3.65	63.6 ±3.48	53.4 ±3.22	41.5 ±2.05
5	23.8 ±0.83	27.0 ±0.89	32.0 ±0.97	35.1 ±0.99	35.7 ±1.21	34.5 ±1.33	32.6 ±1.56	31.8 ±1.57	29.1 ±1.31	25.1 ±1.31
7	19.5 ±0.64	25.4 ±0.72	28.7 ±0.92	31.1 ±1.06	35.4 ±1.19	34.5 ±1.43	30.7 ±1.30	30.0 ±1.48	24.0 ±1.09	25.6 ±1.23
9	20.0 ±0.66	24.4 ±0.82	28.9 ±0.92	33.2 ±1.03	36.0 ±0.97	33.3 ±1.38	32.1 ±1.44	28.8 ±1.12	27.9 ±1.32	28.4 ±1.55
11	18.8 ±0.60	25.1 ±0.79	28.7 ±1.12	30.4 ±0.89	31.1 ±1.10	32.9 ±1.50	30.6 ±1.47	31.4 ±1.41	27.5 ±1.08	27.7 ±1.14
13	18.5 ±0.57	25.3 ±0.85	28.7 ±0.99	32.8 ±1.18	34.9 ±1.12	35.4 ±1.26	32.8 ±1.31	33.0 ±1.32	29.4 ±1.34	29.3 ±1.14
15	20.0 ±0.64	24.6 ±0.87	28.6 ±0.91	33.2 ±1.16	35.7 ±1.16	33.4 ±1.34	33.7 ±1.43	31.8 ±1.34	31.5 ±1.30	28.5 ±1.23
17	18.7 ±0.66	24.8 ±0.78	30.7 ±1.01	34.5 ±1.09	35.5 ±1.11	37.3 ±1.37	35.1 ±1.32	34.3 ±1.34	32.1 ±1.44	32.3 ±1.49

Tab. 4.2a: Bezogene Entfernungsfehler der seriellen Iteration in Prozent

$b_Y \backslash \frac{SNR}{dB}$	3	6	9	12	15	18	21	24	27	30
3	102 ±3.48	125 ±3.92	133 ±4.07	118 ±3.24	96.1 ±2.57	81.2 ±2.78	63.9 ±2.37	60.1 ±2.48	52.8 ±2.21	48.2 ±2.26
5	32.1 ±0.87	37.1 ±0.84	45.4 ±1.00	50.3 ±1.12	48.8 ±1.25	49.4 ±1.09	42.6 ±1.20	38.6 ±1.01	36.7 ±1.23	32.8 ±0.99
7	28.8 ±0.83	36.5 ±0.94	44.0 ±0.90	48.7 ±0.96	47.9 ±1.01	46.1 ±0.90	45.2 ±0.92	39.7 ±0.94	35.8 ±0.85	35.7 ±0.94
9	28.7 ±0.75	35.9 ±0.88	42.9 ±1.06	48.1 ±1.00	49.6 ±0.87	49.7 ±0.88	46.8 ±0.96	43.6 ±0.89	39.5 ±1.09	37.0 ±0.87
11	29.2 ±0.88	37.7 ±0.94	44.4 ±0.99	51.7 ±0.85	52.0 ±0.77	51.0 ±0.86	51.1 ±0.95	46.6 ±1.00	43.5 ±0.91	38.9 ±0.81
13	30.8 ±0.95	38.2 ±0.89	45.9 ±0.96	52.5 ±0.94	53.2 ±0.79	53.5 ±0.75	53.0 ±0.83	50.2 ±0.90	45.2 ±0.90	41.9 ±0.92
15	30.2 ±0.91	35.6 ±0.92	47.7 ±1.02	52.6 ±0.85	55.4 ±0.84	54.0 ±0.78	53.6 ±0.82	51.0 ±0.90	48.5 ±1.06	44.1 ±0.80
17	29.7 ±0.85	39.9 ±0.96	48.9 ±0.98	54.0 ±0.93	57.9 ±0.83	56.6 ±0.90	55.3 ±0.92	52.1 ±0.76	49.1 ±0.89	46.5 ±0.97

Tab. 4.2b: Bezogene Grauwertfehler der seriellen Iteration in Prozent

Mit steigendem SNR werden kleinere Werte für b_Y immer günstiger. Bei der Restauration der Grauwerte und der Entfernungen liefert jedoch $b_Y = 7$ durchweg günstige Ergebnisse. Für die Entfernungsfehler ergeben sich bei Erhöhung von b_Y keine signifikanten Unterschiede. Da bei den Grauwertverläufen weder Spitzen noch Schrägen vorkommen, werden die Grauwertfehler bei Vergrößerung von b_Y zusehends größer. Insgesamt ist die Einstellung jedoch relativ unkritisch. Als Dimensionierungsregel ist lediglich festzuhalten, daß im untersuchten SNR-Bereich auf keinen Fall $b_Y = 3$ gewählt werden sollte.

Um die Ergebnisse des seriellen und des parallelen Iterationsverfahrens zu vergleichen, wird jetzt b_Y in Zweierschritten von 3 bis 31 erhöht. SNR für die Grauwert- und Entfernungsmeßdaten wird auf 20 dB gesetzt. Alle anderen Einstellungen bleiben unverändert. Bild 4.11 zeigt die bezogenen quadratischen Entfernungs- bzw. Grauwertfehler.

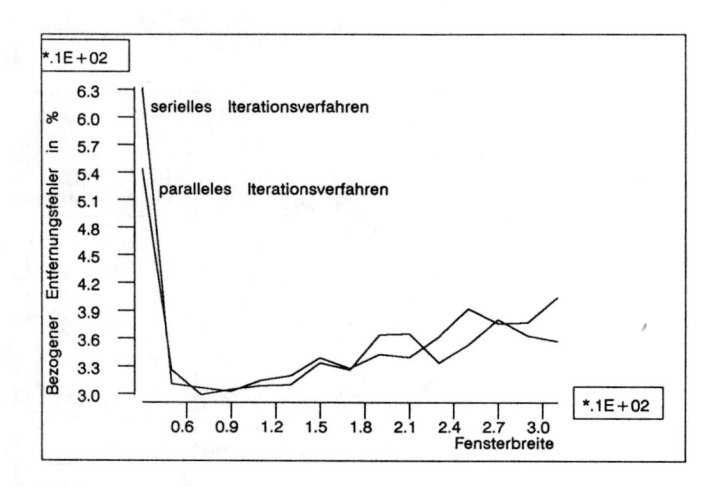

Bild 4.11a: Bezogene Entfernungsfehler

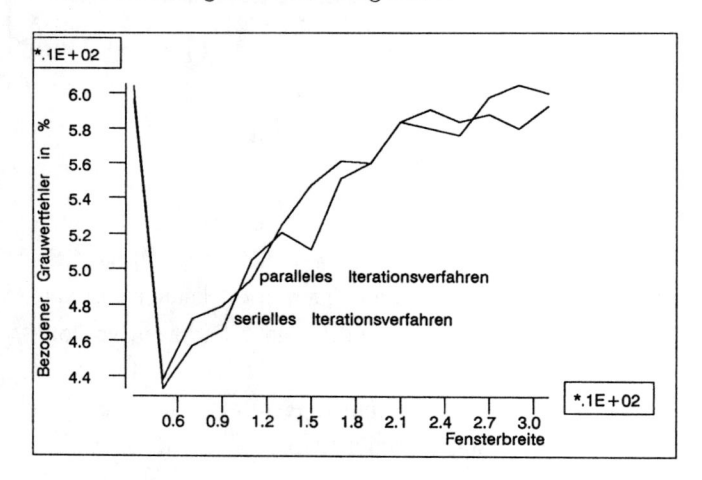

Bild 4.11b: Bezogene Grauwertfehler

Es ergeben sich keine statistisch signifikanten Unterschiede zwischen der seriellen und der parallelen Iteration. Man erkennt wieder den günstigen b_Y–Bereich zwischen 5 und 9, wobei das Optimum relativ breit ist. Wie in Bild 4.12 verdeutlicht, führt eine zu kleine Fensterbreite wie z.B. $b_Y = 3$ zwar einerseits zu gut restaurierten Sprüngen, andererseits können an Schrägen jedoch falsche, treppenartige Verläufe entstehen. Bei größeren SNR–Werten ist der Treppeneffekt weniger ausgeprägt, da dann der Einfluß der Glättungs– und der Gewichtungsfunktion immer geringer wird.

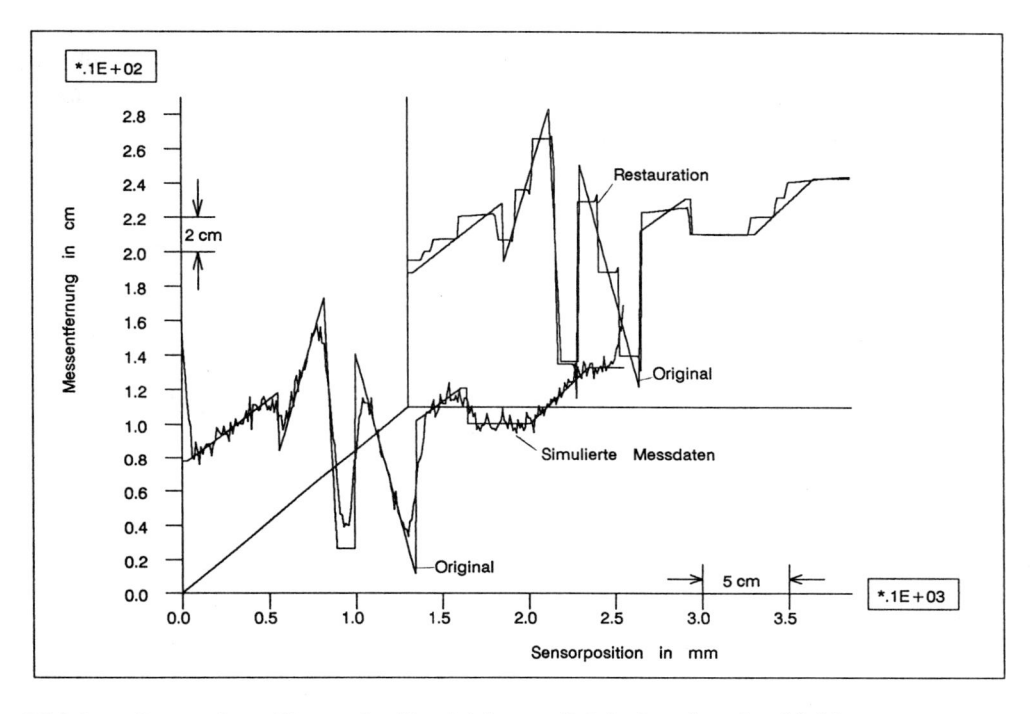

Bild 4.12: Restaurierte Kontur im Vergleich zum Original und zu den Meßdaten

4.6.4.3   Extrapolation von Konturpunkten

Mit Hilfe von Monte–Carlo–Simulationen läßt sich die praktische Anwendbarkeit der in Abschnitt 4.3.1 erwähnten Fähigkeit des Adaptive Least Squares Verfahrens zur Extrapolation und/oder Interpolation von Konturpunkten überprüfen. Zusätzlich wird untersucht, ob sich durch Erhöhung der Ordnung m_{TGL} der Teilgleichungssysteme Verbesserungen erzielen lassen.

Zur Erprobung der Extrapolationseigenschaften beginnt man mit der maximalen Ausdehnung des vom Index i_u bis zum Index i_o reichenden Meßbereichs. Dabei wird jeder Konturpunkt von jedem Punkt der Abtastapertur erfaßt. Danach verkleinert man den Meßbereich schrittweise an beiden Rändern um jeweils zwei Elemente (insgesamt also in Viererschritten), solange bis die Randelemente der Kontur nur noch von einem einzigen Element der Abtastapertur überstrichen werden. w_0 wird nach Gleichung 4.57 bestimmt. Die SNR–Werte bleiben bei 20 dB. Die Ausdehnung b_Y umfaßt 7 Abtastintervalle. Um Rechenzeit einzusparen, wird nur noch das serielle Iterationsverfahren verwendet.

Die Tabellen 4.3a und b zeigen die mittleren bezogenen Entfernungs- bzw. Grauwertfehler und ihre Standardabweichung in Prozent als Funktion der Ausdehnung des Meßbereichs und der Ordnung der Teilgleichungssysteme.

$i_u/i_o \setminus m_{TGL}$	1	2	4	8
−9/266	31.9 ±1.65	31.7 ±1.27	29.5 ±1.15	33.0 ±1.49
−7/264	32.0 ±1.18	30.9 ±1.41	32.6 ±1.45	27.5 ±1.11
−5/262	31.7 ±1.41	29.6 ±1.44	31.8 ±1.54	30.3 ±1.26
−3/260	31.8 ±1.35	29.2 ±1.28	32.9 ±1.43	29.5 ±1.45
−1/258	29.7 ±1.21	28.5 ±1.25	32.7 ±1.60	29.7 ±1.42
1/256	31.5 ±1.39	30.9 ±1.24	32.7 ±1.43	30.4 ±1.39
3/254	35.6 ±1.28	35.7 ±1.14	33.9 ±1.20	36.1 ±1.37
5/252	46.9 ±1.40	43.9 ±1.25	44.8 ±1.48	47.6 ±1.43
7/250	59.1 ±1.43	57.5 ±1.35	56.4 ±1.58	57.3 ±1.59
9/248	62.0 ±1.64	58.1 ±1.38	60.7 ±1.53	62.3 ±1.69
11/246	65.5 ±1.64	64.9 ±1.61	63.3 ±1.69	67.1 ±1.54

Tab. 4.3a: Bezogene Entfernungsfehler bei der Extrapolation von Konturpunkten

i_u/i_o \ m_{TGL}	1	2	4	8
−9/266	47.5 ±1.10	46.4 ±0.95	44.4 ±0.86	45.3 ±0.87
−7/264	46.3 ±1.07	44.5 ±0.93	44.6 ±0.85	44.3 ±0.97
−5/262	45.6 ±1.17	46.0 ±0.93	44.0 ±0.94	42.9 ±0.98
−3/260	46.0 ±1.03	43.7 ±0.92	44.2 ±1.06	45.0 ±1.21
−1/258	47.6 ±1.08	44.9 ±0.91	45.8 ±1.05	45.2 ±0.92
1/256	45.9 ±1.02	46.0 ±0.92	43.3 ±0.96	46.8 ±1.12
3/254	52.0 ±1.02	51.6 ±1.15	51.4 ±1.08	50.7 ±1.00
5/252	58.6 ±1.15	57.2 ±1.21	56.4 ±1.20	55.3 ±1.16
7/250	61.9 ±1.19	59.4 ±1.18	60.0 ±1.26	61.3 ±1.02
9/248	62.4 ±1.13	62.9 ±1.25	63.7 ±1.33	63.0 ±1.10
11/246	67.3 ±1.19	65.4 ±1.36	63.7 ±1.30	63.0 ±1.25

Tab. 4.3b: Bezogene Grauwertfehler bei der Extrapolation von Konturpunkten

Bis zu einem gewissen Grad ist eine Extrapolation ohne wesentliche Qualitätseinbuße möglich.

Die Erhöhung der Ordnung der Teilgleichungssysteme führt zu keiner Verbesserung der Restaurationsergebnisse.

Die Extrapolationseigenschaften hängen natürlich stark von der zu restaurierenden Kontur ab. Sehr homogene, bandbegrenzte Signale lassen sich besser extrapolieren als zerklüftete, inhomogene Verläufe mit hoher Bandbreite.

In Tabelle 4.4 sind die für eine Restauration im Mittel benötigten CPU–Zeiten in Sekunden aufgeführt. Die Erhöhung der Ordnung der Teilgleichungssysteme führt zu immer längeren Rechenzeiten. Da sie gleichzeitig den bezogenen Fehler nicht verringert, verwendet man zweckmäßigerweise Teilgleichungssysteme der Ordnung 1.

$i_u/i_o \setminus m_{TGL}$	1	2	4	8
−9/266	51.2 ±1.26	61.8 ±0.93	93.1 ±1.69	167 ±3.47
−7/264	47.7 ±0.88	61.1 ±1.17	94.0 ±2.05	172 ±4.10
−5/262	49.2 ±1.06	60.9 ±1.14	92.7 ±2.20	171 ±3.74
−3/260	47.8 ±1.03	61.7 ±1.55	90.7 ±2.05	166 ±3.72
−1/258	48.9 ±1.27	57.4 ±0.93	91.5 ±1.90	162 ±3.33
1/256	47.5 ±0.96	59.5 ±1.40	89.8 ±1.70	161 ±3.50
3/254	43.1 ±0.67	56.3 ±1.24	87.7 ±2.65	172 ±3.90
5/252	44.2 ±0.83	54.1 ±0.92	85.3 ±1.79	169 ±4.66
7/250	39.0 ±0.67	50.8 ±0.89	83.4 ±2.36	166 ±4.58
9/248	37.3 ±0.79	49.5 ±0.87	78.7 ±1.95	157 ±3.66
11/246	38.0 ±0.76	48.6 ±0.89	79.5 ±1.83	164 ±6.38

Tab. 4.4: Rechenzeitbedarf für die Extrapolation von Konturpunkten

Bild 4.13 zeigt exemplarisch den Originalverlauf, die simulierten Meßdaten und das Ergebnis der Restauration einer willkürlich herausgegriffenen Kontur. Der Meßbereich reicht von Konturpunkt 5 bis Konturpunkt 252. Es werden Teilgleichungssysteme der Ordnung 4 verwendet.

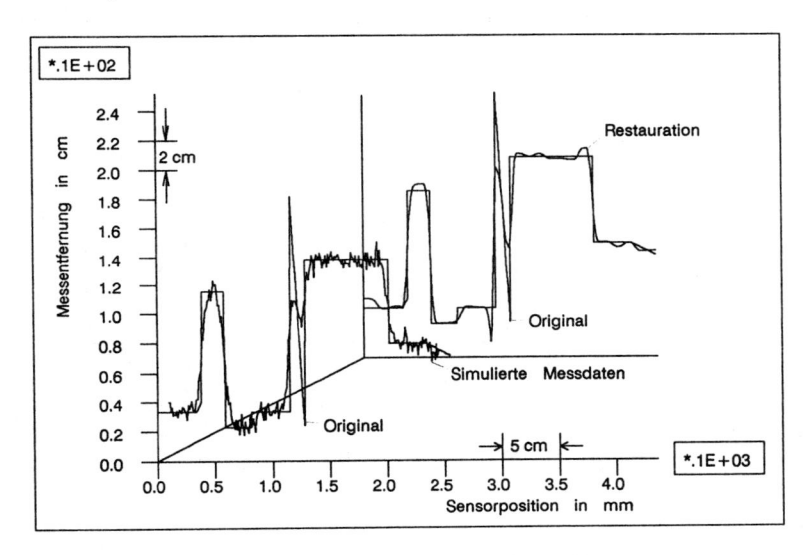

Bild 4.13a: Restaurierte Entfernungswerte im Vergleich zum Original und den Meßdaten

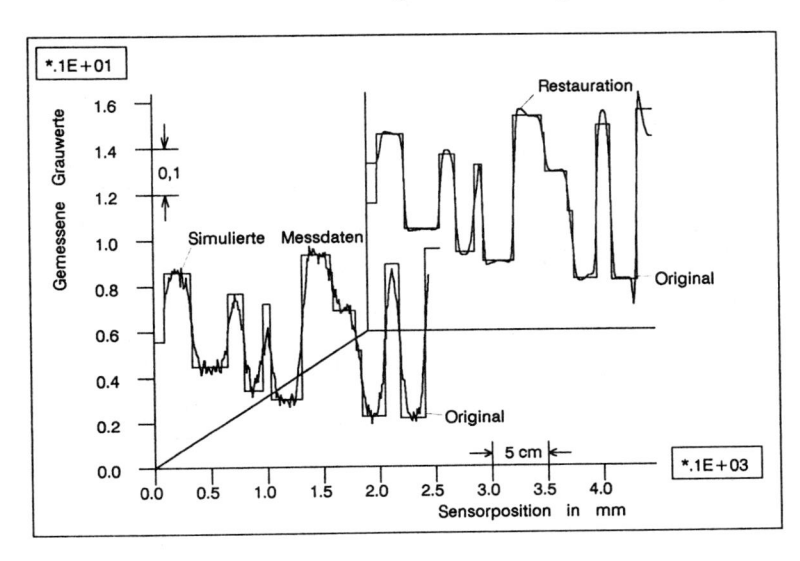

Bild 4.13b: Restaurierte Grauwerte im Vergleich zum Original und den Meßdaten

4.6.4.4 Interpolation von Konturpunkten

Zur Erprobung der Interpolationseigenschaften wird die Meßschrittweite nacheinander auf 1, 2, 4, und 8 gesetzt. Tabelle 4.5a zeigt den mittleren bezogenen Entfernungsfehler in Prozent als Funktion der Meßschrittweite Δl und der Ordnung m_{TGL} der Teilgleichungssysteme, Tabelle 4.5b die zugehörigen Grauwertfehler.

$\Delta l \setminus m_{TGL}$	1	2	4	8
1	30.6 ±1.34	31.6 ±1.38	31.0 ±1.49	29.5 ±1.30
2	41.9 ±2.03	38.9 ±1.64	41.2 ±1.86	41.8 ±2.36
4	54.7 ±2.41	54.6 ±2.57	51.6 ±2.52	53.6 ±2.51
8	51.2 ±2.52	50.3 ±2.04	49.7 ±2.06	52.2 ±1.96

Tab. 4.5a: Bezogene Restaurationsfehler bei der Interpolation von Entfernungswerten

$\Delta l \setminus m_{TGL}$	1	2	4	8
1	46.2 ±0.93	45.2 ±1.01	45.1 ±0.99	46.0 ±0.98
2	52.0 ±1.24	51.3 ±1.20	50.9 ±1.09	49.7 ±1.50
4	58.4 ±1.30	58.2 ±1.45	53.8 ±1.45	59.5 ±1.98
8	61.1 ±1.12	62.5 ±1.33	57.5 ±1.15	61.1 ±1.33

Tab. 4.5b: Bezogene Restaurationsfehler bei der Interpolation von Grauwerten

Die Erhöhung der Ordnung der Teilgleichungssysteme führt wie bei der Extrapolation trotz längerer Rechenzeiten nicht zu besseren Restaurationsergebnissen.

Wie erwartet werden die Fehler mit steigender Meßschrittweite immer größer. Bei nicht zu großen Meßschrittweiten führt die Interpolation jedoch durchaus zu verwertbaren Ergebnissen. Nimmt man 256 Konturpunkte an, so stehen im Extremfall bei einer Meßschrittweite von 8 nur noch 256/8 = 32 Grauwert– bzw. Entfernungsmeßwerte zur Verfügung. Bei einem solchen ungünstigen Verhältnis sind natürlich keine hochwertigen Restaurationsergebnisse mehr zu erwarten, zumal die Meßwerte auch noch gestört sind.

Es bleibt anzumerken, daß das Adaptive Least Squares Verfahren, im Gegensatz zu den meisten der am Beginn von Abschnitt 4.2 aufgelisteten Verfahren, bis zu einem gewissen Grad verwertbare Interpolations– und Extrapolationseigenschaften aufweist.

Bild 4.14 zeigt exemplarisch den Originalverlauf, die simulierten Meßdaten und das Ergebnis der Restauration einer willkürlich herausgegriffenen Kontur. Die Schrittweite beim Scanvorgang beträgt 4 mm. Insgesamt stehen daher 276/4 = 69 Meßpunkte zur Verfügung. Die Ordnung der Teilgleichungssysteme ist wieder auf 4 eingestellt.

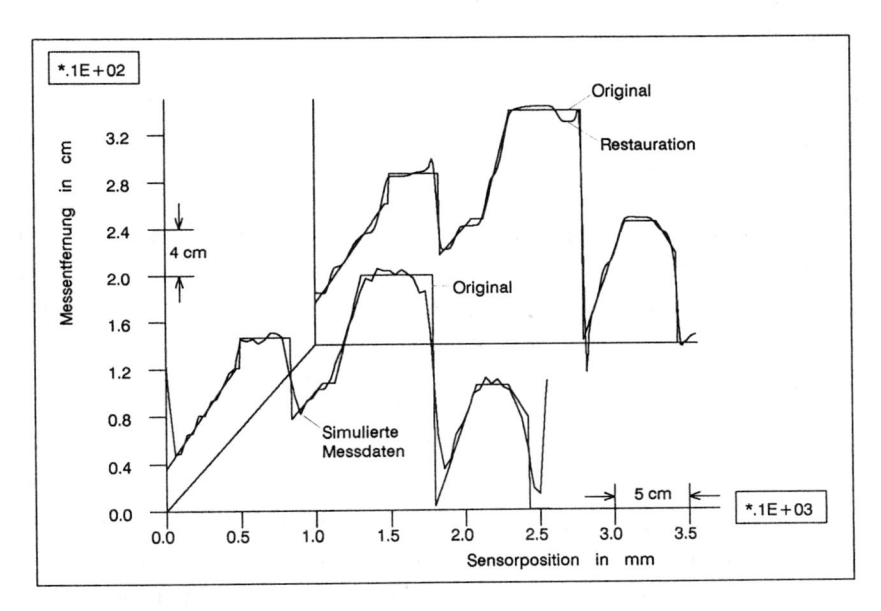

Bild 4.14a: Restaurierte Entfernungswerte im Vergleich zum Original und den Meßdaten

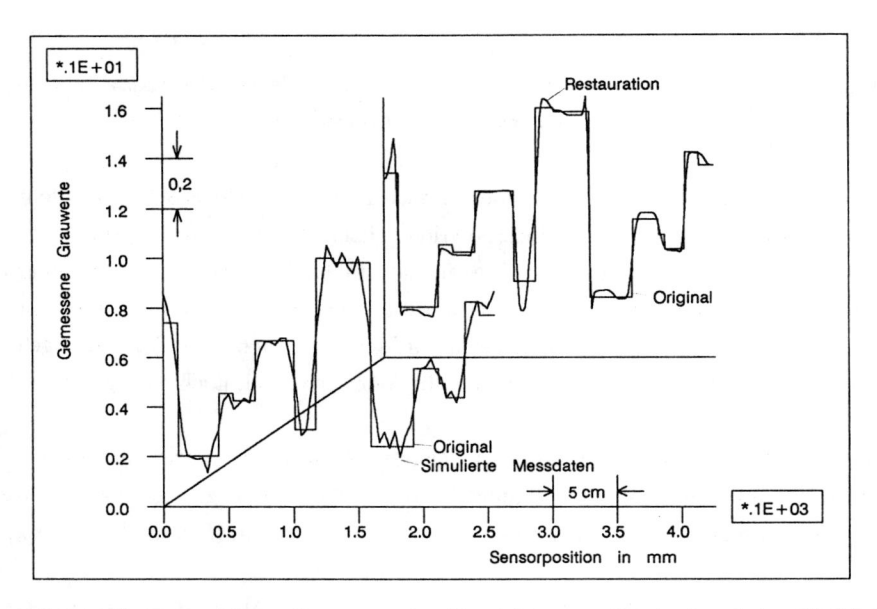

Bild 4.14b: Restaurierte Grauwerte im Vergleich zum Original und den Meßdaten

4.6.5 Restauration ebener Konturen bei unterschiedlicher Modellierung des Meßvorgangs

Nachdem die bisherigen Simulationsergebnisse auf der einfachsten Art der Modellierung des Meßvorgangs basieren, wird das Restaurationsverfahren jetzt auf die simulierten ebenen Meßergebnisse aus Abschnitt 3.5.1 angewendet.

Zusätzlich wird angenähertes, gaußverteiltes Rauschen überlagert, so daß ein realistisches SNR von 30 dB für die Grauwerte und die Entfernungen entsteht, das in etwa demjenigen der gemessenen Konturverläufe in Abschnitt 3.6 entspricht. Die daraus resultierende Standardabweichung der gemessenen Entfernung liegt bei ungefähr 2 mm. Für die gemessenen Grauwerte ergibt sich ein Wert von ca. 0.08.

Bild 4.15a zeigt zum Vergleich die restaurierten Entfernungsverläufe des Falles 1 mit von oben nach unten ansteigendem Wert für $w'_0 = 10$, 20 und 50. Von vorne nach hinten wird jeweils $b_Y = 3$, 5 und 7 eingesetzt. In Bild 4.15b sind die entsprechenden Grauwertverläufe dargestellt. Die restlichen Parameter des Adaptive Least Squares Verfahrens bleiben wie im Abschnitt 4.6.4.3. Die im folgenden betrachteten Fälle 1 bis 4 entsprechen denjenigen in Abschnitt 3.5.1.

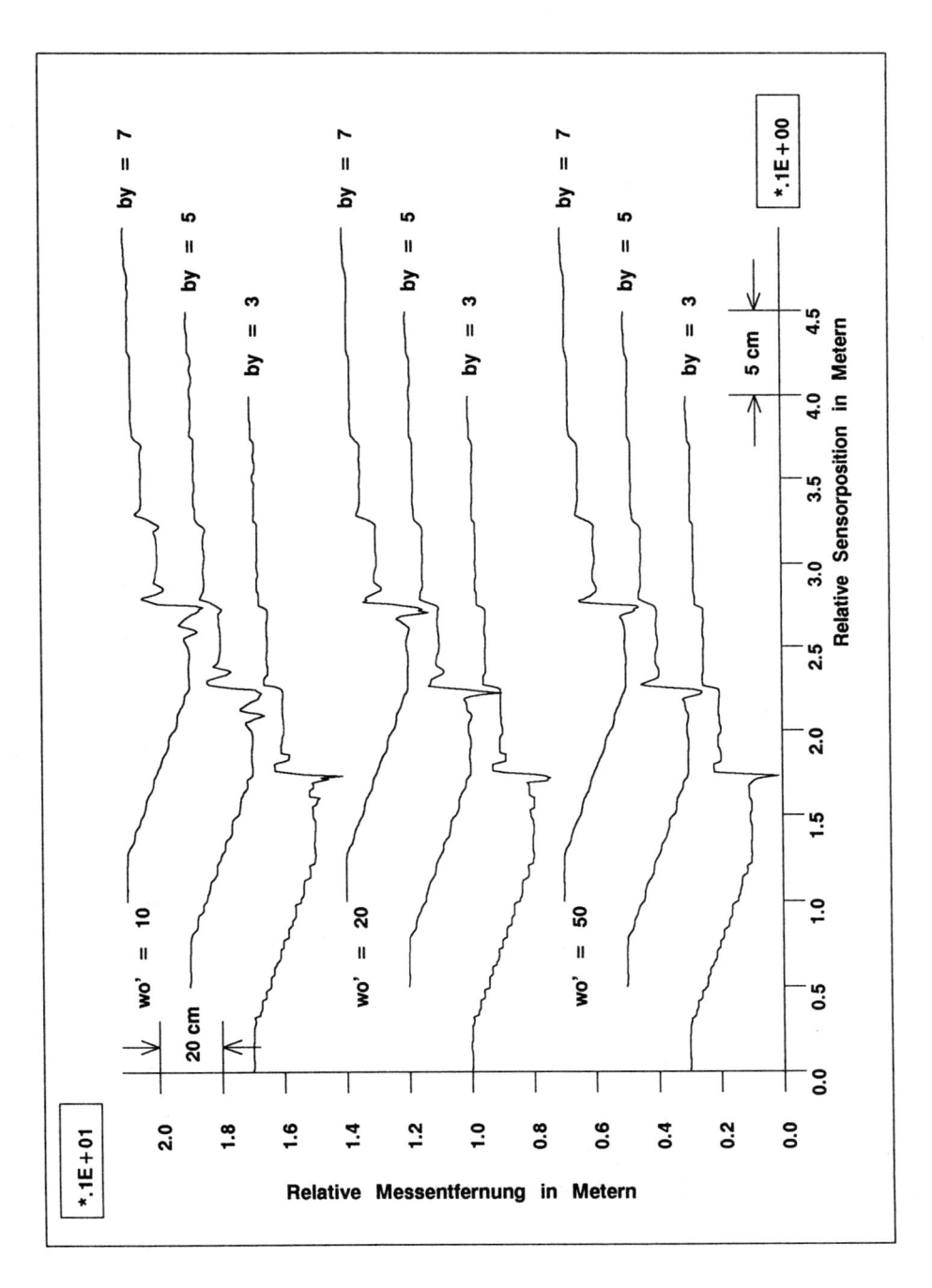

Bild 4.15a: Restaurierte Entfernungsverläufe

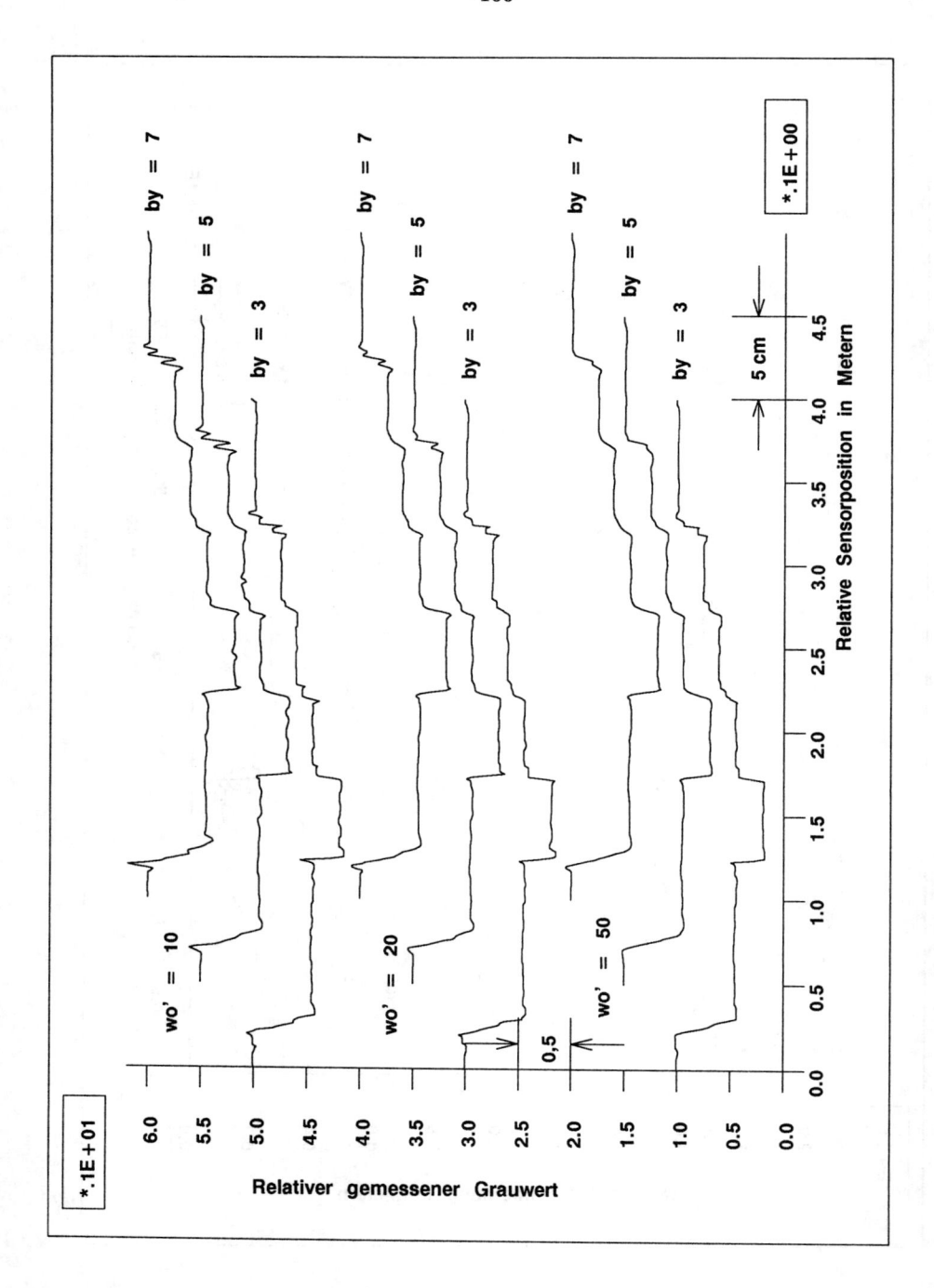

Bild 4.15b: Restaurierte Grauwertverläufe

Die Qualität des Restaurationsergebnisses wird im wesentlichen durch das Rauschen und die Modellierungsfehler bestimmt (siehe dazu auch Abschnitt 3.4). An den Fehlerstellen werden im restaurierten Signal Schwingungen angeregt. Wie in Bild 4.1 verdeutlicht, sind diese bei verschiebungsinvarianten Restaurationsverfahren nur schwach gedämpft. Die Schwingungsamplitude hängt von der Rauschleistung und von der Größe der Modellierungsfehler ab. Wie ebenfalls in Bild 4.1 verdeutlicht, läßt sie sich durch starke Gewichtung der Glattheit des restaurierten Signals zwar beliebig verringern, allerdings nur auf Kosten der Flankensteilheit an Kontursprüngen. Im vorliegenden Fall verursachen die Modellierungsfehler größere Probleme als das Rauschen.

Beim Adaptive Least Squares Verfahren können nur an Stellen, an denen die Datentreue stark und die Glattheit des restaurierten Signals schwach gewichtet wird, wie z.B. an Sprungstellen, Schwingungen entstehen. Durch die variable Gewichtungsfunktion werden so eventuell entstandene Schwingungen zusätzlich gedämpft und wirken sich räumlich nur begrenzt aus.

Die Schwingungen in Bild 4.15a werden im wesentlichen durch die in Abschnitt 3.5.1 gezeigten Modellierungsfehler an der Flanke zwischen den Segmenten III und IV verursacht. Da an den Flanken kaum Modellierungsfehler der Grauwerte auftreten, sind in Bild 4.15b nur schwache durch Rauschen verursachte Schwingungen zu erkennen.

Die Schwingungsamplituden werden wie beim verschiebungsinvarianten Verfahren durch die Größe des Normierungsfaktors w'_0 bestimmt. Vergleicht man übereinanderliegende Kontursegmente in Bild 4.15a, so erkennt man eine Abnahme der Amplituden von oben nach unten mit steigendem Normierungsfaktor. Die Dämpfung der Schwingungen steigt mit kleinerer Fensterbreite b_Y. Dieser Effekt wird durch den Vergleich hintereinanderliegender Kontursegmente deutlich. Nach unten ist der Wert von b_Y allerdings durch die Gefahr der Treppenbildung an Schrägen begrenzt. Auch dieser Effekt ist in Bild 3.15a zu erkennen. Verbesserungen lassen sich eventuell noch durch Adaption der Fensterbreite an die Eigenschaften der Kontur erzielen.

In den Bildern 4.16 bis 4.19 sind für die Fälle 1 bis 4 jeweils das Originalsignal, die simulierten Meßdaten und eine Restauration mit den Parametern $w'_0 = 50$ und $b_Y = 5$ dargestellt. Da im Fall 1 die Modellierungsfehler am größten sind, zeigt er auch die stärkste Schwingneigung.

— **Fall 1:** Simulation unter Annahme einer entfernungsabhängigen Abtastapertur.

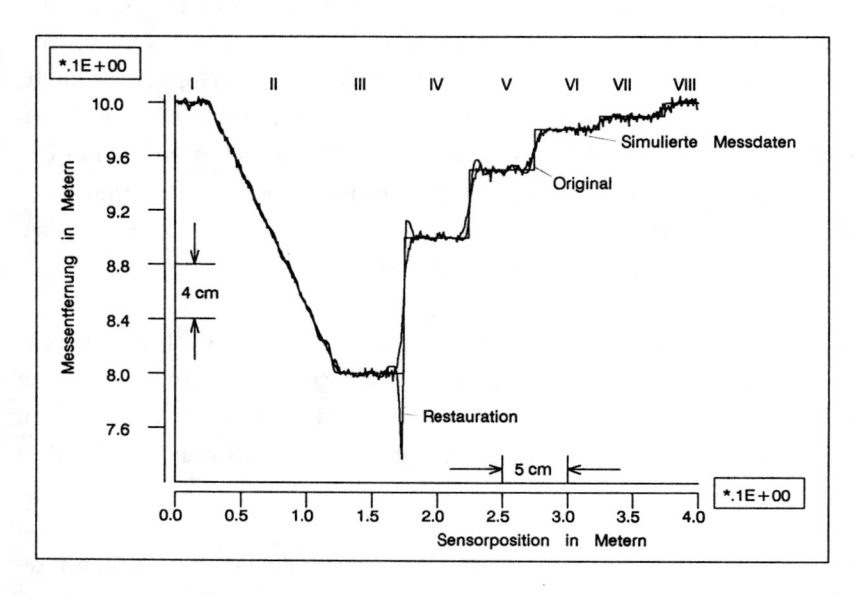

Bild 4.16a: Entfernungsverläufe bei entfernungsabhängiger Abtastapertur

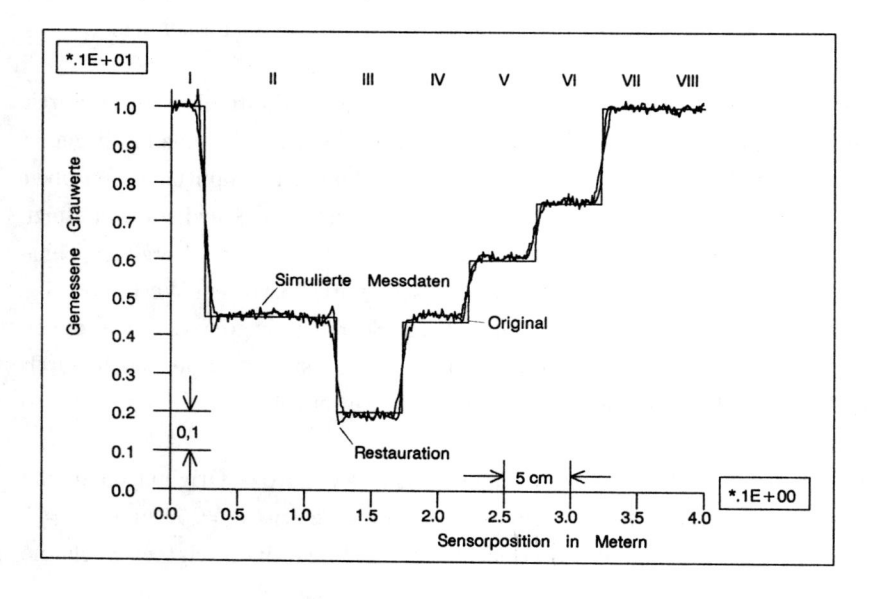

Bild 4.16b: Grauwertverläufe bei entfernungsabhängiger Abtastapertur

– **Fall 2:** Simulation unter Annahme einer entfernungsunabhängigen Abtastapertur.

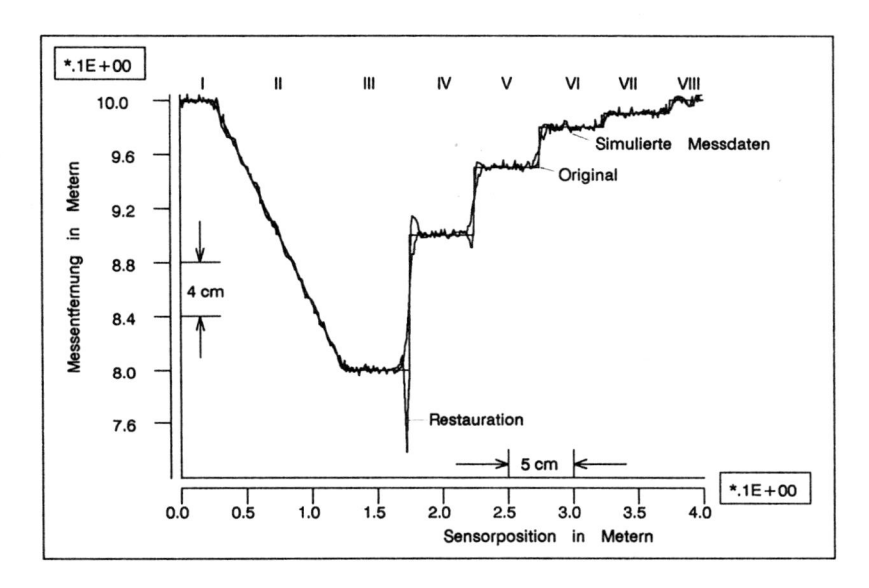

Bild 4.17a: Entfernungsverläufe bei entfernungsunabhängiger Abtastapertur

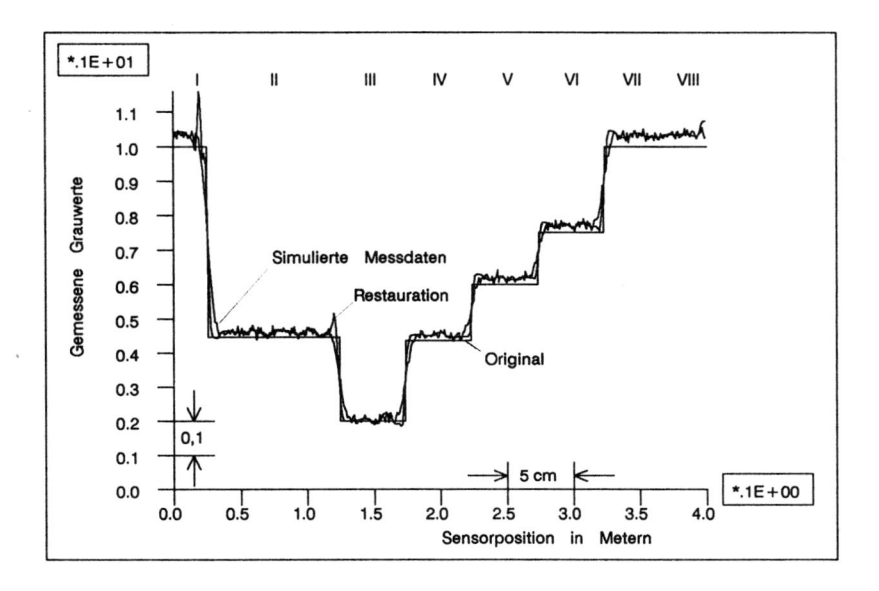

Bild 4.17b: Grauwertverläufe bei entfernungsunabhängiger Abtastapertur

— **Fall 3:** Simulation unter Annahme einer entfernungsabhängigen Abtastapertur mit linearisierter Bestimmung des Entfernungs- und des Grauwertbildes.

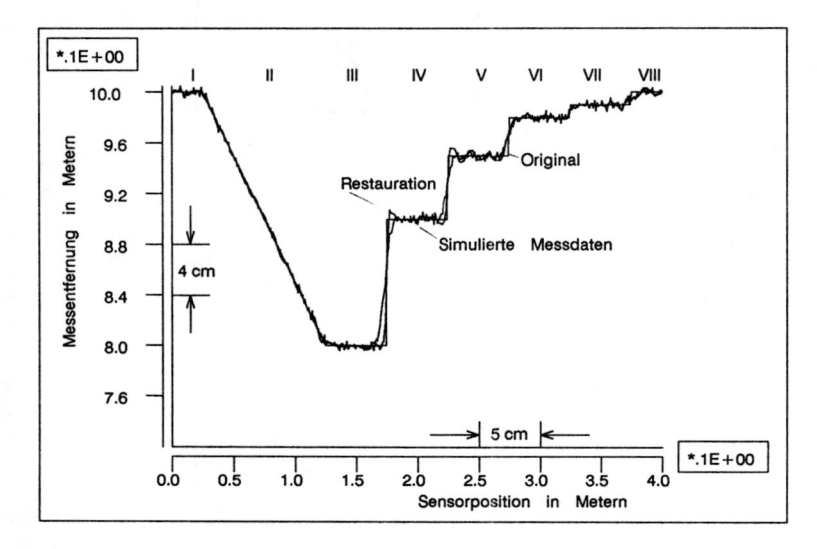

Bild 4.18a: Entfernungsverläufe bei linearisierter Laufzeitmessung und entfernungsabhängiger Abtastapertur

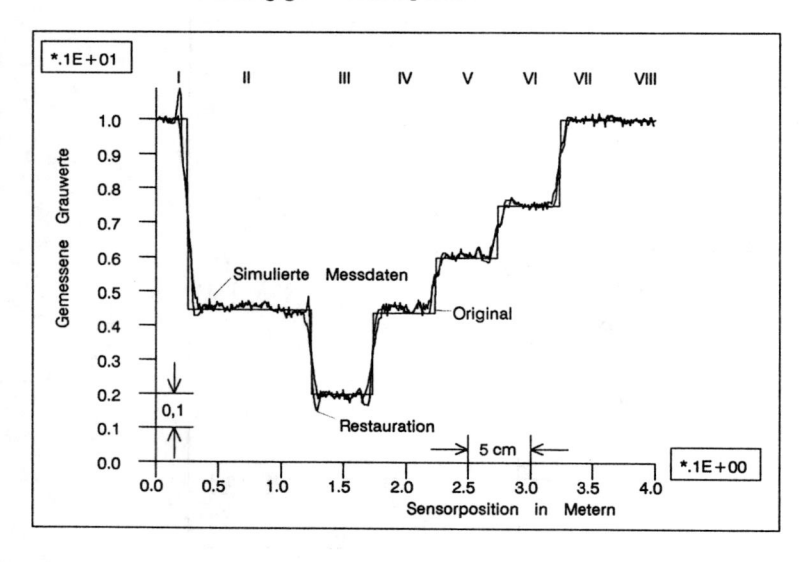

Bild 4.18b: Grauwertverläufe bei linearisierter Amplitudenmessung und entfernungsabhängiger Abtastapertur

— **Fall 4:** Simulation unter Annahme einer entfernungsunabhängigen Abtastapertur mit linearisierter Bestimmung des Entfernungs- und des Grauwertbildes.

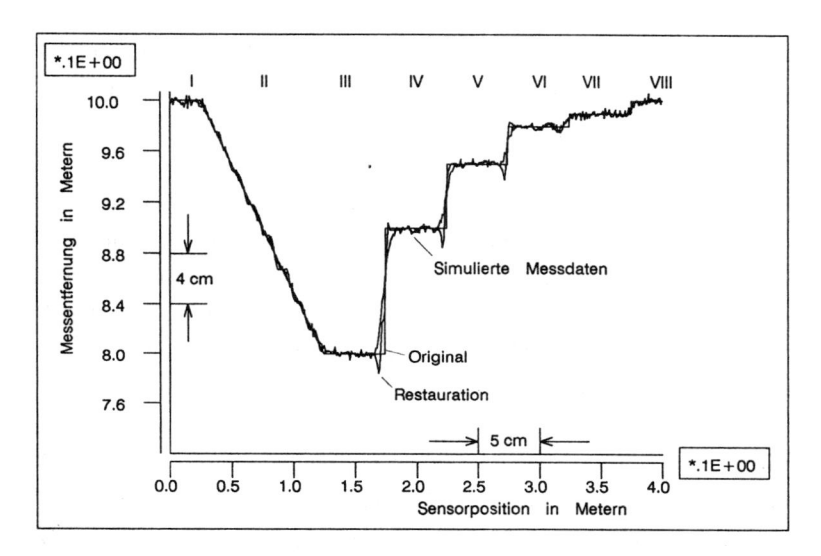

Bild 4.19a: Entfernungsverläufe bei linearisierter Laufzeitmessung und entfernungsunabhängiger Abtastapertur

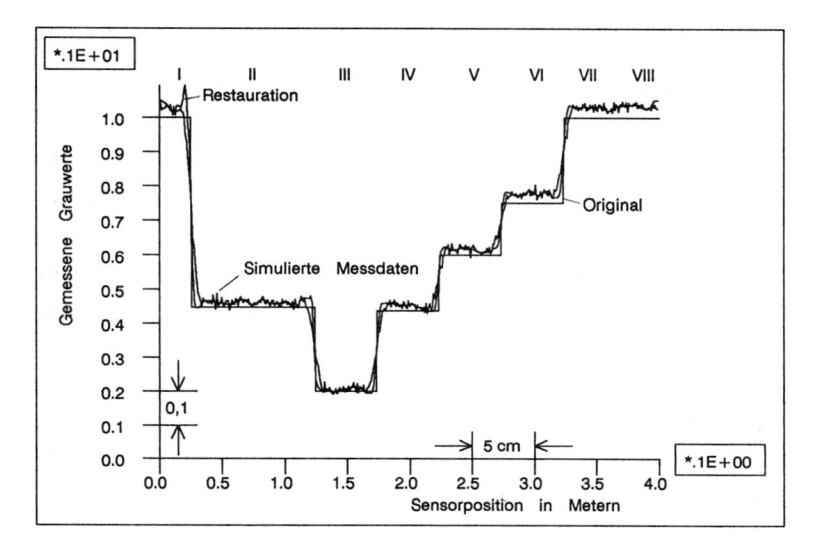

Bild 4.19b: Grauwertverläufe bei linearisierter Amplitudenmessung und entfernungsunabhängiger Abtastapertur

In allen 4 Fällen wird die Flankensteilheit verbessert und das Rauschen zum großen Teil unterdrückt.

Da das Restaurationsverfahren auf dem einfachsten Modell der Konturvermessung nach Fall 4 basiert, werden die Schwingungen in diesem Fall nur durch das Rauschen verursacht und sind daher vergleichsweise schwach ausgeprägt.

Die in den restaurierten Entfernungsbildern nach Fall 1 und Fall 2 an den Kontursprüngen auftretenden Fehler werden durch die in Abschnitt 3.5.1 erwähnten Modellierungsfehler bei der Linearisierung der Laufzeitmessung verursacht. Die Grauwertfehler in den Fällen 2 und 4 entstehen, wie ebenfalls in Abschnitt 3.5.1 erläutert, durch die Einführung der entfernungsunabhängigen Abtastapertur. Gegebenenfalls können sie mit Hilfe der Empfindlichkeitskurve nach Bild 2.22 korrigiert werden.

Durch zusätzliche Filterung der End- oder der Zwischenergebnisse der Iteration, z.B. mit einem Medianfilter /113/, können die Restaurationsfehler noch weiter reduziert werden. In vielen Fällen können auch durch Einbeziehung von a-priori-Information, z.B. über die Ausdehnung des Meßbereichs, und dadurch mögliche Plausibilitätskontrollen /95/, bessere Ergebnisse erzielt werden.

4.6.6 Monte-Carlo-Simulation der Restauration räumlicher Konturen

Die zur Restauration räumlicher Konturen erforderliche Rechenzeit beträgt ein Vielfaches der Rechenzeit im ebenen Fall. Im folgenden wird daher jede untersuchte Parameterkombination nur auf 20 verschiedene Testkonturen angewendet. Außerdem wird die Zahl der untersuchten Parameterkombinationen reduziert und das parallele Iterationsverfahren ebenso wie die Teilgleichungssysteme höherer Ordnung von vornherein weggelassen. Als Ergebnis erhält man die mittleren bezogenen quadratischen Grauwert- und Entfernungsfehler einschließlich ihrer Standardabweichung. Jeder Testkontur wird zufällig erzeugtes Grauwert- bzw. Entfernungsrauschen mit einer Varianz nach Abschnitt 4.6.3 überlagert. Die Konturen bestehen aus 64×64, die Abtastapertur aus 21×21 Punkten, so daß sich maximal $(64 + 21 - 1) \times (64 + 21 - 1) = 84 \times 84 = 7056$ sinnvolle Meßpunkte ergeben. Die Breite eines Abtastintervalles in x- bzw. y-Richtung beträgt jeweils 1 mm.

4.6.6.1   Einfluß des Normierungsfaktors der Gewichtungsfunktion

Um die Anzahl der Simulationen in Grenzen zu halten, wird der Normierungsfaktor von Anfang an nach Gleichung 4.57 definiert. Für w_0' werden nacheinander die Werte 2, 5, 10, 20, 50 und 100 eingesetzt, für SNR 10 dB, 20 dB und 30 dB. Das Fenster zur Berechnung der Gewichtungsfunktion ist vorläufig auf eine Größe von 5×5 Werten eingestellt. Der Meßbereich ist soweit ausgedehnt, daß jeder Konturpunkt von jedem Punkt der Abtastapertur erfaßt wird. Tabelle 4.6 zeigt den mittleren bezogenen Entfernungs- bzw. Grauwertfehler und seine Standardabweichung als Funktion von w_0' und SNR.

w_0' \ $\frac{SNR}{dB}$	10	20	30
2	22.7 ± 1.81	25.4 ± 2.76	113 ± 19.1
5	21.1 ± 2.03	17.6 ± 2.25	61.7 ± 7.03
10	24.2 ± 2.37	14.8 ± 1.86	34.1 ± 4.11
20	34.3 ± 2.19	22.9 ± 2.22	20.7 ± 1.81
50	42.9 ± 3.09	25.7 ± 1.77	16.7 ± 1.82
100	59.1 ± 2.45	33.5 ± 3.12	22.6 ± 3.20

Tab. 4.6a: Bezogene Entfernungsfehler

w_0' \ $\frac{SNR}{dB}$	10	20	30
2	34.2 ± 2.12	41.3 ± 2.78	87.4 ± 5.75
5	39.0 ± 3.44	35.8 ± 2.26	76.8 ± 6.17
10	43.0 ± 3.44	40.3 ± 3.37	60.5 ± 4.33
20	46.1 ± 2.72	41.8 ± 2.82	45.9 ± 3.92
50	57.6 ± 3.69	52.6 ± 2.65	36.4 ± 2.19
100	71.9 ± 2.75	47.5 ± 4.02	46.3 ± 3.43

Tab. 4.6b: Bezogene Grauwertfehler

Der optimale Wert für w_0' liegt im Mittel bei ca. 10 bis 20. Aufgrund der relativ kleinen Anzahl von Simulationsversuchen und der geringen Ausdehnung der Konturen sind die Werte in Tabelle 4.6 allerdings nicht sehr zuverlässig. Aus Rechenzeitgründen mußte außerdem die Iteration relativ früh abgebrochen werden, was sich besonders bei SNR = 10 dB auswirkt.

Die SNR–Schätzung erfolgt wie in Abschnitt 4.6.4.1. Nach Durchführung einer 2D–FFT nach dem Zeile–Spalte–Verfahren /72/, bestimmt man die Leistung im hochfrequentesten Sechzehntel des Spektrums (1/4 in x– bzw. y–Richtung).

Bild 4.20a zeigt in einer Kombinationsdarstellung, die einen einfachen visuellen Vergleich ermöglicht, den Entfernungsverlauf der simulierten Kontur, die simulierten Meßdaten, die simulierte räumliche Abtastapertur und das Restaurationsergebnis, jeweils im gleichen Maßstab. Es wurde auch hier wieder die invertierte Darstellung gewählt.

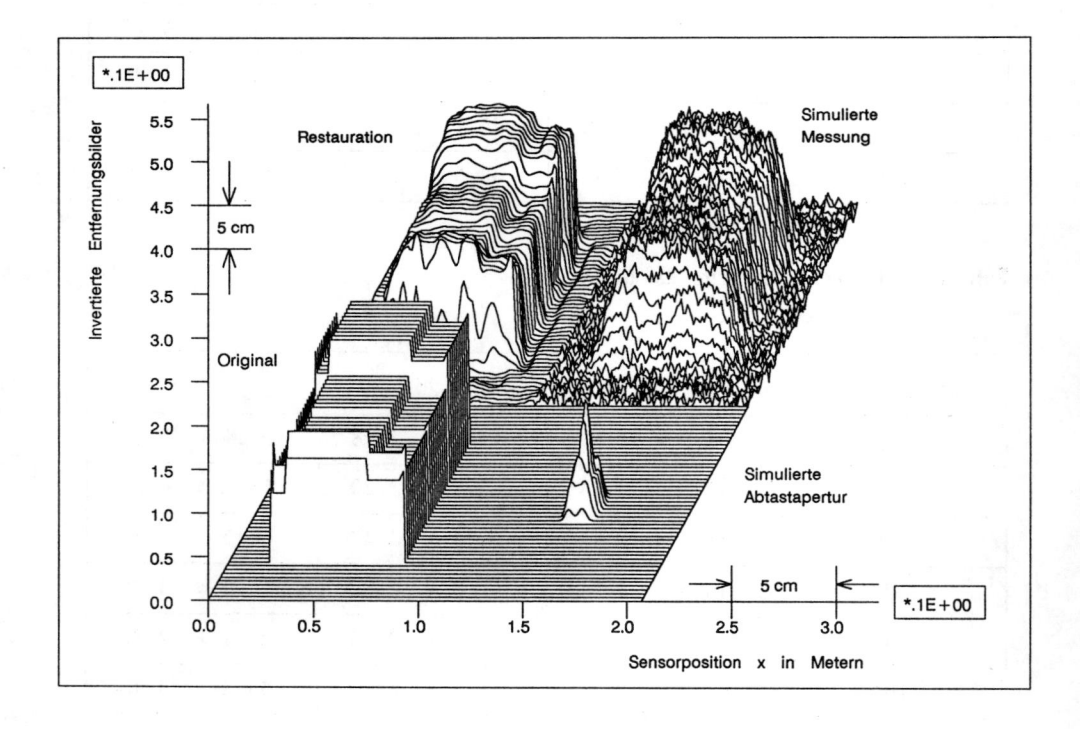

Bild 4.20a: Restauration des Entfernungsverlaufs

Bild 4.20b zeigt, ebenfalls in einer Kombinationsdarstellung, den Grauwertverlauf der simulierten Kontur, die simulierten Meßdaten, die simulierte räumliche Abtastapertur und das Restaurationsergebnis, jeweils im gleichen Maßstab. Auch hier wurde für die Grauwertverläufe wieder die invertierte Darstellung gewählt.

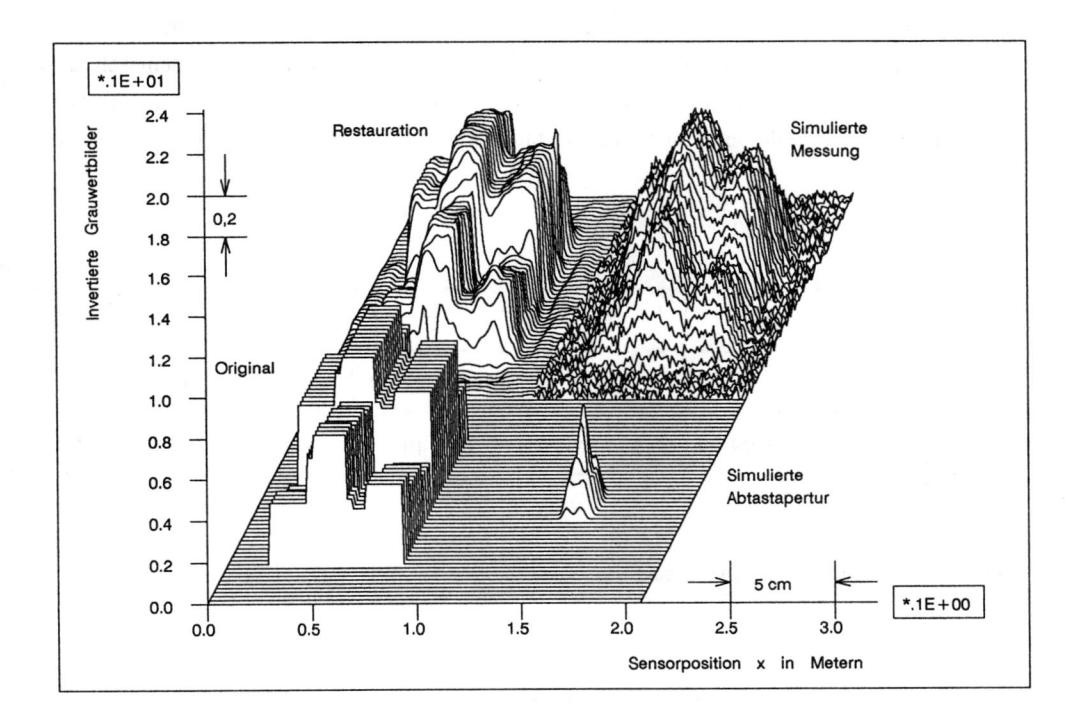

Bild 4.20b: Restauration des Grauwertverlaufs

Die Struktur der vermessenen Kontur ist nach der Restauration wesentlich besser zu erkennen. Es ergibt sich eine deutliche Versteilerung der Signalflanken, bei <u>gleichzeitiger</u> Rauschunterdrückung und nur geringer Welligkeit des Restaurationsergebnisses.

Die vorteilhafte Kombination dieser drei Eigenschaften ist mit verschiebungs<u>in</u>varianten Restaurationsverfahren höchstens in Sonderfällen zu erreichen.

4.6.6.2 Einfluß der Ausdehnung der Gewichtungsfunktion

Es soll nun untersucht werden, wie sich eine Variation der Seitenlängen $b_X = 2I'+1$ und $b_Y = 2J'+1$ des Fensters zur Bestimmung der Gewichtungsfunktion auf die Restauration räumlicher Konturen auswirkt. Das Signal−/Rauschverhältnis für die Grauwert− und Entfernungsmeßdaten wird jeweils auf 20 dB gesetzt. Für w_0' wird wie in Abschnitt 4.6.4.2 ein Wert von 20 verwendet. Die Werte für b_X und b_Y sind immer identisch und werden in Zweierschritten von 3 bis 11 erhöht. Tabelle 4.7a zeigt die bezogenen quadratischen Entfernungsfehler und ihre Standardabweichungen, Tabelle 4.7b die entsprechenden Grauwertfehler.

$b_X = b_Y$	3	5	7	9	11
E_{ZN} / %	25.0	18.2	18.3	19.2	21.8
σ_Z	± 2.98	± 1.75	± 2.40	± 2.31	± 2.02

Tab. 4.7a: Bezogene Entfernungsfehler

$b_X = b_Y$	3	5	7	9	11
E_{GN} / %	41.0	35.8	37.3	41.3	40.8
σ_G	± 2.63	± 2.64	± 2.83	± 2.77	± 3.08

Tab. 4.7b: Bezogene Grauwertfehler

Unter den vorgegebenen Verhältnissen liefert eine mit einem 5×5−Fenster ermittelte Gewichtungsfunktion die besten Ergebnisse; die Werte sind jedoch wie im ebenen Fall relativ unkritisch.

4.7 Meßbeispiel

Zum Test der Anwendung des Adaptive Least Squares Verfahrens auf Meßdaten werden die gemessenen Verläufe aus Abschnitt 3.6 restauriert und dabei wie in Abschnitt 4.6.5 einige Parameter des Verfahrens variiert. Das Signal–/Rauschverhältnis für die Grauwerte und die Entfernungen wird nach dem in Abschnitt 4.6.4 angegebenen Verfahren jeweils zu ca. 30 dB geschätzt.

Bild 4.21a zeigt zum Vergleich die restaurierten Entfernungsverläufe mit von oben nach unten ansteigendem Wert für $w_0' = 10$, 20 und 50. Von vorne nach hinten wird jeweils $b_Y = 3$, 5 und 7 eingesetzt. In Bild 4.21b sind die entsprechenden Grauwertverläufe dargestellt. Die restlichen Parameter bleiben wie in Abschnitt 4.6.4.3. Für die Abtastapertur wird der gemessene Verlauf nach Bild 3.14 eingesetzt.

Aufgrund der variablen Gewichtungsfunktion entstehen Schwingungen im wesentlichen an den Sprungstellen. Vergleicht man zusammengehörende Kontursegmente, so erkennt man wieder eine Abnahme der Schwingungsamplituden von oben nach unten mit steigendem Normierungsfaktor sowie eine Zunahme der Schwingungsdämpfung mit kleinerer Fensterbreite b_Y von hinten nach vorne. Die mit der Verkleinerung der Fensterbreite zunehmende Neigung zur Treppenbildung an der Schrägen ist in Bild 4.21a zu erkennen.

Insgesamt ist anzumerken, daß trotz der Modellierungsfehler (siehe dazu Bild 3.21a,b) eine deutliche Verbesserung der Flankensteilheit und eine gute Rauschunterdrückung erreicht wird. Weitere Verbesserungen sind eventuell mit einer variablen Fensterbreite b_Y bei der Berechnung der Gewichtungsfunktion, mit zusätzlichen Filterungen und, falls möglich, durch Plausibilitätsüberprüfungen zu erzielen.

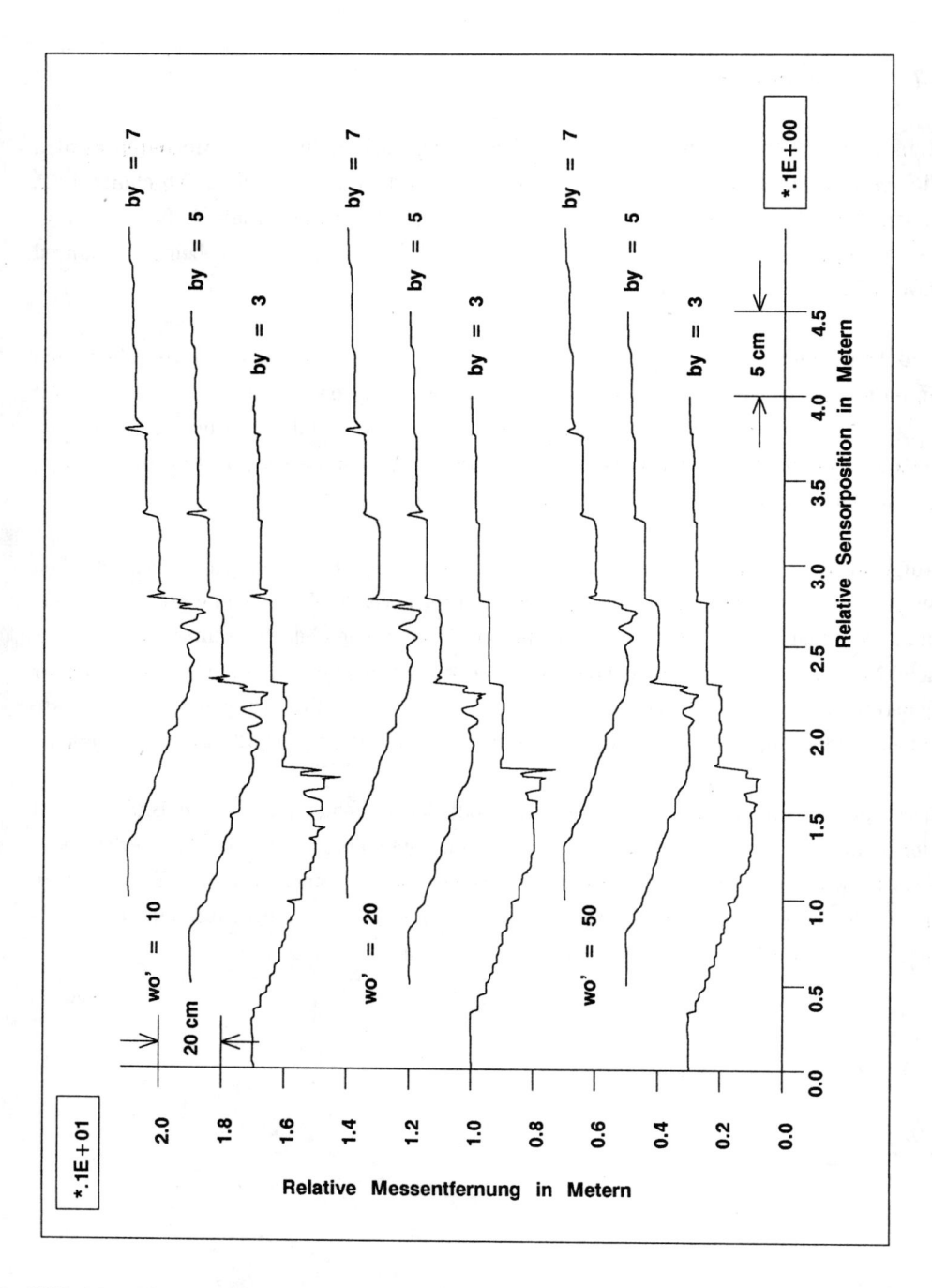

Bild 4.21a: Restaurierte Entfernungsverläufe

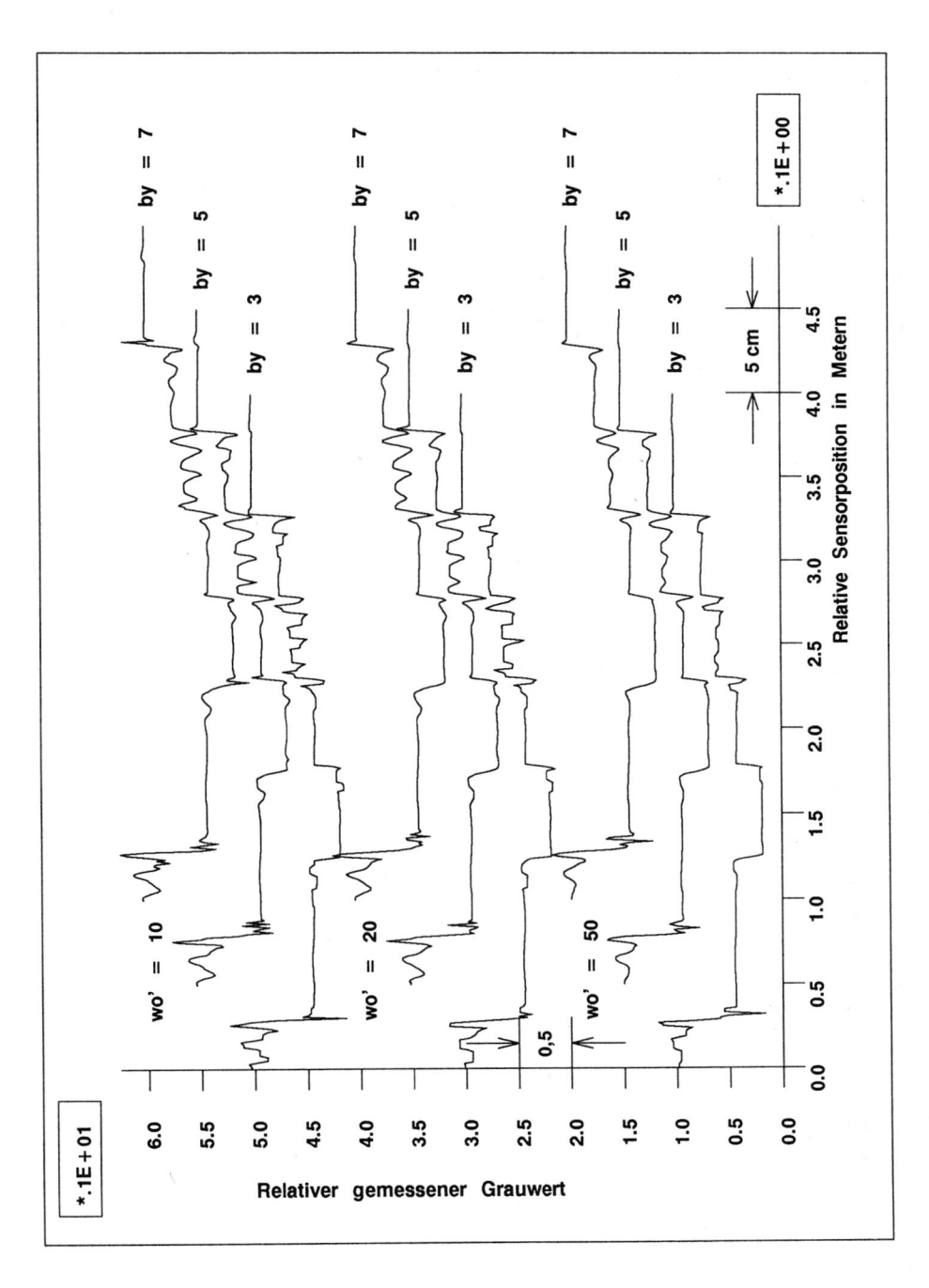

Bild 4.21b: Restaurierte Grauwertverläufe

In Bild 4.22a,b ist zum Vergleich jeweils der Originalverlauf, der gemessene und der restaurierte Entfernungs– bzw. Grauwertverlauf für $w_0' = 50$ und $b_Y = 5$ dargestellt.

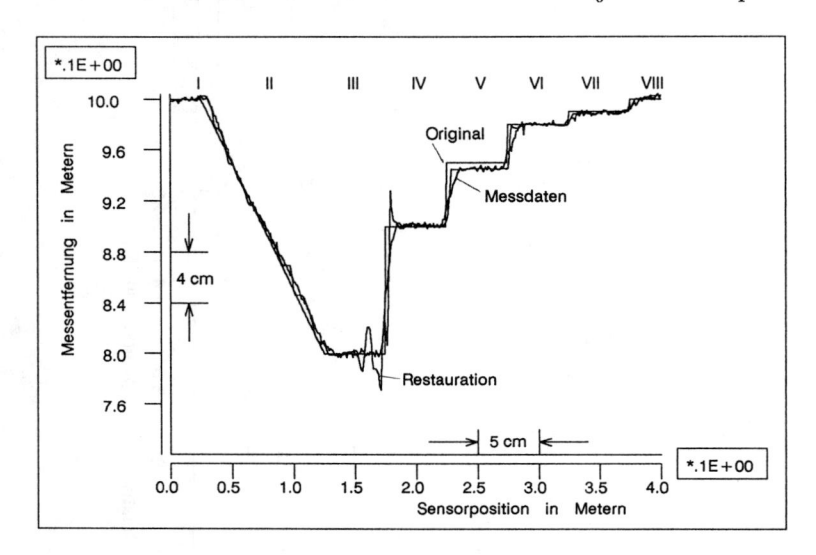

Bild 4.22a: Restaurierte Entfernungen im Vergleich zu den Originaldaten und den Meßdaten

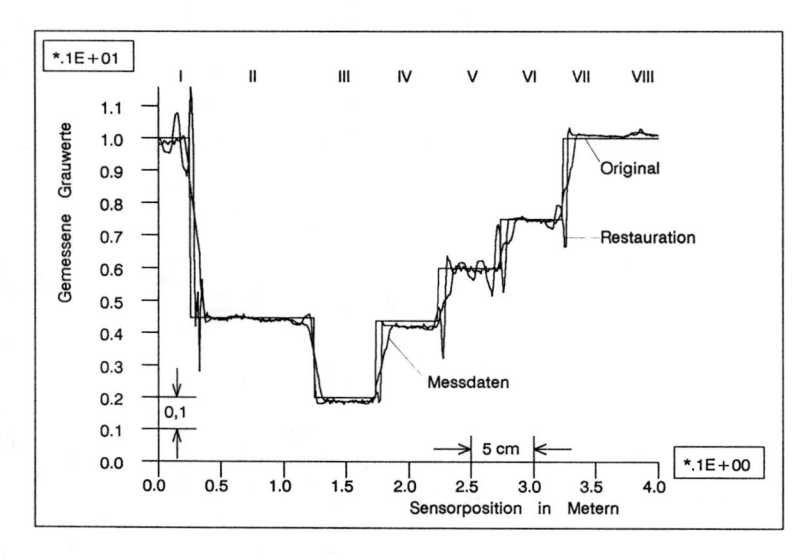

Bild 4.22b: Restaurierte Grauwerte im Vergleich zu den Originaldaten und den Meßdaten

5. Zusammenfassung und Ausblick

Die Ergebnisse der vorliegenden Arbeit lassen sich in drei Kategorien einteilen.

1. Entwicklung und Untersuchung von Simulationsverfahren zur realitätsnahen Nachbildung des Meßvorgangs des Pulslaserradars in verschiedenen Abstraktionsstufen. Diese Simulationsverfahren dienen als rechnergestütztes Werkzeug zur Entwicklung von Sensoroptiken und als Simulationsumgebung zum Test der im weiteren Verlauf der Arbeit entwickelten Theorie. Die Erläuterung der Grundlagen dieser Verfahren und ihre Anwendung, auch auf andere Arten von Sensoroptiken, ist Gegenstand von Kapitel 2.

2. Systemtheoretische Beschreibung der 3D–Konturvermessung, ebenfalls in verschiedenen Abstraktionsstufen. Damit läßt sich der Meßvorgang des Laserradars einfach und kompakt als zweidimensionale Tiefpaßfilterung formulieren. Auf dieser Basis wird das Verständnis des Systemverhaltens des Laserradars verbessert. Die Herleitung und Demonstration der verschiedenen Filtervarianten sowie ihre Anwendung, auch auf einige andere laseroptische Konturerfassungssysteme, stellt den Inhalt von Kapitel 3 dar.

3. Restauration von Konturdaten aus gestörten und verfälschten Meßwerten. Basierend auf der systemtheoretischen Formulierung in Kapitel 3 wird ein adaptives Verfahren entwickelt, das in der Lage ist, die Auswirkungen der zweidimensionalen Tiefpaßfilterung zumindest teilweise zu kompensieren. Es zeichnet sich durch seine Unempfindlichkeit gegen durch Meßrauschen verursachte stochastische Fehler und gegen deterministische Modellierungsfehler aus. Eine weitere positive Eigenschaft ist die Möglichkeit der Interpolation und Extrapolation von Konturpunkten sowie die Möglichkeit der Restauration von Konturausschnitten. Die Herleitung und die Demonstration der Leistungsfähigkeit des Restaurationsverfahrens ist Gegenstand von Kapitel 4.

Die vorliegende Arbeit kann noch keine wirklich erschöpfende Behandlung und Untersuchung der angegebenen drei Punkte sein.

Die Simulationsprogramme in Kapitel 2 können noch erweitert werden, z.B. durch Einbeziehung des Einflusses der Konturen auf die Modenverteilung in der Empfangsfaser und die Untersuchung der dadurch verursachten Meßfehler. Weiterhin können sie durch Einbeziehung weiterer optischer Bauelemente, z.B. achromatische Linsen in exakter Form oder auch asphärische Linsen, ergänzt werden. Durch die Implementierung der Monte–Carlo–Integration auf einem Parallelrechner könnte die Simulation viel schneller durchgeführt werden. Im Extremfall ließe sich sogar für jeden einzelnen durchzurechnenden Lichtstrahl ein eigener Prozessor einsetzen.

Die systemtheoretische Beschreibung in Kapitel 3 liefert schon eine relativ umfassende Beschreibung des vorliegenden Problems. Interessant wäre sicherlich die Anwendung auf weitere Sensorsysteme, z.B. Lasertriangulationssysteme. Eine Erweiterung des Anwendungsbereiches könnte auch in der Einbeziehung von Beugungsphänomenen liegen, was die Behandlung von Mikrowellen– oder Ultraschallsystemen möglich machen würde. Die Erhöhung der Zahl der räumlichen Dimensionen, ebenso wie die Berücksichtigung zeitlich veränderlicher Meßobjekte, stellt eine andere denkbare Erweiterung dar, allerdings unter Voraussetzung einer wesentlich größeren Rechenkapazität.

Das in Kapitel 4 beschriebene Adaptive Least Squares Verfahren ist potentiell auf beliebige inverse Probleme, z.B. in der Computertomographie, anwendbar. In der vorliegenden Version ist der Algorithmus noch nicht für die Restauration räumlicher Konturen in Echtzeit geeignet. Dazu müßte er auf einem Parallelrechner implementiert werden. Ein Gegenstand weiterer Untersuchungen ist die Suche nach optimalen und vielseitigen Gewichtungsfunktionen, die den Anwendungsbereich erweitern und die Zuverlässigkeit verbessern könnten. Auch eine ausführlichere Untersuchung der Anwendung auf gemessene Konturdaten bleibt noch durchzuführen.

Der Least Squares Ansatz läuft immer auf eine Optimierung der geschätzten Rausch**leistung** hinaus. Ein besseres Restaurationsverfahren für viele Anwendungen könnte eventuell darin bestehen, die Abweichung der AKF des geschätzten Meßrauschens von der AKF des realen Meßrauschens zu minimieren. In der dem Verfasser bekannten Literatur werden dartige Verfahren nicht erwähnt, abgesehen von einem Hinweis in /104/, in dem allerdings auch nur die prinzipielle Möglichkeit und das Fehlen weiterer Untersuchungen in dieser Richtung festgestellt wird.

Ein Aspekt des Adaptive Least Squares Verfahrens, der bisher noch nicht erwähnt und untersucht wurde, ist die Einsatzmöglichkeit als reiner Datenglättungs–Algorithmus. Dazu braucht lediglich die Stoßantwort des betrachteten Systems durch eine Diracfunktion ersetzt zu werden. Ähnliche Verfahren werden in /121/ entwickelt.

Denkbar ist auch die Anwendung als Interpolationsverfahren mit variabler Gewichtung der Datentreue und der Glätte des interpolierten Verlaufs.

In einem völlig anders gearteten Ansatz könnte man versuchen, ein neuronales Netz /122/ zur Konturrestauration zu trainieren. Aufgrund der im Gegensatz zu einem adaptiven linearen Filter zusätzlich vorhandenen Begrenzerfunktion durch die Transferfunktionen der Neuronen, sind stabile Ergebnisse auch bei stark gestörten Meßwertverläufen zu erwarten. Der erforderliche Aufwand läßt sich jedoch erst nach Durchführung von Simulations– und/oder Meßversuchen beurteilen.

Anhang

A.1 Berechnung des Strahlengangs durch eine ideale Sammellinse

Gegeben sind die Parameter $\vec{P}_{FS}$, $\vec{r}_{FS}$, $\vec{P}_{ML}$, $\vec{r}_{AL}$, f_L aus Abschnitt 2.5.1.

Gesucht wird der Schnittpunkt $\vec{P}_{LS}$ des einfallenden Lichtstrahls mit der Linsenebene und der Richtungsvektor $\vec{r}_{LZ}$ des Lichtstrahls von der Linse zum Meßziel.

Folgende Hilfsgrößen werden benutzt:

- $\vec{P}_G$: Gegenstandspunkt
- $\vec{P}_B$: Bildpunkt
- g: Gegenstandsweite
- b: Bildweite
- v: Vergrößerungsfaktor

Zunächst bestimmt man den Schnittpunkt $\vec{P}_{LS}$.

Geradengleichung des einfallenden Lichtstrahls:

$$\vec{P} = \vec{P}_{FS} + t\, \vec{r}_{FS} \tag{A.1}$$

Gleichung der Linsenebene:

$$(\vec{P} - \vec{P}_{ML}) \cdot \vec{r}_{AL} = 0 \tag{A.2}$$

Gleichung A.1 wird in Gleichung A.2 eingesetzt.

$$(\vec{P}_{FS} + t\, \vec{r}_{FS} - \vec{P}_{ML}) \cdot \vec{r}_{AL} = 0 \tag{A.3}$$

Diese Gleichung wird nach t aufgelöst und damit der Schnittpunkt bestimmt.

$$t = \frac{(\vec{P}_{ML}-\vec{P}_{FS})\cdot \vec{r}_{AL}}{\vec{r}_{FS}\cdot \vec{r}_{AL}} \qquad (A.4)$$

$$\vec{P}_{LS} = \vec{P}_{FS} - \frac{(\vec{P}_{FS}-\vec{P}_{ML})\cdot \vec{r}_{AL}}{\vec{r}_{FS}\cdot \vec{r}_{AL}} \vec{r}_{FS} \qquad (A.5)$$

Dieser Ausdruck entspricht demjenigen in Gleichung 2.28a.

Der Schnittpunkt kann jetzt bei der Berechnung der Richtung des aus der Linse austretenden Lichtstrahls eingesetzt werden.

Der Bildpunkt liegt auf der Geraden, die den Lichtstrahl von der Linse zum Meßziel beschreibt.

$$\vec{P}_B = \vec{P}_{LS} + t_2 \vec{r}_{LZ} \qquad (A.6)$$

Der Gegenstandspunkt liegt auf der Geraden, die den Lichtstrahl von der Sendefaser zur Linse beschreibt.

$$\vec{P}_G = \vec{P}_{LS} + t_1 \vec{r}_{FS} \qquad (A.7)$$

Mit $\|\vec{r}_{AL}\| = 1$ lauten die Bild– und die Gegenstandsweite:

$$b = (\vec{P}_B - \vec{P}_{ML})\cdot \vec{r}_{AL} = t_2 \vec{r}_{LZ}\cdot \vec{r}_{AL}, \quad da: \vec{P}_{LS} - \vec{P}_{ML} \perp \vec{r}_{AL} \qquad (A.8)$$

$$g = (\vec{P}_{ML} - \vec{P}_G)\cdot \vec{r}_{AL} = -t_1 \vec{r}_{FS}\cdot \vec{r}_{AL} \qquad (A.9)$$

Daraus läßt sich der Vergrößerungsfaktor v berechnen

$$v = \frac{b}{g} = \frac{(\vec{P}_B - \vec{P}_{ML})\cdot \vec{r}_{AL}}{(\vec{P}_{ML} - \vec{P}_G)\cdot \vec{r}_{AL}} = -\frac{t_2}{t_1}\frac{\vec{r}_{LZ}\cdot \vec{r}_{AL}}{\vec{r}_{FS}\cdot \vec{r}_{AL}} \qquad (A.10)$$

Daraus folgt:

$$\vec{P}_B - \vec{P}_{ML} = v\,(\vec{P}_{ML} - \vec{P}_G) =$$

$$\vec{P}_{LS} - \vec{P}_{ML} + t_2\,\vec{r}_{LZ} = -\frac{t_2}{t_1}\frac{\vec{r}_{LZ}\cdot\vec{r}_{AL}}{\vec{r}_{FS}\cdot\vec{r}_{AL}}(\vec{P}_{ML} - \vec{P}_{LS} - t_1\vec{r}_{FS}) \qquad (A.11)$$

Diese Gleichung kann nach $t_2\,\vec{r}_{LZ}$ aufgelöst werden.

$$t_2\,\vec{r}_{LZ} = (1 - \frac{t_2}{t_1}\frac{\vec{r}_{LZ}\cdot\vec{r}_{AL}}{\vec{r}_{FS}\cdot\vec{r}_{AL}})(\vec{P}_{ML} - \vec{P}_{LS}) + \frac{t_2}{t_1}\frac{\vec{r}_{LZ}\cdot\vec{r}_{AL}}{\vec{r}_{FS}\cdot\vec{r}_{AL}}\,t_1\vec{r}_{FS} \qquad (A.12)$$

Mit $\quad \frac{1}{f_L} = \frac{1}{b} + \frac{1}{g}\quad$ und $\quad v = \frac{b}{g}\quad$ ergibt sich:

$$1 + v = \frac{b}{f_L} = 1 - \frac{t_2}{t_1}\frac{\vec{r}_{LZ}\cdot\vec{r}_{AL}}{\vec{r}_{FS}\cdot\vec{r}_{AL}} \qquad (A.13)$$

Diese Beziehungen werden in Gleichung A.12 eingesetzt. Nach Kürzen erhält man:

$$\vec{r}_{LZ} = -\frac{\vec{r}_{LZ}\cdot\vec{r}_{AL}}{f_L}(\vec{P}_{LS} - \vec{P}_{ML}) + \frac{\vec{r}_{LZ}\cdot\vec{r}_{AL}}{\vec{r}_{FS}\cdot\vec{r}_{AL}}\,\vec{r}_{FS} \qquad (A.14)$$

$\vec{r}_{LZ}$ wird noch auf $\vec{r}_{LZ}\cdot\vec{r}_{AL}$ normiert. Damit erhält man die Richtung $\vec{r}'_{LZ}$ des von der Linse ausgehenden Strahls zu:

$$\vec{r}'_{LZ} = \frac{\vec{r}_{LZ}}{\vec{r}_{LZ}\cdot\vec{r}_{AL}} = \frac{\vec{r}_{FS}}{\vec{r}_{FS}\cdot\vec{r}_{AL}} - \frac{(\vec{P}_{LS} - \vec{P}_{ML})}{f_L} \qquad (A.15)$$

Normiert man diesen Vektor noch auf seine Länge, so ergibt sich der Ausdruck in Gleichung 2.28b.

Literaturverzeichnis

/1/ J. Rogos (Ed.): "Intelligente Sensorsysteme in der Fertigungstechnik", Springer--Verlag, Berlin Heidelberg, 1989

/2/ A. Pugh (Ed.): "Robot Sensors", Vol. 1, Vision, Springer–Verlag, Berlin Heidelberg New York Tokio, 1989

/3/ T. Martin (Ed.): "International Advanced Robotics Programme First Workshop on Manipulators, Sensors and Steps Towards Mobility", Proceedings, Karlsruhe, May 11.–13. 1987, KfK Karlsruhe, Nr. 4316

/4/ W. Weber: "Alarmtechnik: Elektronische Sicherheits– und Überwachungssysteme", Pflaumverlag, München, 1979

/5/ R. Zoughi, L.K. Wu, R.K. Moore: "Sourcesat: A Very Fine Resolution Radar Scatterometer", Microwave Journal, November 1985, pp. 183 – 196

/6/ J.R. Löschberger: "Ultraschall–Sensor–System zur Bestimmung axialer und lateraler Strukturen mit Hilfe bewegter Wandler zum Einsatz in der industriellen Automation", Dissertation an der Universität der Bundeswehr, München, 1987

/7/ B.G. Batchelor (Ed.): "Pattern Recognition", Plenum Press, New York, 1978

/8/ Ph. Hartl, M.Wittig: Technical Assistance for the Evaluation of Signal Generation and Detection Arrangements in Optical Ranging Equipment", Institut für Luft– und Raumfahrt, Technische Universität Berlin, Prepared for the European Space Agency under ESTEC Contract No. 5064/82/NL/HP, September 1983

/9/ A.V. Oppenheim (Ed.): "Applications of Digital Signal Processing", Prentice Hall, Englewood Cliffs, 1978

/10/ R. Lotz: "3D–Vision mittels Stereobildauswertung bei Videobildraten", Dissertation an der Universität–GH–Siegen, Fachgruppe Technische Elektronik und Bauelemente, in Vorbereitung

/11/ B. Koop: "Untersuchung und Optimierung eines Systemkonzepts für ein laseroptisches Entfernungsmeßgerät", Diplomarbeit an der Universität–GH–Siegen, Institut für Nachrichtenverarbeitung, 1983

/12/ J. Dietrich: "Optisch–elektronischer Entfernungsmesser", Deutsche Patentanmeldung P 3502634.0, 26. 1. 1985

/13/ R. Grabowski: "Ein optisches Lotungssystem für die dreidimensionale Bildaufnahme", Fraunhofer–Institut für physikalische Meßtechnik, Freiburg, 1983

/14/ R. Schwarte: "A New Concept for a Precise and Versatile Laser Range Finder and Optical Radar", Conference Proceedings Laser 85, München, 1985

/15/ V. Baumgarten: "Elektronische Zeitmessung im Pikosekunden–Bereich für ein Laserpulsradar", Dissertation an der Universität–GH–Siegen, Institut für Nachrichtenverarbeitung, in Vorbereitung

/16/ K. Hartmann: "Sensordatenverarbeitung für die 3D–Objekterfassung in einem Laserradar– System unter Berücksichtigung von Parallelisierung und Fehlertoleranz", Dissertation an der Universität–GH–Siegen, Institut für Nachrichtenverarbeitung, 1989

/17/ General Scanning: "X–Y Head Series User Manual", General Scanning Inc., 1986, GSI PN 12P–XY, Rev. 2a, 1/87

/18/ R. Schwarte: "Performance Capabilities of Laser Ranging Sensors", Proceedings of the ESA Workshop SPLAT, Les Diablerets, 1984

/19/ R. Schwarte: "Implementation of an Advanced Laser Ranging Sensor Concept", Proceedings of the IAF Conference, Stockholm, 1985

/20/ INV–Siegen: "Industrielle Füllstandsmessung nach dem Laserpulslaufzeitverfahren", Abschlußbericht des Forschungsprojekts mit der Firma Krohne, Duisburg, AIF–Projekt 2610, 1986

/21/ INV–Siegen, MBB–Ottobrunn: "Laser Diode Rangefinder Demonstration Model", Final Report ESA/ESTEC Contract No. 5159/82/NL/HP, 1985

/22/ O. Loffeld: "Ein neuartiges 'Switched' Kalman–Filter mit geringer Wortbreite für die hochauflösende Entfernungsmessung nach dem Laserpuls–Laufzeitverfahren", Dissertation an der Universität–GH–Siegen, Institut für Nachrichtenverarbeitung, 1986

/23/ M. Vollmert: "Entwicklung und Aufbau einer Takteinheit zur Erzeugung verschiedener, gegeneinander verzögerter Triggerimpulse mit programmierbarer Pulsfolgefrequenz, bei minimalem Flankenjitter", Studienarbeit an der Universität–GH–Siegen, Institut für Nachrichtenverarbeitung, 1984

/24/ G. Schneider: "Entwicklung und Optimierung eines Takterzeugungsmoduls einschließlich einer hochgenauen Quarzzeitbasis unter Verwendung einer digitalen Phasenregelschleife (PLL)", Studienarbeit an der Universität–GH–Siegen, Institut für Nachrichtenverarbeitung, 1986

/25/ I. Aller: "Grundlegende Untersuchung und Implementierung eines Multi–Sensor––Moduls (MSM) und dessen Integration in das INV–Laser–Radar–System", Diplomarbeit an der Uni–GH–Siegen, Institut für Nachrichtenverarbeitung, 1987

/26/ H. Borchardt: "Entwicklung und Aufbau eines Halbleiterlaser–Senders für Subnanosekundenimpulse hoher Leistung", Diplomarbeit an der Universität–GH––Siegen, Institut für Nachrichtenverarbeitung, 1983

/27/ K. Brockert: "Geregelte APD–Empfangsschaltung für Laserimpulse im Subnanosekundenbereich", Diplomarbeit an der Universität–GH–Siegen, Institut für Nachrichtenverarbeitung, 1984

/28/ W. Graf: "Fiber Optics and Receiver Design for A High Resolution Pulsed Laser Radar", Proceedings of the IMEKO 13th International Symposium on Photonic Measurement, Hamburg, 1987

/29/ A. Grzan: "Entwicklung eines hochempfindlichen Fotoempfängers mit Offsetregelung und APD–Arbeitspunktregelung für ein optisches Rückstreumeßgerät", Diplomarbeit an der Universität–GH–Siegen, Institut für Nachrichtenverarbeitung, 1987

/30/ W. Graf: "Optimierung von Photoempfängern mit Breitbandverstärker für die hochauflösende Entfernungsmessung nach dem Laserpulslaufzeitverfahren", Dissertation an der Universität–GH–Siegen, Institut für Nachrichtenverarbeitung, in Vorbereitung

/31/ B. Bundschuh: "Entwicklung und Aufbau einer Zeitdehnschaltung mit 10 Pikosekunden–Auflösung für ein laseroptisches Distanzmeter", Diplomarbeit an der Universität–GH–Siegen, Institut für Nachrichtenverarbeitung, 1983

/32/ R. Klein, V. Kölsch: "Entwicklung und Realisierung einer geregelten Zeitmeßschaltung nach dem Dual–Slope–Verfahren mit analogem zeitproportionalem Ausgang", Studienarbeit an der Universität–GH–Siegen, Institut für Nachrichtenverarbeitung, 1987

/33/ G. Theinert: "Entwicklung und Aufbau einer Schaltung zur Zeitquantisierung mit Datenaufbereitung für ein laseroptisches Distanzmeter", Diplomarbeit an der Universität–GH–Siegen, Institut für Nachrichtenverarbeitung, 1983

/34/ E. Müller: "Bit Mapping für eine extrem hohe Meßbereichsauflösung", Studienarbeit an der Universität–GH–Siegen, Institut für Nachrichtenverarbeitung, 1985

/35/ INV–Siegen: "Performance Requirements for a 3D Ranging System", Machbarkeitsstudie für Firma FMC Corporation, Santa Clara, California, 1987

/36/ R. Th. Kersten: "Einführung in die Optische Nachrichtentechnik", Springer-Verlag, Berlin Heidelberg New York, 1983

/37/ E. Weidel, J. Wengel: "T–Koppler für die optische Datenübertragung", Wissenschaftliche Berichte AEG–Telefunken 53, 1980, 1–2, pp. 17–22

/38/ I. Aller: Entwicklung und Aufbau eines elektronisch regelbaren, optischen Dämpfungsgliedes", Studienarbeit an der Universität–GH–Siegen, Institut für Nachrichtenverarbeitung, 1987

/39/ R. Schwarte: "Optoelektronisches Entfernungsmeßgerät mit einer optischen Meßsonde", Deutsche Patentanmeldung P 34 19 320, 27. 2. 1986

/40/ H.D. Kricke: "Entwicklung optischer Komponenten eines Laserentfernungsmeßgerätes für mm–Auflösung", Diplomarbeit an der Universität–GH–Siegen, Institut für Nachrichtenverarbeitung, 1984

/41/ B. Bundschuh, K. Hartmann: "A Multichannel Sensor–Concept for 3D–Contour Detection and the Influence of the Optical Subsystem", Proceedings of the 3th International Conference Sensoren, Technologie und Anwendungen, Bad Nauheim, 1988

/42/ K. Simonyi: "Theoretische Elektrotechnik", VEB Deutscher Verlag der Wissenschaften, Berlin 1979

/43/ Spindler&Hoyer: "Präzisionsoptik", Firmenkatalog 1987/88, Band 2

/44/ I.N. Bronstein, K.A. Semendjajew: "Taschenbuch der Mathematik", Verlag Harri Deutsch, Thun und Frankfurt/Main, 1985

/45/ H.A.E. Keitz: "Lichtberechnungen und Lichtmessungen", N.V. Philips' Gloeilampenfabrieken, Eindhoven, 1951

/46/ E.E.E. Hoefer, H. Nielinger: "SPICE", Springer–Verlag, Berlin Heidelberg New York Tokio, 1985

/47/ INV–Siegen: "Meßsystem zur FZK– und MTS–Positionsüberwachung mittels Laserradar", Abschlußbericht zur Phase 2 des Entwicklungsprojektes für die Siemens–KWU, Offenbach, 1989

/48/ R. Melcher: "Nichtlineare Modelle von Photodioden für das Netzwerkanalyseprogramm SPICE", Diplomarbeit an der Universität–GH–Siegen, Institut für Nachrichtenverarbeitung, 1987

/49/ K.U. Strasser: "Rauschanalyse von 'Constant–Fraction'–Triggersystemen", Studienarbeit an der Uni–GH–Siegen, Institut für Nachrichtenverarbeitung, 1989

/50/ A. Glasmachers: "Elektronische Schaltungen für die Kernstrahlungsmeßtechnik im Weltraum dargestellt am Zeitmeßkanal eines Massenspektrometers", Dissertation an der Universität Bochum, 1978

/51/ R. Schwarte: "Nachrichtenverarbeitung I und II", Vorlesung an der Universität––GH–Siegen, Insitut für Nachrichtenverarbeitung, 1989/90

/52/ H. Lueg (Ed.): "Grundlegende Systeme, Netzwerke und Schaltungen der Impulstechnik", RWTH Aachen, Institut für technische Elektronik, 1978

/53/ E. Lutz: "Systemtheoretische Beschreibung optischer Nachrichtenübertragungssysteme", Dissertation an der Hochschule der Bundeswehr, München, 1982

/54/ M.K. Barnoski (Ed.): "Fundamentals of Optical Fiber Communications", Academic Press, New York, San Francisco, London, 1976

/55/ S.E. Miller, A.G. Chynoweth (Ed.): "Optical Fiber Telecommunications", Academic Press, New York, San Francisco, London, 1979

/56/ M. Mammone: "Wellenoptische Berechnung des Übertragungsverhaltens von Stufenprofilfasern", Diplomarbeit an der Universität–GH–Siegen, Institut für Nachrichtenverarbeitung, 1988

/57/ D. Herr: "Simulation der Modenverkopplung in Stufenprofilfasern", Studienarbeit an der Universität–GH–Siegen, Institut für Nachrichtenverarbeitung, 1989

/58/ K. David: "Numerische und experimentelle Untersuchung eines inkohärenten optischen Abtastsystems für die 3D–Konturerfassung" Diplomarbeit an der Universität–GH–Siegen, Fachbereich Physik, 1988

/59/ R.C. Gonzalez, P. Wintz: "Digital Image Processing", Addison–Wesley Publishing Company, Reading, Massachusetts, 1977

/60/ Firma Laser Components: Katalog 89/90, Gröbenzell 1989

/61/ A. Loos: "Berechnung der Abstrahlcharakteristik eines zylindrischen dielektrischen Wellenleiters", Diplomarbeit an der Universität–GH–Siegen, Institut für Nachrichtenverarbeitung, 1987

/62/ J. Flügge: "Leitfaden der geometrischen Optik und des Optikrechnens", Vandenhoeck&Rupprecht, Göttingen, 1956

/63/ R.Y. Rubinstein: "Simulation and the Monte Carlo Method", John Wiley&Sons, New York, Chichester, Brisbane, Toronto, 1981

/64/ J. Schaumann: "Aufbau und Programmierung einer rechnergesteuerten optischen Abtastvorrichtung zur Vermessung von Intensitätsverteilungen und Höhenprofilen", Studienarbeit an der Universität–GH–Siegen, Institut für Nachrichtenverarbeitung, 1987

/65/ Bergmann–Schäfer: "Lehrbuch der Experimentalphysik Band III, Optik", Walter de Gruyter, Berlin, New York, 1978

/66/ J. Riegl, M. Bernhard: "Empfangsleistung in Abhängigkeit von der Zielentfernung bei optischen Kurzstrecken–Radargeräten", Applied Optics 13, 1974, 4, pp. 931–936

/67/ R. Schwarte: "Multiresolutional Laser Radar", Traditional and Non–Traditional Robotic Sensors, Conference, Maratea, Italy, 1989

/68/ R. Schwarte: "Zur Messung der Kurvenform einmaliger, zugleich im Subnanosekunden– und Millivoltbereich ablaufender Vorgänge mittels der Samplingtechnik", Dissertation an der RWTH Aachen, 1972

/69/ A. Papoulis: "Systems and Transforms with Applications in Optics", McGraw–Hill, New York, 1968

/70/ H. Schauerte: "Entwicklung von Simulationssoftware zur Untersuchung des Einflusses des optischen Sensorkopfs auf das Systemverhalten eines optischen Radars unter Annahme verschiedener Zielkonturen", Diplomarbeit an der Universität–GH–Siegen, Institut für Nachrichtenverarbeitung, 1987

/71/ T.S. Huang (Ed.): "Picture Processing and Digital Filtering", Springer–Verlag, Berlin Heidelberg New York, 1979

/72/ F.M. Wahl: "Digitale Bildsignalverarbeitung", Springer–Verlag, Berlin Heidelberg New York Tokyo, 1984

/73/ H.D. Lüke: "Signalübertragung", Springer–Verlag, Berlin Heidelberg New York Tokyo, 1985

/74/ A. Papoulis: "Probability, Random Variables and Stochastic Processes", McGraw–Hill, Singapur, 1984

/75/ R. Klein: "Ein laseroptisches Entfernungsmeßsystem nach dem CW–Verfahren mit Pseudo–Noise–Modulation", Dissertation an der Universität–GH–Siegen, Institut für Nachrichtenverarbeitung, in Vorbereitung

/76/ S.A. Hovanessian: "Introduction to Synthetic Array and Imaging Radars", ARTECH House Inc., Dedham, Massachusetts, 1980

/77/ M.I. Skolnik: "Introduction to Radar Systems", McGraw–Hill, Tokyo, 1962

/78/ S. Haykin (Ed.): "Nonlinear Methods of Spectral Analysis", Springer–Verlag, Berlin Heidelberg New York, 1979

/79/ R. Schwarte: "Allgemeine Nachrichtentechnik I und II", Vorlesung an der Universität–GH–Siegen, Insitut für Nachrichtenverarbeitung, 1989/90

/80/ R. Pflug: "Untersuchung, Optimierung und programmtechnische Realisierung von Algorithmen zur Triggerzeitpunktbestimmung für einen Laserentfernungsmesser nach dem Prinzip des Samplingverfahrens", Studienarbeit an der Universität–GH–Siegen, Institut für Nachrichtenverarbeitung, 1987

/81/ G. Kompa: "Laser–Entfernungsmesser hoher Genauigkeit für den industriellen Einsatz", Proceedings of the Laser Opto–Electronics Conference, pp. 587–593, München, 1979

/82/ H. Irle, H.J. Reumermann: "Entwicklung und Untersuchung eines Laserentfernungsmessers nach dem Phasenvergleichsverfahren", Studienarbeit an der Universität–GH–Siegen, Institut für Nachrichtenverarbeitung, 1988

/83/ A.N. Tikhonov, V.Y. Arsenin: "Solutions of Ill–Posed Problems", V.H. Winston&Sons, Washington D.C.,1972

/84/ A. Tarantola: "Inverse Problem Theory", Elsevier, Amsterdam Oxford New York Tokyo, 1987

/85/ G. T. Herman (Ed.): "Image Reconstruction from Projections, Implementation and Applications", Springer–Verlag, Berlin Heidelberg New York, 1979

/86/ D. Hiller, H. Ermert: "System Analysis of Ultrasound Reflection Mode Computerized Tomography", IEEE Transactions on Sonics and Ultrasonics, Vol. SU–31, April 1984

/87/ R.A. Robb: "X–ray Computed Tomography: An engineering Synthesis of Multiscientific Principles", CRC Critical Review in Biomedical Engineering, Vol. 7, No. 264, March 1982

/88/ B.L. McGlamery: "Restoration of Turbulence Degraded Images", Journal of the Optical Society of America, Vol. 57, No. 3, 1967

/89/ R.Wohlleben, H. Mattes: "Interferometrie in Radioastronomie und Radartechnik", Vogelverlag, Würzburg, 1973

/90/ X.J. Lu, F.T.S. Yu: "Restoration of out–of–focused color photographic images", Optics Communications, Vol. 46, No. 5,6, June 1983

/91/ A.O. Aboutalib, M.S. Murphy, L.M. Silverman: "Digital Restoration of Images Degraded by General Motion Blurs", IEEE Transactions on Automatic Control, Vol. AC–22, No. 3, June 1977

/92/ R. Bamler: "Mehrdimensionale lineare Systeme", Springer–Verlag, Berlin Heidelberg New York London Paris Tokyo Hongkong, 1989

/93/ C.W. Helstrom: "Image Restoration by the Method of Least Squares", Journal of the Optical Society of America, Vol. 57, No. 3, 1967

/94/ B.R. Frieden: "Restoring with Maximum Likelihood and Maximum Entropy", Journal of the Optical Society of America, Vol. 62, No. 4, 1971

/95/ R.W. Schafer, R.M. Mersereau, M.A. Richards: "Constrained Iterative Restoration Algorithms" Proceedings of the IEEE, Vol. 69, No.4, April 1981

/96/ A.A. Sawchuk: "Space–Variant Image Motion Degradation and Restoration", Proceedings of the IEEE, Vol. 60, No.4, April 1972

/97/ J.H.T. Bates, A.E. McKinon, R.H.T. Bates: "Subtractive image restoration I: Basic theory", Optik, Vol. 61, No. 4, 1982

/98/ S. Twomey: "On the Numerical Solution of Fredholm Integral Equations of the First Kind by the Inversion of the Linear System Produced by Quadrature", Journal of the Association of Computing Machines, Vol. 10, 1963

/99/ H.S. Hou, H.C. Andrews: "Least Squares Image Restoration Using Spline Basis Functions", IEEE Transactions on Computers, Vol. C–26, No. 9, Sept. 1977

/100/ D. C. Youla: "Generalized Image Restoration by the Method of Alternating Orthogonal Projections", IEEE Transactions on Circuits and Systems, Vol. CAS–25, No. 9, September 1978

/101/ A. Papoulis: "A New Algorithm in Spectral Analysis and Band–Limited Extrapolation", IEEE Transactions on Circuits and Systems, Vol. CAS–22, No. 9, September 1975

/102/ B.R. Hunt: "Bayesian Methods in Nonlinear Digital Image Restoration", IEEE Transactions on Computers, Vol. C–26, No. 3, March 1977

/103/ N.N. Abdelmalek, T.Kasvand: "Digital image restoration using quadratic programming", Applied Optics, Vol. 19, No. 19, October 1980

/104/ H.J. Trussell: "Maximum Power Signal Restoration", IEEE Transactions on Acoustics, Speech and Signal Processing, Vol. ASSP–29, No. 5, October 1981

/105/ B.R. Frieden: "Image restoration by discrete convolution of minimal length", Journal of the Optical Society of America, Vol. 64, No. 5, May 1974

/106/ B.R. Frieden: "Restoration of pictures by Monte Carlo allocation of 'grains'", Proceedings of the August Meeting of the Optical Society of America, Washington D.C. 1973

/107/ A. Albert: "Regression and the Moore–Penrose Pseudoinverse", Academic Press, New York London, 1972

/108/ D.L. Philips: "A Technique for the Numerical Solution of Certain Integral Equations of the First Kind", Journal of the Association of Computing Machines, Vol. 9, 1962

/109/ P. Herrmann: "Vergleichende Untersuchung und Weiterentwicklung ein– und zweidimensionaler Bildrestaurationsverfahren", Diplomarbeit an der Universität- –GH–Siegen, Institut für Nachrichtenverarbeitung, 1989

/110/ S.A. Rajala, R.J.P. Figueiredo: "Adaptive Nonlinear Image Restoration by a Modified Kalman Filtering Approach", IEEE Transactions on Acoustics, Speech and Signal Processing, Vol. ASSP–29, No. 5, October 1981

/111/ B.R. Hunt, T.M. Cannon: "Nonstationary Assumptions for Gaussian Models of Images", IEEE Transactions on Systems, Man and Cybernetics, December 1976

/112/ D.M. Young: "Iterative Solution of Large Linear Systems", Academic Press, New York London, 1971

/113/ R. Pflug: "Untersuchung der Eigenschaften verschiedener linearer und nichtlinearer Rauschfilteralgorithmen für ein- und zweidimensionale Signale", Diplomarbeit an der Universität–GH–Siegen, Institut für Nachrichtenverarbeitung, 1989

/114/ B. Widrow, S.D. Stearns: "Adaptive Signal Processing", Prentice Hall, Englewood Cliffs, New Jersey, 1985

/115/ I. Rechenberg: "Evolutionsstrategie", Friedrich Frommann Verlag, Stuttgart, 1973

/116/ Staff of Research and Education Association, Dr. M. Fogiel, Director, "The Numerical Analysis Problem Solver", Research and Education Association, New York, 1986

/117/ S. Geman, D. Geman: "Stochastic Relaxation, Gibbs Distribution and the Bayesian Restoration of Images", IEEE Transactions on Pattern Analysis and Machine Intelligence, Vol. PAMI–6, No. 6, November 1984

/118/ S. Kirkpatrik, C.D. Gelatt Jr., M.P. Vecchi: "Optimization by Simulated Annealing", Science, Vol. 220, No. 4598, May 1983

/119/ H.P. Künzi, H.G. Tzschach, H.G. Zehnder: "Numerische Metoden der mathematischen Optimierung", Teubnerverlag, Stuttgart, 1967

/120/ W.H. Press: "Numerical Recipes", Cambridge University Press, Cambridge, 1986

/121/ A. Blake, A. Zisserman: "Visual reconstruction", MIT Press, Cambridge, Massachusetts, 1987

/122/ T. Kohonen: "Self–Organization and Associative Memory", Springer–Verlag, Berlin Heidelberg New York Tokyo, 1984

Methoden der digitalen Bildsignalverarbeitung

von Piero Zamperoni

2., überarb. Aufl. 1991. VIII, 264 S. mit 146 Abb. Kartoniert.
ISBN 3-528-13365-1

Inhalt: Digitalisierte Bilder – Punktoperatoren – Lokale Operatoren – Merkmalextraktion aus Bildern – Globale Bildoperationen – Bildmodelle, Bildnäherung und Bildsegmentierung – Morphologische Operatoren.

Dieses Buch in der 2., überarbeiteten Auflage wendet sich an Informatiker, Ingenieure und Naturwissenschaftler in Studium und Praxis, die Bildverarbeitungssysteme anwenden. Es vermittelt praxisnahe Grundlagen und eine umfassende Methodenpalette zur Lösung von Aufgaben. Es eignet sich als Grundlage für Vorlesungen, nützt aber auch Praktikern, die sich in dieses Gebiet einarbeiten wollen, da der möglichst vollständige Überblick über die zahlreichen Bildverarbeitungsoperatoren nach methodischen Gesichtspunkten geordnet wurde.

Verlag Vieweg · Postfach 58 29 · D-6200 Wiesbaden 1

Kantenhervorhebung und Kantenverfolgung in der industriellen Bildverarbeitung

Schnelle Überführung von Graubildszenen in eine zur Szenenanalyse geeignete Datenstruktur

von Nikolaus Schneider

1990. VIII, 249 S. (Fortschritte der Robotik, Bd. 6; hrsg. von Walter Ameling) Kartoniert. ISBN 3-528-06386-6

Inhalt: Randbedingungen der Bildaufnahme und -verarbeitung – Schnelle Filterverfahren zur Kantenhervorhebung – Bewertung der Kantenhervorhebungs- und Kantenextraktionsverfahren – Methoden zur Kantenverdünnung – Kantenextraktion – Überführung in eine Datenstruktur – Verfahren zur Kantenverfolgung.

Die Analyse industrieller Graubildszenen bei nichtstationärer Kamera erfordert eine Klassifizierung von Objekten aus beliebigen Ansichten. Dieses Buch legt eine Klassifizierung der Objektkanten zugrunde. Es werden schnelle Verfahren zur Kantenextraktion, zur Linienverfolgung und Transformation des Linienbildes in eine für eine dreidimensionale Bildinterpretation geeignete Datenstruktur untersucht. Ergebnis ist ein schnelles parametrierbares Verfahren, das eine heterarchische Interpretation der Szene unterstützt.

Verlag Vieweg · Postfach 58 29 · D-6200 Wiesbaden 1